暴露参数的研究方法及其在环境健康风险评价中的应用

Research Methods of Exposure Factors and Its Application in Environmental Health Risk Assessment

段小丽　主编

科学出版社

北　京

内 容 简 介

暴露参数是用来描述人体暴露环境污染的行为和特征的基本参数，是决定环境健康风险评价准确性的关键因子。当前我国尚未发布暴露参数手册，相关研究基础也很薄弱。本书是第一本针对暴露参数基本理论和研究方法的系统总结，书籍在分析国内外相关进展的基础上，集合了作者现场调查的工作经验和部分研究成果编写而成。

本书为从事暴露参数调查研究领域的科研人员提供了系统的理论和方法基础，也可作为暴露评价、环境流行病学调查、化学品环境健康风险评价、重金属污染的暴露和健康风险评价、突发事件环境健康风险评价、区域或流域污染物健康风险评价、污染场地健康风险评价、建设项目或规划环评中的健康风险评价等领域的科研、技术和管理人员开展相关工作的参考。

图书在版编目(CIP)数据

暴露参数的研究方法及其在环境健康风险评价中的应用/段小丽主编.—北京：科学出版社，2012

ISBN 978-7-03-033389-6

Ⅰ.①暴… Ⅱ.①段… Ⅲ.①环境影响-健康-研究 Ⅳ.①X503.1

中国版本图书馆CIP数据核字(2012)第010337号

责任编辑：罗 静 刘 晶/责任校对：张怡君

责任印制：徐晓晨/封面设计：美光制版

科学出版社出版

北京东黄城根北街16号

邮政编码：100717

http://www.sciencep.com

北京中石油彩色印刷有限责任公司 印刷

科学出版社发行 各地新华书店经销

*

2012年2月第 一 版 开本：720×1000 1/16

2020年5月第八次印刷 印张：14 1/2

字数：319 000

定价：68.00元

编委会名单

主编

段小丽　中国环境科学研究院环境基准与风险评估国家重点实验室

副主编

张　楷　美国密歇根大学环境健康科学和流行病学系

王贝贝　中国环境科学研究院环境基准与风险评估国家重点实验室

编委

黄　楠　中国环境科学研究院环境基准与风险评估国家重点实验室

聂　静　中国环境科学研究院环境基准与风险评估国家重点实验室

王宗爽　中国环境科学研究院环境基准与风险评估国家重点实验室

赵秀阁　中国环境科学研究院环境基准与风险评估国家重点实验室

钱　岩　中国环境科学研究院环境基准与风险评估国家重点实验室

马　瑾　中国环境科学研究院环境基准与风险评估国家重点实验室

王先良　中国环境科学研究院环境基准与风险评估国家重点实验室

王菲菲　中国环境科学研究院环境基准与风险评估国家重点实验室

张文杰　中国环境科学研究院环境基准与风险评估国家重点实验室

李　琴　中国环境科学研究院环境基准与风险评估国家重点实验室

车　飞　中国环境科学研究院环境基准与风险评估国家重点实验室

郑婵娟　北京大学医学部公共卫生学院

王叶晴　北京科技大学土木与环境工程学院

李天昕　北京科技大学土木与环境工程学院

曹素珍　中国科学院生态环境研究中心

李　屹　中日友好环境保护中心国家水专项管理办公室

邢小茹　国家环境保护部标准样品研究所

刘　平　中国环境科学学会

林海鹏　中国辐射防护研究院

张霖琳　中国环境监测总站

许人骥　中国环境监测总站

序

当前，环境污染因素在影响我国居民健康风险中所占的比例日益增大，对环境污染导致的健康风险的控制成为当前我国环境保护工作的迫切需求。《国民经济和社会发展第十二个五年规划纲要》提出“以解决饮用水不安全和空气、土壤污染等损害群众健康的突出环境问题为重点”，“提高环境与健康风险评价能力”，“防范环境风险”。暴露参数是决定环境健康风险评价准确性的重要因子。美国环境保护署于1989年出版了第一版《美国暴露参数手册》，后又于1997年、2011年进行了两次更新；日本、韩国、欧洲各国于2007年左右陆续编制了各国的暴露参数手册。截至目前，我国尚未发布暴露参数手册，在暴露参数的调查研究方面还具有较大差距。

在财政部专项计划课题“松花江重大水污染事故特征污染物的人体健康风险评价模型”（2005～2006年）、中国环境科学研究院中央级公益性科研院所基本科研业务专项“环境污染的人体暴露评估技术体系框架研究”（2007～2009年）、国家环保公益行业科研项目“多环芳烃类持久性有机污染物的健康风险评价方法研究”（2008～2011年）等项目的支持下，我院段小丽等科研人员通过近六年来的刻苦钻研，认真总结、积极思考、努力实践，取得了系列科研成果：一是分析和掌握了国外暴露参数的基本信息、研究方法和最新进展，明确了我国的差距；二是从整理和总结我国现有相关调查和文献的基础上对适合我国人群特点的基本暴露参数开展了初步的探索；三是通过对河南、山西等典型地区的案例调查，积累了暴露参数的研究经验，提出了一些基本数值；四是开展了比较研究，分析了基于参数实测和引用国外参数的健康风险评价结果的差异，得出了在健康风险评价中暴露参数的影响。这些科研成果有的已形成学术论文在国内外核心期刊上发表，有的已在国际国内会议上开展过交流。该书是我国第一本关于暴露参数调查研究方法的系统总结，书中既包括了作者对国内外有关资料的详细分析，也容纳了作者前期的部分研究成果和实践经验。该书可作为暴露评估、化学品环境健康风险评价、突发事件环境健康风险评价、区域或流域污染物风险评价、污染场地风险评价、建设项目或规划环评中的健康风险评价、环境流行病学调查等领域科研和技术人员的参考，为在我国逐步推行环境与健康风险管理储备数据和技术基础。

在新近发布的《国家环境保护“十二五”环境与健康工作规划》中将“发布《中国人群暴露参数手册》”作为工作重点。“十二五”期间段小丽等科研人员将在国家环境保护部的支持下，抽样选择全国范围的数万余人组织开展暴露参数调查，并在调查基础上形成我国首部暴露参数手册，该书的出版将为该项调查和手册发布工作奠定良好的基础。

暴露参数调查研究是长期、复杂和系统的工作，尚有很多的科研技术问题需要进一步探讨。该书的出版为我国相关领域的研究开启了一扇大门。期待着今后有更多的科研人员能够加入到暴露参数的研究队伍，期待着有更多的相关科研作品问世！

中国工程院院士
中国环境科学研究院院长

2011 年 11 月

前　　言

关注暴露参数始于2005年，那年的11月13日，松花江上游吉林市中国石油总公司吉林化学工业公司"双苯"车间发生爆炸事故，造成新苯胺装置、硝基苯和苯储蓄罐报废和内容物泄漏，致使松花江水受到严重污染，对周边居民也造成了重大的健康隐患。在财政部专项"松花江重大水污染事故的生态环境影响评估与对策"（项目负责人：孟伟）09子课题"松花江重大水污染事故特征污染物的人体健康风险评价模型"（课题负责人：刘永定）的支持下，我与同事王宗爽、王菲菲、聂静、赵秀阁、全占军等一起承担了特征污染物（主要是硝基苯）健康风险评价模型研究工作（1HB/CN/2006036）。在研究中我们发现，硝基苯对人体健康的有关毒性资料可以从国际权威机构获取，饮用水中硝基苯的浓度也可通过采样检测或从有关机构的定期检测报告中获得。但是，究竟沿岸有多少居民在以松花江为饮用水源？饮水摄入率是多少？沿岸居民是否还通过其他途径受到水污染的影响（如皮肤暴露、食用鱼类产品暴露等）？暴露频率是多少？持续时间有多长？这些反映人群暴露行为和特征的参数即暴露参数，才是决定模型科学性和准确性的关键因素。而我们认真努力地查遍了几乎所有可能相关的资料和文献后发现，这些参数在我国几乎没有可以借鉴的来源，相关调查研究方法在我国的基础还非常薄弱。与此同时我们也了解到，美国环境保护署早在1989年就已经发布过《美国暴露参数手册》，并在1997年进行了更新，手册中已有一些我们所需要的参数。但是，适合美国居民暴露特征的这些参数数值是否能应用于我国？引用国外的参数是否会增加健康风险评价结果的不确定性呢？

同年，我们共同承担了北京市某区审计局关于某垃圾填埋场的绩效审计评价项目，对该垃圾填埋场运行以来的环境与健康影响进行了评价。这是审计系统第一次尝试对投资项目的环境、健康影响作为绩效进行评价。我们采集和分析了该垃圾填埋场的地下水、土壤、周边空气样品中的有毒有害元素，开展了毒性实验，并对场区工人和附近居民开展了问卷调查。在对污染健康风险进行评价的过程中，同样也感受到了暴露与否、暴露行为方式（也即暴露的参数）是评价准确性的关键。

2006年年底，我专程去华盛顿拜访了美国环境保护署负责暴露参数手册的技术官员Jacqueline Moya，从她那里了解到了《美国暴露参数手册》的背景和形成过程，并得知美国环境保护署非常重视暴露参数的有关工作，设立了专门的"暴露参数项目"（长期项目），成立了技术专家组，并又在进行暴露参数手册的新一轮修订，以反映当今时代人群的暴露特征（注：2011 年 10 月 3 日美国环境保护署发布了最新的《暴露参数手册》）。当时，我在想，什么时候中国也能发布自己的暴露参数手册！

2007 年，我们有幸得到了中国环境科学研究院中央级公益性科研院所基本科研业务专项的资助，在开展“环境污染的人体暴露评估技术体系框架研究”（2007KYYW13）的项目研究中有机会对国外暴露参数的框架、理论体系和基本方法进行了深入系统的分析。通过这个项目，我们进一步了解到，日本的暴露参数手册是 2007 年刚刚发布，欧盟的暴露参数工具包也是 2007 年刚刚启用，而韩国当时也正在编写暴露参数手册（注：《韩国暴露参数手册》于 2009 年正式发布）。进而我们意识到，及早开展暴露参数的调查研究，储备有关技术基础，是推动未来我国施行环境风险管理制度实施的关键步骤之一。为了明确引用国外暴露参数会对健康风险评价造成多大的偏差，也为了积累暴露参数的调查研究经验，我们选择河南泌阳为典型地区，对当地 2500 多名居民开展了饮水和皮肤暴露参数的问卷调查和三日跟踪测量，获得了饮水参数的宝贵资料和信息。同时，还采集和检测了 10 个乡镇的饮用水中 14 种重金属和无机非金属元素，评价了人群经饮水和皮肤暴露水污染物的健康风险，最终发现基于参数实际测量的健康风险评价结果比采用国外发达国家暴露参数手册中的数据得出的评价结果高出 0.94 ～6.33 倍。也就是说，如果引用国外的参数，将给环境健康风险评价造成较大的偏差。

2008 年，在国家环保公益行业科研专项“多环芳烃类持久性有机污染物的健康风险评价方法研究”（200809101）的支持下，我们与北京大学的陶澍老师、中国疾病预防控制中心的徐东群老师以太原现场为例，对基于多层面多环芳烃暴露（环境暴露、个体外暴露、个体内暴露）的健康风险评价技术方法进行了研究。为了获取当地居民的暴露参数，我们抽样选取了太原市三县一市（六区）的 2800 多名城市和农村居民，对其室内外活动时间等暴露参数展开了调查，由此进一步积累了时间-行为活动模式暴露参数的调查研究经验，分析了以多环芳烃类有机污染物健康风险评价中暴露参数的作用。

以上这些相关的研究结果已以科研论文的形式予以发表，并于 2009 年 11 月、12 月分别在美国明尼阿波利斯举行的国际暴露科学学会（ISES）学术年会和在美国巴尔的摩举行的国际风险分析学会（SRA）学术年会上予以交流，受到了国际专家的关注。

2009 年，我国陕西、湖南等地相继出现了“儿童铅中毒”事件，对社会安定团结造成了较大的影响。我们在环境保护部科技标准司的带领下前往陕西、河南等地进行深入调研。调研中发现，识别企业周边儿童血铅水平处于较高水平的环境暴露来源是解决此类事件的关键技术环节。如何科学合理地寻找暴露来源、拿出有说服力的证据以识别污染责任主体，是让企业和周边居民信服、让政府能够及时采取有针对性的风险防范措施、长期有效解决问题的关键。虽然美国环境保护署已有成熟的模型可以推断（如 IEUBK）儿童多途径铅暴露的血铅水平、暴露来源和风险，但当这些模型应用到我国时最关键的问题就是模型中参数的取值问题，如究竟我国儿童每天接触土壤的频率是多少？接触土壤的量是多少？在室内外停留的时间有多长？每天的呼吸量是多少？每天的饮水量是多少？皮肤暴露面积是多少？这些看似简单的参数，却是决定血铅水平预测和铅暴露来源解析准确性以及风险管理和防范措施合理性、针对性和有效性的关键。在国家环保公益行业科研专项“涉铅企业周边儿童血铅暴露来源解析及防控对策研究”（201109064）的支持下，我们初步用美国 IEUBK 模型评价了我国环境与健康标准的兼容性，但是，由于缺乏适合我国儿童特征的暴露参数，评价结果仍存在着较大的不确定性。由此，我们更加深刻地认识到在我国开展暴露参数调查研究的必要性和紧迫性。

2010 年，我们承担了国家环境保护部项目“我国环境与健康标准体系框架的初步研究”［EH（2010）-12-02］，对我国现行环境保护、环境卫生标准体系进行了系统梳理，分析了环境与健康标准的定位和范畴，明确了环境与健康标准的基本框架。环境质量标准限值应当是在保护人群健康和生态安全基准的基础上而设定的，而由于我国当前的基准体系尚不完善，基准研究基础还很薄弱，成为影响环境质量标准科学性的主要障碍。美国等发达国家虽然在过去四十年的发展历程中已经逐渐形成了比较完备的环境健康基准体系，但是其基准数值和有关理论方法在我国并不完全适用，其中一个最主要的原因就是由于我国人群的暴露特征与国外存在较大差异。例如，针对某一类污染物，我国人群的多途径暴露特征与美国具有明显的不同，则各介质中污染物的基准也不尽相同，而描述暴露特征和行为的参数就是暴露参数。在项目研究过程中，我国通过对很多领域专家的访谈，进一步认识到，其实暴露参数在其他领域的作用也不容忽视。我院正在承担“新化学物质环境风险评价导则”标准项目的王宏副研究员表示，在化学物质的人体健康风险评价方面，其实欧盟有成熟的模型予以参考，但当这些模型应用到我国时，最重要的是模型中关于适合中国人群特征的暴露行为方式（即暴露参数）缺乏可参考的依据；复旦大学从事空气污染健康影响研究的的阚海东教授提出，对于我国各地区居民室内外停留的时间参数，是影响大气污染健康影响评价中的关键参数之一；我院从事土壤基准研究和污染场地风险评价的侯红研究员得知我们正在研究暴露参数，发来了在土壤健康风险评价中人群暴露参数的需求建议，给予了大力的支持；正在从事饮用水源健康风险评价研究的许秋瑾研究员也多次与我们讨论在饮水环境健康风险评价中暴露参数的作用问题。此外，一些从事环境健康影响评价研究、突发污染事故健康风险评价等领域的专家也表示，暴露参数的数据缺乏，是影响风险评价准确性的关键。

那么，暴露参数到底有哪些？每类参数的调查研究方法是什么样的？国外暴露参数的进展情况如何？我国在暴露参数的调查研究方面还存在什么差距？暴露参数在环境健康风险评价中该如何应用？我们希望能够把前期的研究成果系统地梳理和总结出来，也许能够对正在从事环境健康风险评价的科研人员有一些参考，也许能够对希望从事暴露参数相关研究的人员有一些启发。本书共分九章：第一章为暴露参数的简要介绍；第二、三、四、五章分别介绍经空气（呼吸速率）、经水（饮水摄入率）、经土壤（土壤摄入率）和经饮食（饮食摄入率）暴露的有关参数；第六章为皮肤暴露参数；第七章为各途径暴露评价过程中的时间-行为活动模式参数；第八章为体重、期望寿命等基本参数；第九章为应用实例。

在前期资料调研、现场调查工作和本书的编写过程中，得到了国内外许多专家的悉心指导和帮助。国内专家有：中国环境科学研究院的孟伟院士，中国环境监测总站魏复盛院士，北京大学城市与环境学院的陶澍院士，北京大学医学部的郭新彪、陈育德和潘小川教授，中国疾病预防控制中心的何兴舟、杨功焕、徐东群和孙承业研究员，国家环境保护部政策研究中心的王建生博士，北京师范大学的林春野和程红光教授，中国环境科学研究院的张金良、于云江、白志鹏、李发生、吴丰昌、武雪芳、许秋瑾、王宏、侯红研究员等；国外专家有：美国科学院院士、加州大学伯克利分校的 Kirk Smith 教授，美国南加州大学的张军锋［Junfeng (Jim) Zhang］教授，美国环境保护署的 Kevin Teichman 和专门负责暴露参数工作的技术官员 Jacqueline Moya，美国卫生研究所的 Micheal Dellarco 教授，韩国 Yonsei 大学的 Dong Chun Shin 教授等。在此，对以上专家表示最衷心的感谢！感谢国家环境保护部对项目的支持，尤其感谢科技标准司环境健康管理处的宛悦博士一直以来对我们研究工作和暴露参数调查工作的指导和支持！感谢项目组和编写组成员的共同努力！感谢为暴露参数相关调查研究工作和本书的编写工作提供了指导和帮助的所有领导、专家、同事和朋友。

2011 年，《国家环境保护“十二五”环境与健康工作规划》正式发布，其中将“发布《中国人群暴露参数手册》”列入重点工作。从今年起，我们将在环境保护部科技标准司的指导和支持下，组织开展我国人群环境暴露行为模式的调查工作，并综合国内现有其他相关资料，编写我国首部《中国人群暴露参数手册（成人卷、儿童卷）》，希望本书的出版能够为该调查研究工作和手册的编写奠定基础。同时，也诚挚的希望在今后调查工作和手册的编写过程中，能够进一步得到各位领导、专家、同事和朋友的指导、支持和帮助！

本书是我国第一本关于暴露参数研究方法的系统总结，在编写的过程中可以参考和借鉴的现成资料比较少。而且，由于我们知识经验所限，在书籍编写过程中难免存在一些问题和不足，敬请各位读者朋友多多批评指正。同时，也请读者朋友注意，由于我国尚未发布《中国人群暴露参数手册》，本书中关于我国人群暴露参数数值的探讨，仅作为参考，正式的参考数值还以即将发布的手册为依据。

中国环境科学研究院
段小丽
2011年11月

目　　录

第一章　暴露参数概述

第一节　暴露参数的定义

一、环境污染对人体健康的影响过程

人作为环境中的重要组成部分，生活在环境中，无时无刻不在与外界环境进行着物质和能量的交换。人们在改造和适应环境的过程中，也受着外界环境的影响。图 1-1 是环境污染对人体健康影响方式和评价方法示意图。可见，环境污染

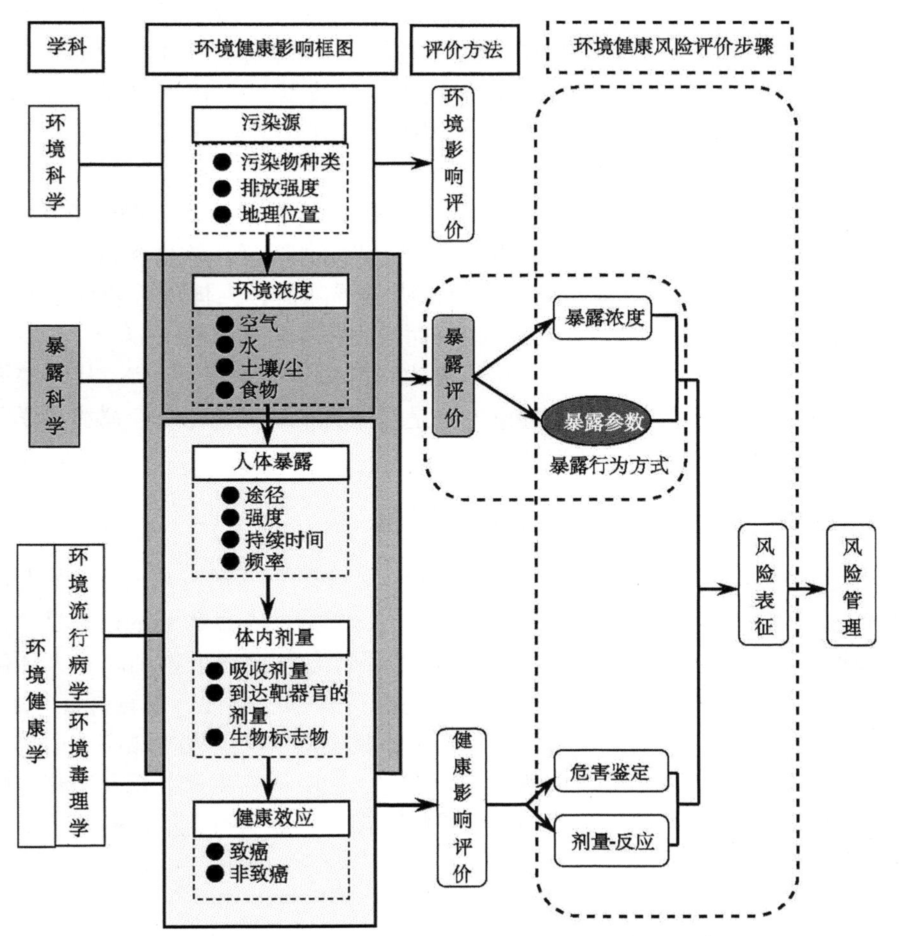

图 1-1　环境污染对人体健康影响方式和评价方法示意图

进入人体需要经过一个漫长而复杂的过程，每个过程的评价方式和理论体系也不同。

（一）污染物的排放和在环境中的分布过程

化学性、物理性和生物性的环境污染物由污染源排放后，进入到空气、水、土壤等环境介质；污染物在这些介质中以一定的浓度和状态存在，并发生迁移转化。评价污染排放对环境的影响是“环境影响评价”。从污染源到环境介质的有关理论方法是环境科学研究的范畴。

（二）人体暴露、摄入和吸收污染物的过程

当生活在环境中的人经过呼吸、饮食和皮肤接触等过程而接触到空气、水、食物、土壤中的这些环境污染物（这个过程叫“暴露”）后，经过人体的吸收和代谢过程，在体内以一定负荷存在（包括“摄入”和“吸收”两个阶段）。

（1）暴露（exposure），即人体可见边界（如皮肤、口和鼻腔等）与环境污染物接触的过程，主要取决于人与环境的接触途径和方式，以及接触的行为和特征。

（2）摄入（intake），即污染物穿透人体外暴露界面而到达靶器官的过程，主要指污染物通过机体可见界面通道的物理迁移（如呼吸、饮食和饮水）。

（3）吸收（uptake），即污染物穿越了吸收屏障而被人体所吸收的过程，或直接通过皮肤或其他暴露器官（如眼睛）而吸收污染物的过程。

评价环境污染物进入人体的途径、方式和剂量是“暴露评价”。从环境介质到人体暴露、摄入和吸收的有关理论方法是暴露科学研究的范畴。暴露科学是近些年来逐渐发展起来的一门新兴学科。

（三）污染物对人体健康产生影响的过程

当污染物进入到人体后，在与宿主因素（如年龄、性别、基因等）的共同作用下而对人体健康产生影响。评价污染物对人体健康的不良影响的过程是“健康影响评价”，包括定性评价和定量评价。定性评价是鉴定污染物到底对人体健康会产生什么样的不良影响（如是否致癌，是否具有神经毒性、发育毒性等）；定量评价即评价在一定暴露剂量下污染物产生不良健康效应的发生频率。研究污染物对健康影响的机制是环境健康学研究的范畴，主要研究手段是用环境流行病学和环境毒理学的方法，评价和预测人体暴露某类污染物后可能的风险水平，要用环境健康风险评价的方法。

二、环境健康风险评价

风险是危险因素产生危害的可能性及其严重程度。远古时期以打鱼捕捞为生的渔民们每次出海前都要祈求神灵保佑自己在出海时能够风平浪静，满载而归。他们深深体会到“风”给他们带来的无法预测无法确定的危险。“风”即意味着“险”，因此有了“风险”一词。随后，风险一词逐渐在各行各业中予以引用，如金融、保险、交通、企业管理、卫生、环保等领域，都存在风险。

美国环境保护署（USEPA）认为，环境风险是环境污染源（stressor）对人体健康和生态系统（receptor）产生危害的可能性，通常也定义为：环境风险是由人类活动引起的，或由人类活动与自然界的运动过程共同作用造成的，通过环境介质传播的，能对人类社会及其赖以生存、发展的环境产生破坏、损失乃至毁灭性作用等不利后果的事件的发生概率和不良后果。

环境风险广泛存在于人类的各种活动中，其性质和表现方式复杂多样，从不同角度可作不同分类：根据承受风险的对象，可分为人体健康风险和生态风险；依据风险来源，可分为有毒有害化学品的环境风险、核污染的环境风险、危险废物的环境风险等；依据环境介质，可分为空气环境风险、水环境风险、土壤环境风险等；依据风险发生时间，可分为突发性污染事故的环境健康风险和慢性累积性的环境健康风险，其中，突发性污染事故的环境健康风险是由于监管不利等引发的化学品泄漏、爆炸等事故而引起的环境污染对人体健康的风险（如松花江水污染事故中硝基苯污染的健康风险）；而慢性累积性的环境健康风险指长期低剂量暴露于某环境污染而导致的风险（如室内空气中的多环芳烃污染对肺癌发生的风险等）；根据风险的效应终点，如人体健康风险，以疾病类别及病理过程作为划分标准，可分为致癌风险、致突变风险、生殖风险、发育风险等；按生命周期划分，可分为胚胎孕育期健康风险、围产期健康风险、婴儿期健康风险、儿童期健康风险和成人健康风险。

引起环境风险的风险源可以是任何会导致不良影响的物理、化学或生物因素，其作用的对象可能包括自然资源或生态系统（包括人、动物、植物以及相互作用的环境）。环境健康风险特指作用对象为人体健康的环境风险类型。

USEPA 认为，环境风险评价是对环境污染引起人体健康和生态危害的种类及程度的描述过程。1983 年美国国家科学院出版的红皮书《联邦政府的风险评价：管理程序》提出风险评价“四步法”，即危害鉴定、剂量-效应关系评价、暴露评价和风险表征，这成为环境风险评价的指导性文件，目前已被许多国家和国际组织所采用。随后，USEPA 根据红皮书制定并颁布了一系列技术性文件、准则和指南，包括 1986 年发布的《致癌风险评价指南》、《致畸风险评价指南》、《化学混合物的健康风险评价指南》、《发育毒物的健康风险评价指南》、《暴露风险评价指南》和《超级基金场地健康评价手册》等。当前，USEPA 的风险评价的科学体系基本形成，并处于不断发展和完善的阶段。

（一）环境健康风险评价的步骤

图 1-1 右侧框图中显示的是环境健康风险评价的步骤，包括四步。

（1）危害鉴定：是判定某种污染物对人体健康的危害种类的过程。

（2）剂量-反应关系评价：是对污染物暴露水平与暴露人群出现不良效应发生率间的关系进行定量估算的过程，即污染物的致毒效应与剂量之间的定量关系。

（3）暴露评价：是测量、评价或预测人体暴露污染物的途径、方式和剂量的过程。暴露剂量一方面取决于环境中污染物的浓度，另一方面取决于人体暴露污染物的途径、频率和持续时间等暴露行为，即暴露参数。暴露评价有四个关键技术环节，即暴露测量、暴露参数、暴露模型和暴露评价技术规范。

（4）风险表征：是风险评价的最后一个环节，它把前面的资料和分析结果加以综合，以确定有害结果发生的概率、可接受的风险水平及评价结果的不确定性等。风险表征也是连接风险评价和风险管理的桥梁，为风险管理者提供详细而准确的风险评价结果，为风险决策和对风险采取必要的防范及减缓其发生的措施提供科学依据。

环境风险管理是决策者同时考虑风险评价结果、社会经济条件、法律等因素来决策的过程。环境健康风险评价是风险管理的科学基础（信号）。

（二）环境健康风险的计算过程

一般而言，环境健康风险评价可分为致癌物风险评价（无阈污染物健康风险评价）和非致癌物风险评价（有阈污染物健康风险评价）两类。致癌物的剂量-反应关系没有阈值，使用线性多阶段模型；非致癌物的剂量-反应关系是有阈值的（图 1-2）。通常在开展健康风险评价之前，先通过污染物的毒理学数据资料确定其阈别［即有阈或（和）无阈］，然后再进行评价。

1. 有阈环境污染物的健康风险评价

有阈污染物的健康风险评价是对污染物的人体暴露剂量进行准确定量后，再与污染物的参考剂量进行比较的过程，其计算见式（1-1）。其中，RfD 为环境污染物在某种暴露途径下，当人群健康风险为 10^{-6} 时的参考剂量。

$$R = \frac{\mathrm{ADD}}{\mathrm{RfD}} \times 10^{-6} \tag{1-1}$$

式中，R 为人体暴露某污染物的健康风险；RfD 为污染物在某种暴露途径下的参

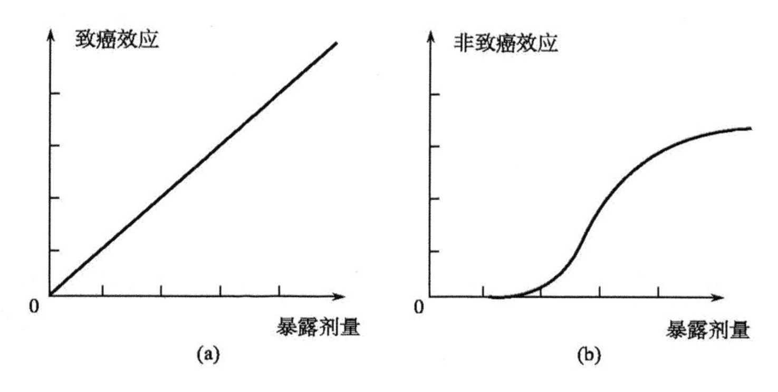

图 1-2　无阈和有阈污染物的剂量-反应关系
(a) 无阈污染物的剂量-反应关系；(b) 有阈污染物的剂量-反应关系

考剂量［mg/(kg·d)］；10^{-6}为与 RfD 相对应的假设可接受的风险水平；ADD 为污染物的日均暴露剂量，见式（1-7）。

多种有阈污染物经同一暴露途径的综合健康风险可以用危害指数法（HI）定量，采用式（1-2）计算。

$$\mathrm{HI} = \sum_{i=1}^{n} \frac{\mathrm{ADD}n}{\mathrm{RfD}n} \tag{1-2}$$

式中，HI 为非致癌污染物的危害指数；RfDn 为各污染物的参考剂量［mg/(kg·d)］；ADDn 为各污染物的日均暴露剂量［mg/(kg·d)］，见式（1-7）。

当考虑多种有阈污染物的多种暴露途径时，综合的健康风险度可以采用式（1-3）计算。

$$\mathrm{R}_{ij} = \frac{\mathrm{ADD}_{ij}}{\mathrm{RfD}_{ij}} \times 10^{-6} \tag{1-3}$$

式中，R_{ij}为有阈污染物 i，经暴露途径 j 引起的健康危害的终生风险；ADD_{ij}为有阈污染物 i，经过暴露途径 j 的日均暴露剂量［mg/(kg·d)］；RfD_{ij}为有阈污染物 i，经过暴露途径 j 的参考剂量［mg/(kg·d)］。

2. *无阈污染物健康风险评价*

无阈污染物是已知或假设其作用是无阈的，即大于零的任何剂量都可以诱导出致癌反应的污染物。环境中致癌污染物的浓度较低，通常低于实验室毒理学试验剂量，因此这里计算致癌性化学物质风险采用线性多阶段外推模型，见式（1-4）。

$$\mathrm{R} = \mathrm{q}(人) \times \mathrm{ADD} \text{ 或 } \mathrm{R} = \mathrm{Q} \times \mathrm{ADD} \tag{1-4}$$

式中，R 为 70 年暴露的终生超额致癌风险；ADD 为污染物的日均暴露剂量

[mg/(kg · d)]，见式（1-7）；q（人）为由动物推算出来人的致癌强度系数 $[mg/(kg \cdot d)]^{-1}$；Q 为以人群资料估算人的致癌强度系数 $[mg/(kg \cdot d)]^{-1}$。

在上述计算健康风险的基础上，可以计算暴露致癌污染物的人均年超额风险水平和人群超额病例数，分别见式（1-5）和式（1-6）。

人均年超额风险 $$R_{py} = R/70 \quad (1\text{-}5)$$

人群超额病例数 $$EC = R_{py} \times AG/70 \times \sum P_n \quad (1\text{-}6)$$

式中，R_{py} 为人均超额风险；R 为 70 年暴露的终生超额致癌风险；EC 为人群超额病例数；AG 为标准人群的平均年龄；P_n 为平均年龄 n 的年龄组人数。

三、暴露评价

由上可见，无论是有阈还是无阈污染物的健康风险评价，都建立在对污染物的人体暴露剂量进行准确评价的基础上，如式（1-1）～（1-4）中的 ADD 即暴露剂量。测量、评价或预测人体暴露污染物的途径、方式和剂量的过程，即称为暴露评价。

暴露评价是环境健康风险评价的一个重要环节。同时，暴露评价是环境流行病学调查的重要组成部分，也是预测和评价环境质量变化趋势的方法之一。

关于暴露评价的有关理论和方法的科学叫做暴露科学。暴露科学作为一门独立学科的地位在国际上也是于近年来才刚刚得到认可。2005 年，美国新泽西的 Paul Lioy 教授首次提出暴露科学的概念（Lioy，2005）；2006 年，《暴露分析和环境流行病学》期刊（*Journal of Exposure Analysis and Environmental Epidemiology*，JESEE）更名为《暴露科学和环境流行病学》期刊（*Journal of Exposure Science and Environmental Epidemiology*，JESEE）；2007 年，全球第一本关于人体暴露科学的书籍由斯坦福大学的 Wayne R. Ott 组织全美 20 多名暴露评价方面的专家编写完成；2008 年，国际暴露评价学会（ISEA）经过了近 20 年的发展正式更名为国际暴露科学学会（ISES）。暴露科学作为一门单独学科的地位开始逐渐得到了广大环境与健康科研工作者和管理人员的普遍认同。关于暴露科学学科体系也正在国际范围内进一步探讨和完善中，有关专业术语见附录 1。

（一）暴露评价的步骤

暴露评价包括四个关键技术环节，即暴露测量、暴露参数、暴露模型和暴露评价技术规范。暴露评价是遵照一定的技术规程，在对暴露浓度准确测量、对暴露行为方式准确评价的基础上，应用一定的模型对暴露剂量进行定量的过程，见图 1-3。

暴露测量（exposure measurement）指对人体暴露污染物浓度的测量过程，

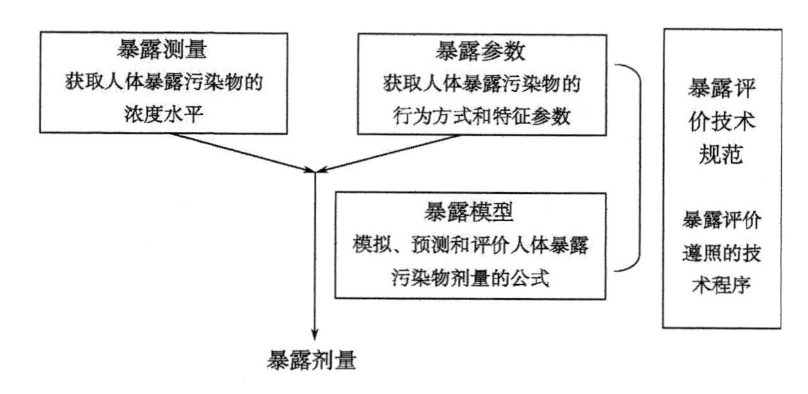

图 1-3　暴露评价的四个关键技术环节

可以分为环境暴露测量、个体外暴露测量和个体内暴露测量（生物标志物）三个层面。

（1）环境暴露测量：是对某种或多种环境介质（如空气、水、土壤等）中污染物浓度的采样和监测分析。对于处于某环境中的人群的评价，用环境暴露浓度的测量方法则最易反映其群体的暴露水平，而环境暴露浓度只有与人群的暴露特征（即暴露参数）相结合，才能够得出准确的暴露剂量。

（2）个体外暴露测量：是用个体实际暴露量的测定，如用个体采样泵追踪采集其适时的空气暴露样品或用副盘等方法采集分析其实际的饮食暴露样品等。由于个体采样泵能够适时跟踪采集到人体暴露污染物的浓度水平，在对个体暴露剂量评价时更准确。而该浓度数值也需要结合个体的暴露特征（即暴露参数），才能够得出准确的个体暴露剂量。若需要用该方法评价某类人群的污染物暴露水平，则需要首先抽样选取一定数量的代表性人群，然后对抽样人群进行个体外暴露测量和评价，最终用抽样人群的平均水平来代替该人群的实际暴露水平。

（3）个体内暴露测量：是对污染物在人体生物样本（如血、尿）中的负荷进行采样和检测分析的过程。个体内暴露测量（生物标志物）方法最能反映个体实际暴露污染物的浓度，无需与暴露参数进行结合，即能反映个体暴露水平。若需要用该方法评价某类人群的暴露水平，也需要首先抽样选取一定数量的代表性人群进行生物标志物的采样和监测分析，并最终用该抽样人群的平均内暴露水平来代替该人群的内暴露水平。

三种测量方法的相互关系见图 1-4，可见，虽然内暴露测量最能准确获取污染物的人体暴露浓度，但是其成本也最高。

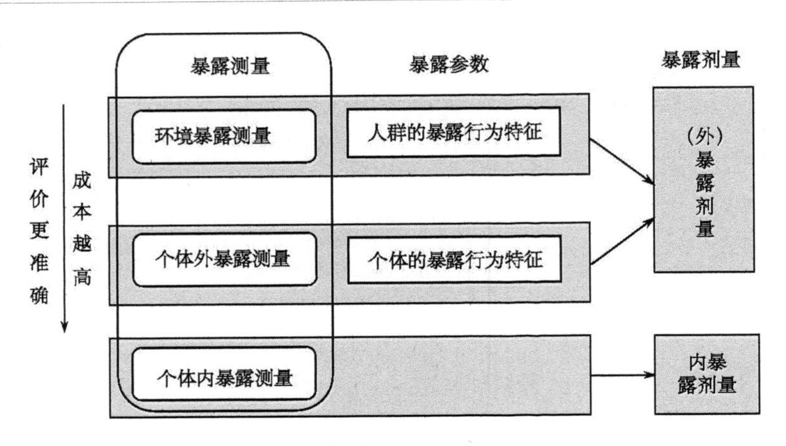

图 1-4　暴露测量的三种方式

（二）暴露剂量的计算公式

暴露剂量的计算公式见（1-7）。

$$ADD=\frac{C\times IR\times EF\times ED}{BW\times AT} \tag{1-7}$$

式（1-7）中各参数的含义和单位见表 1-1。

表 1-1　日均暴露剂量计算中各参数的含义和不同暴露途径下的单位

参数	含义	经呼吸道	经口	经皮肤
ADD	经某种暴露途径对该化合物的日均暴露剂量	mg/(kg · d)	mg/(kg · d)	mg/(kg · d)
C	某环境介质中该化合物的浓度	mg/m³	mg/L（饮水） mg/kg（饮食）	mg/L
IR	对该环境介质的接触或摄入率	m³/d	L/d	L/d
EF	暴露频率	d/a	d/a	d/a
ED	暴露持续时间	a	a	a
BW	体重	kg	kg	kg
AT	平均暴露时间	d	d	d

注：皮肤暴露的 IR 计算公式为：$IR=SA\times PC\times ET\times CF$，其中，*SA* 为皮肤接触表面积，$cm^2$；PC 为化合物的皮肤渗透常数，cm/h；*ET* 为暴露时间，h/d；CF 为体积转换因子，$1L/1000cm^3$。此处以经皮肤暴露液态物质（如水）为例。

四、暴露参数

暴露参数（exposure factor）是用来描述人体暴露环境污染物的特征和行为

的参数（USEPA，2011），包括人体特征（如体重、寿命等）、时间-活动行为参数（如室内外停留时间等）和摄入率参数（如呼吸速率、饮水摄入率等）。式(1-7）中虚线框中所表示的就是暴露参数。暴露参数的准确定量是暴露剂量评价准确性的关键参数。在环境介质中化合物浓度（C）准确定量的情况下，暴露参数值的选取越接近于评价目标人群的实际暴露状况，则暴露剂量（ADD）的评价结果越准确，环境健康风险评价的结果也就越准确。

第二节　暴露参数的分类

暴露参数根据不同的分类方式可分为不同的类型。

一、根据暴露途径分类

人体暴露于环境介质（空气、水、土壤/尘）以及食品中的污染物主要是通过三种途径，即呼吸道、消化道和皮肤，见图1-5。根据不同的暴露途径，暴露参数可以分为以下三类：

(1）经呼吸道的暴露参数：包括长期呼吸速率（m^3/d)、短期呼吸速率（m^3/min)、室内外停留时间（min/d)、体重（kg）等。

(2）经消化道的暴露参数：包括饮食摄入率 [g/(kg・d)]、饮水摄入率（L/d)、体重(kg）等。

(3）经皮肤的暴露参数：包括皮肤表面积(m^2)、皮肤接触水的频率、体重（kg）等。

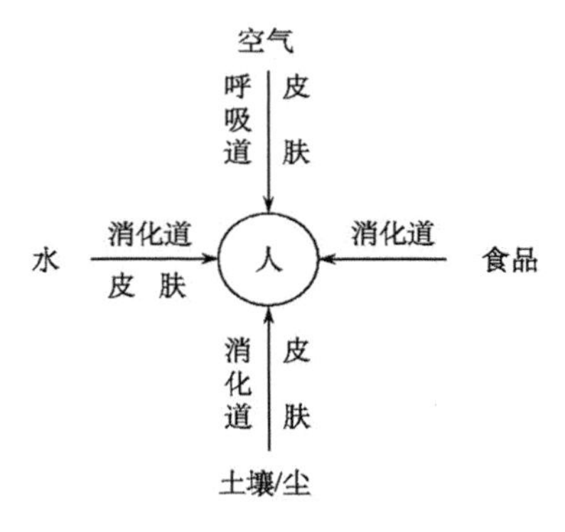

图1-5　人体经各环境介质暴露污染物的途径

二、根据参数类别分类

暴露参数根据类别可分为摄入率参数、行为活动模式和其他暴露参数三类(表1-2)。

(1）摄入率参数：指对每种环境介质的摄入率，如呼吸速率、饮水摄入率、饮食摄入率、土壤经口摄入率等。

(2）行为活动模式参数：指与每种环境介质接触的行为方式，如室内外停留时间、洗澡和游泳的频率及时间等。

(3）其他暴露参数：指皮肤表面积、体重和期望寿命等。

表 1-2　暴露参数的分类

序号	类别	暴露参数的类型		
		摄入率	行为活动模式	其他
1	呼吸暴露参数	长期呼吸速率（m^3/d）	(1) 室内外停留时间（min/d）； (2) 不同户外活动场所的时间（min/d）沙堆/草地/土地等； (3) 室内不同房间的停留时间（min/d）	(1) 在现居住地的时间（a）； (2) 从事本职业的时间（a）； (3) 职业流动性（a）
		短期呼吸速率（m^3/min）不同运动状态		
2	饮水暴露参数	饮水摄入率［mL/(kg·d)］	不同饮用水类型的频率	—
		游泳过程的吞水量（mL/次或mL/h）	游泳频率（min/月或次/月）	—
3	饮食暴露参数	水果和蔬菜摄入率［g/(kg·d)］	—	—
		肉和蛋禽类摄入率［g/(kg·d)］	—	—
		鱼和海鲜摄入率［g/(kg·d)］	—	—
		谷物类摄入率［g/(kg·d)］	—	—
		家产类摄入率［g/(kg·d)］	—	—
		总食物摄入率［g/(kg·d)］	—	—
4	土壤暴露参数	土/尘摄入率（mg/d）	手口接触频率（次/h）和暴露持续时间（min/h）	—
5	皮肤暴露参数	(1) 土/尘皮肤黏附系数（mg/cm^2）； (2) 水的皮肤渗透系数*（cm/h）	(1) 洗浴（盆浴和淋浴）时间（min/d）； (2) 游泳时间（min/月）	(1) 皮肤表面积（m^2）； (2) 皮肤暴露面积（m^2）
6	基本暴露参数	—	—	体重（kg）
		—	—	寿命（岁）

* 以经皮肤暴露液态物质（如水）为例，皮肤暴露的 IR 计算公式为：$IR = SA \times PC \times ET \times CF$，其中，SA 为皮肤暴露面积（$cm^2$）；PC 为化合物的皮肤渗透常数（cm/h）；ET 为暴露时间（h/d）；CF 为体积转换因子（$1L/1000cm^3$）。皮肤渗透系数可以从专门的化学手册中查到，见本书的附录 3。

三、根据参数性质分类

暴露参数根据参数性质可分为生理参数和行为习惯参数两类。

（1）生理参数：与人体生理特性相关的参数，如体重、体表面积、呼吸速率等。

（2）行为习惯参数：与人的行为习惯相关的参数，如室内外停留时间、洗澡和游泳的频率及时间、饮水摄入率、饮食摄入率等。

根据环境健康风险评价的要求，可以选择不同类型的暴露参数。

第三节　暴露参数的调查研究方法概述

暴露参数的获取方法有调查、科学研究和统计三类。不同的暴露参数获取方法不同。当前美国、加拿大以及欧洲许多国家都已经开展了关于暴露参数的调查和科学研究工作。表 1-3 列出了不同暴露参数的调查研究方法。

表 1-3　暴露参数的调查研究方法

序号	类别		调查研究方法		
			大型调查	科学研究	统计信息
1	呼吸暴露参数	呼吸速率	问卷调查	（1）直接测量法 （2）心律呼吸速率回归法 （3）人体能量代谢估算法	
		行为活动模式	人群行为模式调查（NHAPS）		
2	饮水暴露参数	饮水率	食物摄入频率调查（CSFII）		
		行为活动模式	人群行为模式调查（NHAPS）		
3	饮食暴露参数	饮食摄入率	国家健康和营养调查(NHANES)；食物摄入频率调查（CSFII）		
4	土壤暴露参数	土/尘摄入率	问卷调查	（1）元素示踪法 （2）生物动力学模型对照法 （3）问卷调查法	
		行为活动模式	人群行为模式调查（NHAPS）		
5	皮肤暴露参数	皮肤渗透系数		实验研究	
		皮肤暴露面积	估算法（根据身高、体重等调查结果估算）	（1）测量法（2）估算法	
		行为活动模式	人群行为模式调查（NHAPS）		
6	基本暴露参数	寿命			统计
		体重	国家健康和营养调查（NHANES）等		统计

一、调查方法

美国暴露参数的相关调查主要有三类：由美国环境保护署（USEPA）组织开展的“人群行为模式调查”（NHAPS）；由美国疾病预防控制中心（USCDC）开展的国家健康和营养调查（NHANES）；由美国农业部（USDA）和USEPA共同开展的食物摄入频率调查（CSFII）等。通过对这些调查工作所获数据的深入加工和分析，可以得到一些暴露参数，如表1-4所示。

表1-4 USEPA暴露参数手册形成的主要大型调查和统计信息

序号	大型调查或统计信息的名称	负责开展调查或统计的部门	可以形成的暴露参数
1	人群行为模式调查（NHAPS）	美国环境保护署（USEPA）	时间-行为活动模式
2	国家健康和营养调查（NHANES）	美国疾病预防控制中心（USCDC）	体重、饮食暴露参数、皮肤表面积等
3	食物摄入频率调查（CSFII）	美国农业部（USDA）	饮水摄入率、饮食暴露参数等
4	国家统计信息	美国统计局（USCB）	寿命

其中，由美国环境保护署（USEPA）组织开展的“人群行为模式调查”（NHAPS）是于1992年至1994年委托马里兰大学的调查研究中心采用电脑辅助电话调查仪器系统（CATI）而开展的，通过调查收集到了横跨美国48个州的近万名受试者的行为活动日志，由此获取人群接触环境污染物的行为模式数据。

二、科学研究方法

除了全国性的大规模调查之外，美国等很多发达国家还开展了系列暴露参数的科学研究工作，是全国性调查工作的补充，为暴露参数手册的形成奠定了良好的基础。科学研究工作主要集中于以下几类参数。

（一）呼吸速率

呼吸速率的研究方法主要有直接测量法、心律-呼吸速率回归法和人体能量代谢估算法。

直接测量法是在各种活动强度水平下，采用肺活量计和一个收集系统或其他装置直接测量得到。Brochu等于2006年使用这种方法对1个月～96岁的自由行为人采用双标记水（DLW）的测量数据进行了生理每日呼吸速率（PDIR）研究，作为空气质量标准和计算标准以及健康风险评价的建议。Brochu等根据口服双标记水（$^{2}H_2O$和$H_2^{18}O$）在尿液中的报道分解速率计算2210名从3周～96岁的受试者的生理每日均呼吸速率。直接测量法较为繁琐，不适合大规模的调查研究。心律-呼吸速率回归法是选择具有代表性的人群，同时测量其呼吸速率和心律，通过回归分析建立二者的一元或多元线性关系模型，然后根据各类人群的心律推测其呼吸速率。这种方法只要样本选择得当，适合大规模的调查。人体能量代谢估算法是根据各类人群每天或单位时间内各类活动消耗的能量及耗氧量确定呼吸速率。

（二）土壤/尘摄入率

对于土壤/尘经口摄入率，当前的研究方法包括：元素示踪法、生物动力学模型对照法和问卷调查法。

元素示踪法是通过分析土壤、尘土以及人体排泄物中各类示踪元素的含量来确定人体对土壤的摄入率。用于示踪的元素包括铝、硅、钛等通常不容易被人体胃肠道吸收，也不会被转化为其他物质的元素。1989 年，Calabrese 等研究使用了 8 种示踪元素（铝、钡、锰、硅、钛、钒、钇、锆）对马萨诸塞州 64 名 1～3 岁儿童的土壤摄入率进行了研究（Calabrese，1989）。2005 年，Davis 等利用元素示踪法估算了同一个家庭儿童及成人的土壤摄入率（Davis and Mirick，2005）。生物动力学模型对照法是根据代谢物中有毒物质生物标志物的量，利用生物动力学模型推测经口、皮肤、呼吸等暴露途径暴露有毒物质的量。例如，有研究者将儿童血铅水平结合生物动力学总体暴露模型（IEUBK），推算儿童的尘土摄入量。1998 年，Hogan 等使用生物动力学模型对照法测量了 478 名儿童的血铅水平（Hogan，1998）。此外，早期研究中有些研究者使用问卷调查的形式获得受试者的土壤摄入率。

（三）皮肤暴露面积

皮肤暴露面积的确定方法基本上分为两类，一是直接测量法，二是根据身高、体重估计法。直接测量法主要有覆盖法（coating method）、三角测量法（triangulation）、表面整合法（surface integration）三种方法。覆盖法是采用同等面积的材料覆盖到全身或身体某些部位；三角测量法是将身体划分为不同的几何图形，根据图形尺寸计算出每个图形的面积；表面整合法是应用求积计算逐渐增加面积得到。

（四）时间-活动模式

针对时间-活动模式开展的暴露参数调查包括：1983 年 Johnson 和 Akland 等在美国丹佛和华盛顿地区开展的人体时间活动模式等参数的相关调查研究，并评估了当地居民对 CO 的暴露情况（Akland et al.，1985）；Quackenboss 等在 1986 年调查了美国威斯康星州某水陆联运过程中 350 人的活动模式，并评估了

对 NO_2 的暴露情况等（Quackenboss，1986）。

三、统计方法

还有一些参数如体重和期望寿命等，都是从国家权威的统计信息中获取。

以上只是简要列出了各类暴露参数的获取方法，具体的研究方法将在以下各章中分别予以介绍。

第四节　国外暴露参数手册概况

暴露参数是环境健康风险评价中的重要参数，关于暴露参数的各项调查研究结果只有经过权威机构进行筛选和整理后发布，才具有在健康风险评价中被引用的有效性，环境健康风险评价的结果作为风险管理（即政府采取风险防控对策）的依据才更具有科学性。暴露参数的发布方式主要是形成暴露参数手册（如美国、日本、韩国等），也有的国家（如欧盟各国）是形成暴露参数的工具包，在网上发布供查阅。

暴露参数手册中数据的形成主要是基于已有的全国性的大规模调查、统计资料，或者是通过对零星科研成果的筛选和综合分析后确定的。数据筛选要考虑以下几个方面：可靠性（soundness），即调查研究方法的准确性、研究设计的可靠性；适用性（applicability and utility），即研究目的是以暴露参数研究为主、具有人群的代表性等；清晰完整性（clarity and completeness），即可重复性好、质量保证措施完善；变异性和不确定性（variability and uncertainty），即可信度高、不确定性小；评价满意度（evaluation and review），即同行专家评议比较高等。数据来源经过严格筛选后，分为“核心研究”和“一般性研究”，对于核心研究，如果只有一项，则直接选用该研究的均质作为暴露参数手册中数据推荐值；如果核心研究多于一项，则选用加权平均值作为手册中的数据推荐值。除此之外，还要对数据进行变异性分析和不确定性分析，确定数据的可信度和置信区间，最后形成数据推荐值表格纳入手册中。国外一些国家在手册形成中还成立了专门的手册编写委员会，形成手册后，经过内部、外部征求意见后，才由权威部门正式发布。

当前很多发达国家也已发布了暴露参数手册，在提高人群暴露评价和健康风险评价的准确性方面发挥了重要的作用，成为政府机构人员、科研工作者和技术人员必备的工具及引用的依据。暴露参数手册的框架基本一样，也有根据各国不同情况的特殊参数。

一、美国

美国是世界上最早开展暴露参数研究并发布暴露参数数据库和手册的国家。美国环境保护署（USEPA）在一些全国性大规模调查和零星科学研究数据的基础上，于1989年出版了第一版《美国暴露参数手册》，后又于1997年进行修订。该手册详细规定了不同人群呼吸、饮食、饮水和皮肤接触的各种参数，给出了各参数在不同情况下的均值、中位值、最大值、最小值和范围值等，并提出了在各种情况和需求下暴露参数选用原则的建议（USEPA，1989；1997）。2011年，USEPA再次对该手册进行修订。《美国暴露参数手册》的框架如图1-6所示；《美国暴露参数手册》简表见附录4。

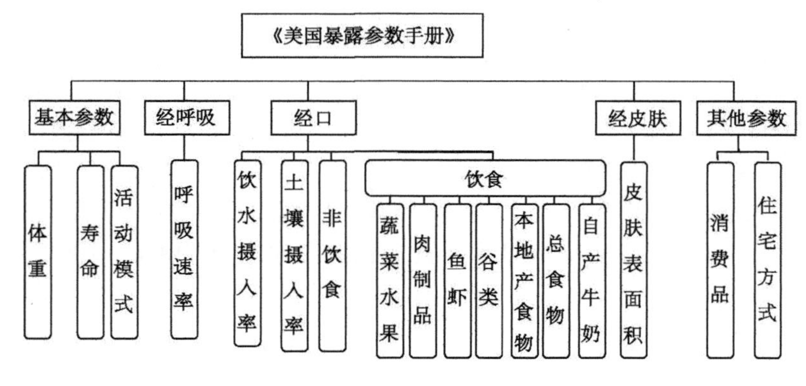

图1-6　《美国暴露参数手册》的框架

针对儿童这一特殊人群，USEPA在2002年编写了专门的《儿童暴露参数手册》，并于2008年进行了修订，重新发布。《儿童暴露参数手册》的框架也与图1-4基本类似。《儿童暴露参数手册》简表见附录5（USEPA，2008）。

为了更好地完成暴露参数工作，提高环境健康风险评价的准确性和效率，USEPA还启动了专门的“暴露参数项目”（Exposure Factors Programe）[备注：美国环境保护署的事务性工作基本都是通过“项目”（programe）来推动的，某项项目往往是指日常事务性工作，项目的实施往往贯穿USEPA总部及全国十大区各相关办公室，由此达到某项环境保护工作的目标]，将暴露参数作为一项常规性事务工作来推动。该项目除包括暴露参数手册的编写和修订工作外，还包括若干科研项目，如“年龄分组方法”、“暴露参数的统计学分布”、“暴露场景分析”、“食品摄入率分析”、“儿童研究中的年龄分组方法指南”、“空气交换率”、“成人和儿童的土壤摄入率”、“基于尿中砷的土壤摄入率研究”等。此外，该项目还将“人口统计学”、“CSFII食品摄入率统计学分布”、“室内空气污染暴露”等数据库和相关信息也纳入其中（USEPA，2000），如在人口统计学资料中，还提供了如何根据化合物毒性来识别潜在的高风险人群的方法等（USEPA，1999）。

USEPA 的暴露参数手册为美国的环境健康科研和管理工作者提供了很好的参考，在化学品管理、环境空气质量标准修订等环境管理过程中都发挥了重要的作用。与此同时，这些暴露参数手册自发布后也成为了世界各国进行健康风险评价的科研和管理人员广泛引用的依据，暴露参数手册的框架也成为世界各国制定适合各自国家特色的暴露参数手册的参考。

二、日本

《日本暴露参数手册》（*Japanese Exposure Factors Handbook*）是日本国立产业技术综合研究所化学物质风险管理研究中心于 2007 年参考 USEPA 的框架编制的，手册中包括人体特征参数、经口暴露参数、皮肤暴露参数、时间活动模式等。该手册与美国《暴露参数手册》的不同之处在于，其中还包括苯、甲苯、氯苯、甲醛等常见污染物的暴露浓度和二噁英、镉、汞等污染物在母乳、血、尿液、头发等中的体内负荷。此外，《日本暴露参数手册》只提供了简表和对表中参数的解释，篇幅比较短，用日文、英文在网上发布（NIAIST，2007），见附录 6。

三、韩国

《韩国暴露参数手册》（*Korean Exposure Factors Handbook*）是由韩国环境部于 2009 年发布的。该手册是在参考《美国暴露参数手册》框架的基础上，根据韩国居民的特点编制的，包括人体特征参数（体重、平均寿命、表面积等）、吸入率、土壤摄食率、食物消费、淋浴和盆浴、时间活动参数、人口流动性、居住容积和住宅变更等（Jang et al.，2007），见附录 7。

四、欧盟

欧洲国家的暴露参数数据库开始于 2002 年由 CEFIC-LRI 资助的一个研究项目。该研究的主要目的是在参考 USEPA 暴露参数手册的基础上，开发适合欧洲居民特色的暴露参数数据库。经过为期 4 年多的研究，综合了 30 个欧洲国家的现有的数据资料，最终建立了 ExpoFacts 暴露参数数据库和工具包，库中包括的暴露参数有居住条件、食品和饮料的摄入率、活动模式、人体特征参数、社会人口学参数等。除了数据库外，还包括参考指南和参考文献库。该工具包于 2006 年开始正式启用，可供不同欧洲国家在暴露评价研究中进行检索、查询和下载暴露参数，为欧洲国家环境管理提供了很好的服务作用（ECJRC，2006）。

各国家和地区暴露参数手册中的参数种类比较见表 1-5。

表 1-5　各国家和地区暴露参数手册中的参数种类比较

	暴露参数手册的国家和地区				
	美国 （USEPA，2011）	日本 （NIAIST，2007）	韩国 （Jang，2007）	欧盟 （ECJRC，2006）	中国
暴露参数手册中的参数类型	体重 期望寿命 呼吸速率 饮水率 皮肤比面积 化学物质的皮肤渗透系数 平均暴露时间 暴露持续时间 暴露频率 土壤暴露和异食癖 食品暴露 消费产品暴露 居民居住特征	体重 期望寿命 呼吸速率 饮水率 皮肤比面积 平均暴露时间 暴露持续时间 暴露频率 食品暴露 苯、甲苯、氯苯、甲醛等常见污染物的暴露浓度和二噁英、镉、汞等污染物在母乳、血、尿液、头发等中的体内负荷	体重 期望寿命 呼吸速率 饮水率 皮肤比面积 平均暴露时间 暴露持续时间 暴露频率 食品暴露	体重 期望寿命 呼吸速率 饮水率 皮肤比面积 平均暴露时间 暴露持续时间 暴露频率 食品暴露 社会人口学参数	尚未发布参数手册

美国、日本、韩国和欧洲国家的这些暴露参数手册在提高人群暴露评价和健康风险评价的准确性方面发挥了重要的作用，成为政府机构人员、科研工作者和技术人员必备的工具及引用的依据。

第五节　我国暴露参数的有关现状

一、尚未发布暴露参数手册

当前，我国尚未发布暴露参数手册，在环境健康风险评价中往往参考美国等国家的暴露参数。然而，由于人种、生活习惯等的不同，国外的暴露参数不能较好地代表我国居民的暴露特征和行为，这可能给健康风险评价结果造成较大的误差，从而影响环境风险管理和风险决策的有效性和科学性。以体重为例，我国成年男性平均体重为 62.7kg，成年女性平均为 54.4kg。美国成年男性为 80kg，成年女性为 67kg。而依据 ICRP 公布的“标准人”的数据，成年男性为 70kg，成年女性为 58kg（WHO 推荐男女平均为 60kg）。

可见，在研究我国居民的人体暴露风险时，若引用美国的数据，就体重而言将造成5%～20%的偏差，不确定性增大。我国与美国居民暴露参数的比较见表1-6。

表1-6 我国和美国暴露参数比较

	美国EPA已经在暴露参数手册中颁布的参数数值		我国	
			是否已经颁布标准值	是否可借鉴美国参数（及原因）
1	体重	体重/kg	否	否（人种不同，体重有很大差异）
2	寿命	期望寿命/岁	否	否
3	活动模式参数	平均暴露时间/d	否	否（生活行为习惯有很大差异）
		暴露持续时间/a		
		暴露频率/(d/a)		
4	呼吸暴露参数	呼吸速率/(m^3/d)	否	否（体质指数不同，呼吸速率也有很大差异）
5	皮肤暴露参数	皮肤比表面积/cm^2	否	否（人种不同，皮肤比表面积有很大差异）
		化学物质的皮肤渗透系数/(cm/h)	否	是（主要取决于化学物质的性质）
6	饮水暴露参数	饮水率	否	否（生活习惯不同）
7	土壤暴露和异食癖	摄入率	否	否（饮食习惯不同）
8	食品暴露 （1）水果和蔬菜	摄入率	否	否（饮食习惯不同）
	食品暴露 （2）鱼和海鲜	摄入率	否	否（饮食习惯不同）
	食品暴露 （3）肉和奶制品	摄入率	否	否（饮食习惯不同）
	食品暴露 （4）谷类	摄入率	否	否（饮食习惯不同）
	食品暴露 （5）家庭加工食品	摄入率	否	否（饮食习惯不同）
9	消费产品暴露		否	否（社会发展状况和生活习惯不同）
10	居民居住特征		否	否（居住条件不同）

二、相关调查基础

我国开展过一些大规模的调查，在暴露参数方面有一些可以参考的信息。我国的卫生部、国家体育总局、国家统计局的很多资料和信息都可以在不同层面予以借鉴。这些调查为我国暴露参数的发布奠定了数据基础，从这些调查中可以获取食物摄入率等参数。但是，这些调查结果远不足以支持发布暴露参数手册，尤其是在时间-活动模式方面，还有比较大的数据差距。表1-7列出了我国现有相关大型调查。

表 1-7　我国现有相关大型调查

	序号	1（中国疾病预防控制中心，2010）	2（朱广瑾，2006）	3（国家体育总局，2007）	4（王陇德，2005）	5
	调查名称	中国慢性病及其危险因素监测	中国人群生理常数与心理状况调查	国民体质监测	中国居民营养与健康状况调查	总膳食调查
1	组织单位	中国疾病预防控制中心慢病中心	中国医学科学院、中国协和医科大学基础医学研究所	国家体育总局	中国疾病预防控制中心营养与食品安全所	中国疾病预防控制中心营养与食品安全所
2	调查时间	2004 年起每三年一次	2001～2004 年	2000 年，2005 年	1959 年、1982 年、1992 年、2002 年四次、2010 年以后五年一次	1990 年至今共五次，第五次在 2009～2012 年
3	调查人数	9 万余人	4.1 万人	5 万人	20 万人	4320 人
4	调查点位	162 个	70 个	3000 个机关单位	132 个	1080 户
5	人群年龄	18～69 岁（15～69 岁）	7～80 岁	3～69 岁	全年龄段	
6	调查省份	31 省、自治区、直辖市	4 省、自治区、直辖市（河北、浙江、北京、广西）	31 省、自治区、直辖市	31 省、自治区、直辖市	20 省、自治区、直辖市
7	调查方式和内容	问卷调查、身体测量（身高、体重、腰围等）	健康体检	调查问卷、健康体检（脉搏、肺活量等）	调查问卷、医学检查、实验室检测、膳食调查	膳食调查、食物聚类、样品采集、烹调及混合膳食样品制备、测定化学污染物和营养素

通过以上调查，可以获取的参数是饮食摄入率和体重等基本参数。但是，这些调查对于形成暴露参数还有比较大的欠缺，主要是“行为-活动模式参数”的缺乏，而这正是环保系统需要牵头开展的调查工作，如同美国环境保护署（USEPA）于 1992 年左右组织开展的“人群行为模式调查”（NHAPS）。

三、相关研究基础

当前我国关于暴露参数的研究基础还很薄弱。白志鹏等针对成年人与儿童人群在不同环境下的呼吸速率和停留时间进行了一些探索研究（白志鹏等，1995；2002；2006）；王喆等基于中国人身高与体重的统计资料，根据美国环境保护署、Gehan、George、Haycock 等的模型，计算了中国人皮肤总表面积、不同部位皮肤的表面积和不同暴露环境下的皮肤暴露面积（王喆等，2008）；张倩等采用连续 7 天饮水记录的方法，调查了我国北京、上海、成都、广州四城市 18～60 岁成年居民夏季饮水摄入率，分析不同城市、性别、城乡调查对象饮水种类和饮水量（张倩等，2011）；徐鹏等以北京和上海两座城市居民为研究对象，采用随机入户方式，于 2002 年到 2004 年分冬夏两季分别进行了 4 次饮用水消费习惯调查（徐鹏等，2008）。笔者近年来分析了国内外暴露参数的概况和差距，在我国典型地区通过调查问卷、实际测量等方法探索研究了呼吸、饮水、皮肤暴露参数的研究方法，并比较了参数实测和引用国外参数对健康风险评价结果的差异，发表了系列论文（段小丽等，2009a；2009b；2010；2011；王贝贝等，2010；王宗爽等，2009a；2009b）。

四、应当开展的工作

由于我国是一个地域宽广、民族多元、人口众多的国家，人群的暴露参数因地区和民族也会有较大的差异。现有的这些数据还远不足以代表我国居民的暴露特征，在健康风险评价的选用中还远远不够。当前我们应该做的工作是：第一，组织开展全国范围内暴露参数的大规模调查和研究，尤其是对于环保系统而言，组织开展人群行为模式调查，并结合现有调查和研究，逐步积累适合我国居民特色的暴露参数的数据资料，建立数据库；第二，编写发布适合我国居民特色的暴露参数标准（手册），以此为环境暴露评价、健康风险评价、流行病学研究、环境管理等科研和管理人员提供统一的借鉴和参考。

国家环保部科技标准司将于“十二五”期间组织笔者所在单位开展全国范围的暴露参数调查，并在此基础上发布暴露参数手册，期待手册的发布，能为我国管理、科研、技术人员开展健康风险评价工作奠定基础。

本章参考文献

白志鹏，韩旸，袭著革．2006．室内空气污染与防治．北京：化学工业出版社：77-96，136-142．

白志鹏，贾纯荣，王宗爽，等．2002．人体对室内外空气污染物的暴露量与潜在剂量的关系．环境与健康杂志，19（6）：425-428．

白志鹏．1995．空气污染化学中两个重要方面问题的研究．南开大学博士学位论文．

段小丽，聂静，王宗爽，等．2009 a．健康风险评价中人体暴露参数的国内外研究概况．环境与健康杂志，26 (4)：370-373．

段小丽，王宗爽，李琴，等．2011．基于参数实测的重金属健康风险评价方法研究．环境科学，32 (5)：1329-1339．

段小丽，王宗爽，王贝贝，等．2010．我国北方某地区居民饮水暴露参数研究．环境科学研究，23 (9)：1216-1220．

段小丽，张文杰，王宗爽，等．2009 b．我国北方某地区居民涉水活动的皮肤暴露参数．环境科学研究，23 (1)：55-61．

国家体育总局．2007．第二次国民体质监测报告．北京：人民体育出版社．

王贝贝，段小丽，蒋秋静，等．2010．我国北方典型地区呼吸暴露参数研究．环境科学研究，23 (11)：1421-1427．

王陇德．2005．中国居民营养与健康状况调查报告之一：2002 综合报告．北京：人民卫生出版社，19-20，25-28．

王喆，刘少卿，陈晓民，等．2008．健康风险评价中中国人皮肤暴露面积的估算．安全与环境学报，8 (4)：152-156．

王宗爽，段小丽，刘平，等．2009a．环境健康风险评价中我国居民暴露参数探讨．环境科学研究，22 (10)：1164-1170．

王宗爽，武婷，段小丽，等．2009b．环境健康风险评价中我国居民呼吸速率暴露参数研究．环境科学研究，22 (10)：1171-1175．

徐鹏，黄圣彪，王子健，等．2008．北京和上海市居民冬夏两季饮用水消费习惯（英）．生态毒理学报，3 (3)：224-230．

张倩，胡小琪，邹淑蓉，等．2011．我国四城市成年居民夏季饮水量．中华预防医学杂质，45 (8)：677-682．

中国疾病预防控制中心．2010．中国慢性病及其危险因素监测报告 2007．北京：人民卫生出版社，8-15．

朱广瑾．2006．中国人群生理常数与心理状况．北京：中国协和医科大学出版社．219-250．

Akland G G，Hartwell T D，Johnson T R，et．al．1985．Measuring human exposure to carbon monoxide in Washington DC and Denver Colorado during the winter of 1982-1983．Environmental Science & Technology，19 (10)：911-918．

Calabrese E J，Barnes R，Stanek E J III，et al．1989．How much soil do young children ingest：an epidemiologic study．Regul Toxicol Pharm，10 (2)：123-137．

Calabrese E，Barnes R，Stanek E．2005．How much soil do young children ingest：an epidemiologic study．Regulatory Toxicology and Pharmacology，10 (2)：123-137．

Davis，S，Mirick D．2005．Soil ingestion in children and adults in the same family．Journal of Exposure Science and Environmental Epidemiology，16 (1)：63-75．

ECJRC．2006．Exposure factors sourcebook for Europe．http://cem.jrc.it/.expofacts．2011-11-5

Hogan K，Marcus A，Smit R，et al．1998．Integrated exposure uptake biokinetic model for lead in children：empirical comparisons with epidemiologic data．Environmental Health Perspectives，106 (Suppl 6)：1557．

Jang J Y，Jo S N，Kim S，et．al．2007．Korean Exposure Factors Handbook，Ministry of Environment，Seoul，Korea．

Lioy P, Lebret E, Spengler J, et al. 2005. Defining exposure sciences. Journal of Exposure Analysis and Environmental Epidemiology, 15: 643.

NIAIS T. 2007. Japanese exposure factors handbook. http://unit.aist.go.jp/riss/crm/exposurefactors/english_summary.html. 2011-10-12

Quackenboss J J, Spengler J D, Kanarek M S, et al. 1986. Personal exposure to nitrogen dioxide: relationship to indoor/outdoor air quality and activity patterns. Environmental science & technology, 20 (8): 775-783.

USEA. 2000. Options for Development of Parametric Probability Distributions for Exposure Factors. U.S. Environmental Protection Agency, Washington DC. EPA/600/R-00/058.

USEPA. 1989. Risk Assessment Guidance for Superfund Volume I Human Health Evaluation Manual (Part A). U.S. Environmental Protection Agency, Washington DC. EPA/540/1.

USEPA. 1997. Exposure factors handbook. Washington DC.: EPA/600/P-95/002Fa.

USEPA. 1999. Sociodemographic Data Used for Identifying Potentially Highly Exposed Populations. U.S. Environmental Protection Agency, Washington DC. EPA/600/R-99/060.

USEPA. 2008. Child-Specific Exposure Factors Handbook. Washington DC. EPA/600/R-06/096F

USEPA. 2009. Exposure factors handbook. Washington DC.: EPA/600/R-09/052A

USEPA. 2011. Exposure Factors Handbook 2011 Edition (Final). U.S. Environmental Protection Agency, Washington, DC. EPA/600/R-09/052F.

第二章　呼吸速率

第一节　呼吸速率简介

一、定义

在人体对环境空气污染物暴露研究中，呼吸速率是必不可少的暴露剂量计算参数之一。呼吸速率（inhalation rate）指在一定温度下，人在单位时间内吸收氧或释放二氧化碳的量，即每天消耗氧或释放二氧化碳的体积。呼吸速率可以分为短期呼吸速率和长期呼吸速率。短期呼吸速率按每分钟呼吸空气的体积（m^3/min）计算，长期呼吸速率按照每天呼吸空气的体积（m^3/d）计算。

二、影响因素

呼吸速率受年龄、性别、身体条件、生理状况和活动强度的影响。例如，婴儿和儿童成长迅速，并且单位体重有相对较大的肺表面积用于降低体温，故其单位体重的静息代谢速率和耗氧速率比成人高。出生1周～1岁婴儿的静息耗氧速率为7mL/(kg·min)，而相同条件下成人的静息耗氧速率为3～5mL/(kg·min)。因此，虽然在单位时间内成人比儿童呼吸空气的绝对量大，但是单位体重下静息婴儿肺部的空气体积约为成人的两倍。

第二节　呼吸暴露的基本原理

一、人体呼吸系统结构

人体的呼吸系统主要包括呼吸道和肺两大部分，如图2-1所示。其中呼吸道包括鼻、咽、喉、气管和支气管等；肺是气体交换的场所，是呼吸系统最重要的器官。人体在进行呼吸过程中，吸入的气体先由呼吸道（也成为传导区）进入人体，然后进入肺部呼吸区，顺着支气管在肺叶里的各级分支，到达支气管最细的分支末端形成的肺泡（图2-2）。呼吸道的分支数主要分为传导区和呼吸区。肺泡外面包绕着丰富的毛细血管。肺泡壁和毛细血管壁都是一层扁平的上皮细胞，当人体进行吸气时，许许多多肺泡都像小气球似地鼓起来，空气中的氧气透过肺泡壁和毛细血管壁进入血液；同时，血液中的二氧化碳也透过毛细血管壁和肺泡壁进入肺泡，完成气体交换，之后随着呼气的过程排出体外。

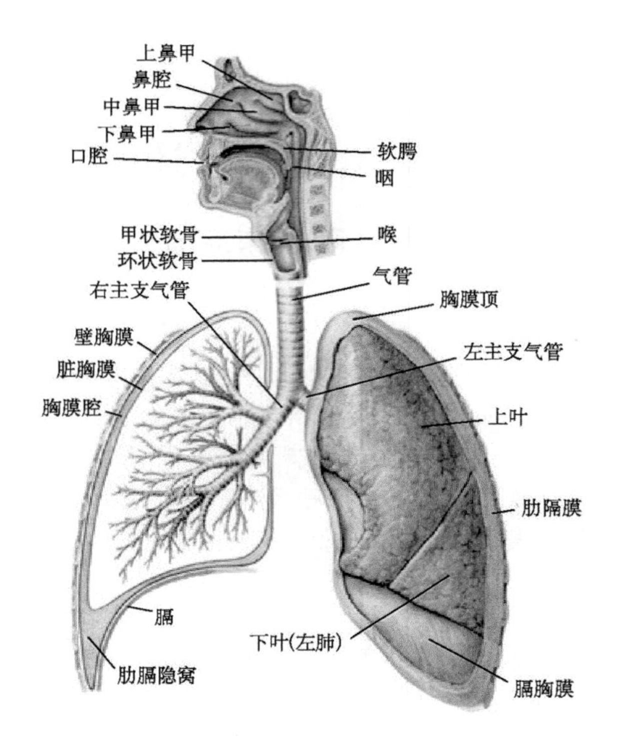

图 2-1 人体呼吸系统结构示意图

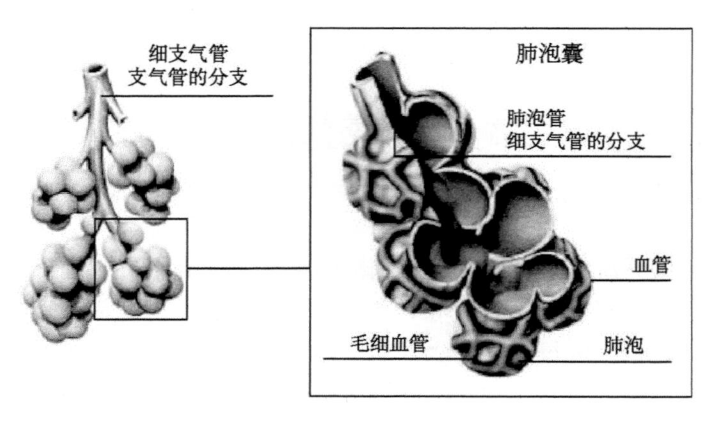

图 2-2 人体肺泡结构示意图

二、人体呼吸运动原理

肺通气是指肺与外界环境间的气体交换过程。气体靠肺内外气体的压差出入肺部。由于肺扩张，肺内压低于大气压，气体被吸入肺内；肺缩小，肺内压高于大气压，气体被呼出体外。由于肺本身不能主动地扩张和缩小，它的张缩是靠胸廓运动。呼吸运动就是肋间肌和膈等呼吸肌群的收缩和舒张，使胸廓扩大和缩小的运动，它是肺通气的动力。呼吸肌群收缩和舒张时，胸廓的变化如图 2-3 所示。

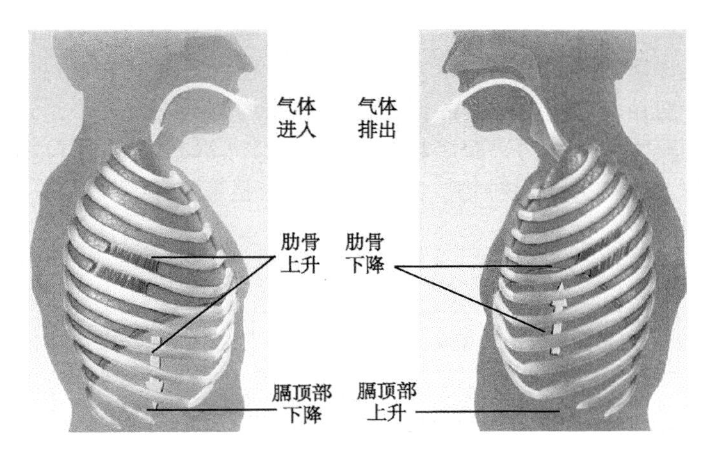

图 2-3　人体呼吸运动示意图

呼吸肌属于骨骼肌，受躯体运动神经支配。膈和肋间外肌属于吸气肌。膈受膈神经支配，收缩时，其穹窿圆顶下降，使胸廓上下直径增大，同时使腹腔脏器下移，腹内压升高，腹壁向外凸出。肋间外肌受肋间神经支配，收缩时使肋骨上抬并外展，胸骨亦随之上移，使胸廓前后、左右直径增大。胸廓扩大肺容积随之扩大，肺内压下降，低于大气压，空气吸入肺内，为吸气动作。当膈肌和肋间外肌舒张时，膈和肋骨回位，腹腔脏器也上移回位，腹壁收敛，胸廓缩小，肺容积缩小，肺内压增加，高于大气压，肺内气体呼出，为呼气动作。这种呼气是一种被动呼气。机体安静时的平静呼吸，吸气动作是主动的，而呼气动作则是被动的。当机体在活动状态下或其他一些情况时，呼吸运动加深、加快，这种呼吸称为深呼吸或用力呼吸。用力吸气时，除膈和肋间外肌的收缩加强外，其他辅助吸气肌如胸锁乳突肌、胸肌和背肌等也参加收缩，使胸廓更大地扩展。用力呼气时则除吸气肌舒张外，还有腹壁肌、肋间内肌等辅助呼气肌主动收缩，使胸廓进一步缩小，此时呼气动作也是主动过程。假如呼吸运动主要由于膈肌的活动，腹壁的起落动作比较明显，称为腹式呼吸。如果呼吸运动主要由于肋间外肌的活动，则胸壁的起落动作比较明显，称为胸式呼吸。一般情况多为混合型。

三、人体经呼吸暴露污染物的原理

吸入暴露是环境污染物进入人体的关键途径，这些污染物包括：①大量的职业暴露物；②周围环境空气污染物；③室内空气污染物；④某些特殊的情形，如淋浴时水中的挥发性物质（VOC）等。根据呼吸系统原理，气态和颗粒态污染物通过呼吸作用，经过呼吸道和肺部进入人体，且不同粒径的颗粒物能够达到不同的呼吸系统深度，如图 2-4 所示。颗粒物粒径越小，越能够通过呼吸作用达到肺泡深处，一般认为粒径在 10μm 以下的颗粒物均能够通过呼吸道进入人体（也称为可吸入颗粒物，PM_{10}），而颗粒物粒径在 2.5μm 以下的颗粒物则能够深入到达肺泡深处（也称为细颗粒物，$PM_{2.5}$）（白志鹏等，2002）。

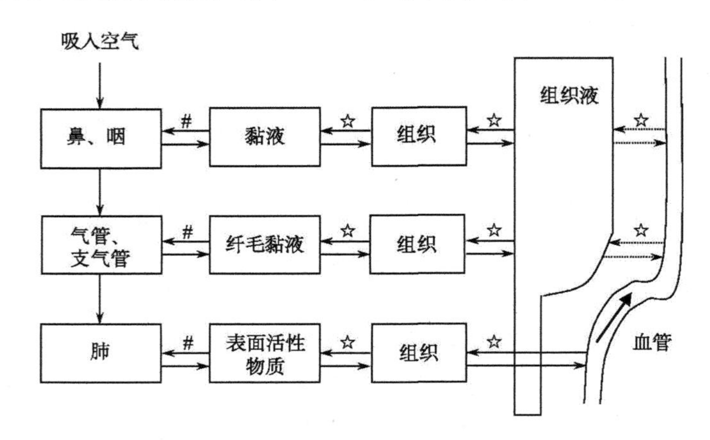

图 2-4　不同颗粒物经由人体呼吸暴露途径

#：PM_{10}；☆：$PM_{2.5}$

通过呼吸道吸收污染物是一个连续的过程。在气态和固态污染物进入流体层，接触肺部组织之前首先要吸附或者沉积在肺部的流体表面，然后传输进入血液。污染物运输进入呼吸系统的过程以及最终结果取决于许多因素，包括扩散能力、溶解性、反应性、污染物的体积、呼吸系统中气流的特征，以及呼吸系统和血管系统的生理特征。

第三节　呼吸速率的调查研究方法

已有研究中呼吸速率的确定方法归纳起来主要有直接测量法、心律-呼吸速率回归法和人体能量代谢估算法（USEPA，1992；1989；1997；2009；2011）。

一、直接测量法

直接测量法是在各种活动强度水平下，采用肺活量计和一个收集系统或其他装置直接测量得到。这种方法的优点是准确性高，但较为烦琐，不适合大规模的调查研究。

二、心律-呼吸速率回归法

心律-呼吸速率回归法是选择具有代表性的人群，同时测量其呼吸速率和心律，通过回归分析建立二者的一元或多元线性关系模型，然后根据各类人群的心律推测其呼吸速率（李可基和屈宁宁，2004）。这种方法只要样本选择得当，适合大规模的调查。目前，还未发现我国开展这种大规模调查的报道。

三、人体能量代谢估算法

人体能量代谢估算法是根据各类人群每天或每种类型活动单位时间内消耗的能量和耗氧量确定呼吸速率（任建安等，2001；梁洁和蒋卓勤，2008）。这种方法的特点是计算较为简单、容易获取，缺点是准确性需要进一步提高。在当前我国尚未全面开展大规模各类人群呼吸速率调查的情况下，可以采用该方法进行计算。

根据生物化学原理，人们在消耗能量的同时需要吸入氧气参与体内的生化反应，因此可以根据消耗能量数据计算消耗的氧气量，再根据空气中氧气的含量，就可以核算出吸入的空气量。计算方法见式（2-1）。

$$\mathrm{IR} = E \times H \times \mathrm{VQ} \tag{2-1}$$

式中，IR 为呼吸速率（L/min）；H 为消耗单位能量的耗氧量，通常可取 0.20L/kcal 或 0.05L/kJ；VQ 为通气当量（通常为 27）；E 为每天消耗能量或每种类型活动强度下的单位时间消耗能量（kcal/d），E 的计算见式（2-2）。

$$E = \mathrm{BMR} \times N \tag{2-2}$$

式中，BMR 为基础代谢率（basal metabolism rate），基础代谢是维持机体生命活动最基本的能量消耗，相当于平躺休息时的活动强度水平（kJ/d、MJ/d）；N 为各类活动强度水平下的能量消耗量，是基础代谢率的倍数，无量纲。

BMR 可通过测量确定，但一般情况下主要通过模型计算，各年龄段的人群计算方法见表 2-1。

表 2-1 各年龄段人群基础代谢率（BMR）（kJ/d）的计算方法

年龄	BMR 的计算方法	
	男性	女性
＜18 岁	$BMR = 370 + 20H + 52W - 25A$	$BMR = 1873 + 13H + 39W - 18A$
18～30 岁	$BMR = 63W + 2896$	$BMR = 62W + 2036$
30～60 岁	$BMR = 48W + 3653$	$BMR = 34W + 3538$
＞60 岁	$BMR = 370 + 20H + 52W - 25A$	$BMR = 1873 + 13H + 39W - 18A$

注：H 为身高（cm）；W 为体重（kg）；A 为年龄（岁）。

第四节 国外暴露参数手册中的呼吸速率

美国、日本、韩国等发达国家都根据本国的调查研究结果发布了适合本国居民的呼吸暴露参数。本节将主要总结国外暴露参数手册中的呼吸速率，为我国开展人群呼吸暴露健康风险评价研究提供参考。

一、美国

《美国暴露参数手册》（2011 年版）推荐的呼吸速率见表 2-2（USEPA，2011）。在美国的暴露参数手册中，对呼吸速率进行了长期呼吸速率和短期呼吸速率的区分。其中，长期呼吸以 30d 为下限、以人寿命的 10% 为上限来调查测量，成人、儿童（包括婴儿）的长期呼吸速率可以作为日常呼吸速率，以 m^3/d 为单位；短期呼吸以 24h 为下限、以 30d 为上限来调查测量，成人、儿童（包括婴儿）的短期呼吸速率反映的是从事各种活动时的呼吸速率，以 m^3/min 为单位，另见附录 4。

二、日本

《日本暴露参数手册》中成人的呼吸速率为 $17.3m^3/d$，并未发布具体的各年龄段人群、不同性别人群的呼吸速率（NIAIST，2007）。

三、韩国

《韩国暴露参数手册》中成人男性长期暴露呼吸速率为 $15.7m^3/d$，女性为 $12.8m^3/d$（Jang et al.，2007）。此外在暴露参数手册中还包括成人男性和女性从事各类活动时的平均呼吸速率（如休闲/社会活动、家庭管理、通讯等），以及在多种运动负荷情况下的短期呼吸速率。

表 2-2 《美国暴露参数手册》中推荐的呼吸速率

长期暴露			短期暴露		
人群年龄	性别	呼吸速率（m^3/d）	人群	运动状态	呼吸速率（m^3/h）
婴儿<1 岁		4.5	成人	休息	0.4
儿童 1～2 岁		6.8		坐	0.5
3～5 岁		8.3		轻微活动	1.0
6～8 岁		10.0		中等活动	1.6
9～11 岁	男性	14.0		重活动	3.2
	女性	13.0	儿童	休息	0.3
12～14 岁	男性	15.0		坐	0.4
	女性	12.0		轻微活动	1.0
15～18 岁	男性	17.0		中等活动	1.2
	女性	12.0		重活动	1.9
成人（19 岁以上）	男性	15.2	室外工人	小时平均	1.3
	女性	11.3		慢活动	1.1
				重活动	2.5
				高限	3.3

第五节 我国居民的呼吸速率探讨

我国是一个多民族、地域宽广、地区经济发展不平衡且城乡差别较大的国家，暴露评价具有地区特性。不同地区的人具有不同的行为活动模式，如中国的南方城市广州和北方城市天津的生活方式差别很大，这决定了我国居民的呼吸速率除受年龄、性别影响外，将会随着民族、地区以及居住在城市和农村等因素的不同而可能存在较大差异（Duan，2010）。本节对我国居民的呼吸速率进行了探讨。

一、数据收集与统计分析

根据人体能量代谢估算模型计算呼吸速率。所采用的基础数据主要来源于我国曾经开展的全国范围内的大型调查、权威统计资料以及有关文献资料。这些文献资料具体如下。

1. 全国范围内的大型调查

2002 年由我国卫生部、科学技术部与国家统计局在全国 31 个省（直辖市、自治区）的 270 000 余名受试者中组织开展的“中国居民营养与健康状况调查”；中国疾病预防控制中心于 1959～2004 年对黑龙江、江苏、河南、广西、贵州等 9 省（自治区）20 000 人的膳食和营养状况的调查。采用《中国居民膳食结构与营养状况变迁的追踪研究》的数据，其中，2004 年各类人群的能量摄入数据来源于 2004 年对辽宁、江苏、山东、河南、湖北、湖南、贵州、黑龙江等省（自治区）的城市、郊区、县城、农村 20 000 多名男、女性居民的膳食结构调查结果，调查人群包括学龄前儿童、学龄儿童、青少年、成年人和中老年居民，以及我国城乡分性别各类人群长期日摄入能量和 20～45 岁人群不同活动强度下的日摄入能量。其中有很多资料可作为获得最终需要的暴露参数的基础数据来源。

2. 统计资料

《中国统计年鉴》（国家卫生部，2007）和《中国卫生统计年鉴》（国家统计局，2007）。

3. 文献报道数据

用“暴露参数”、“呼吸速率”、“皮肤面积”、“活动模式”等关键词检索了 1990～2008 年中国期刊网上的文献资料。对于采用国外参数的文献，不予参考；对于国内调查的文献，要求样本量在 5000 人以上，且具有全国代表性。根据上述要求，没有检索出所要求的文献。

各类人群的呼吸速率受年龄、性别、活动强度等多种因素的影响，研究根据人体能量代谢估算模型，结合研究地区居民的身高、体重和活动强度信息，计算得出适合研究地区不同年龄组、不同性别城乡居民的呼吸速率。

二、研究结果

各类人群的呼吸速率往往受年龄、性别、活动水平（如跑、走、漫步）等很多因素的影响。根据我国 2004 年各类人群每天摄入的能量计算得到分年龄、性别、活动强度以及分地区的呼吸速率（表 2-3）；为了便于比较，无论长期暴露还是短期暴露的呼吸速率，都被折算为每天的立方米数。

由表 2-3 可知，随着年龄的增长，无论男性还是女性，长期暴露的呼吸速率呈现了先增大，在 19～44 岁阶段达到最大值 13.9m^3/d，然后逐渐降低的趋势。同时，男性的呼吸速率并不都大于女性，在 6 岁以前，女性的呼吸速率大于男性 8.5%～14.9%，而 6 岁以后，男性大于女性 11.6%～25.0%，而且在 15～44 岁时的差别最大。人群活动强度不同，呼吸速率也有很大差别，从而也就影响人体对污染物的吸入量。由于数据资料有限，表 2-3 中仅计算了 20～45 岁人群的各类活动水平的呼吸速率，但可以看出，男性和女性在重体力活动时的呼吸速率

表 2-3 我国居民呼吸速率 （单位：m^3/d）

长期暴露				
年龄	男性		女性	
	样本数	平均值	样本数	平均值
1～2 岁	n=35	4.7	n=34	5.4
3～5 岁	n=168	5.9	n=124	6.4
6～8 岁	n=161	9.1	n=155	8.1
9～11 岁	n=193	10.6	n=171	9.5
12～14 岁	n=206	12.2	n=239	10.6
15～18 岁	n=239	13.5	n=162	10.8
19～44 岁	n=2130	13.9	n=2261	11.8
45～64 岁	n=1874	13.7	n=1995	11.8
＞65 岁	n=686	11.8	n=787	10.2

短期暴露（20～45 岁）		
活动强度	男性	女性
轻体力活动	15.1	13.5
中等体力活动	15.8	14.1
重体力活动	16.7	14.9

城市和农村长期暴露				
年龄	城市		农村	
	样本数	平均值	样本数	平均值
2～5 岁	n=28	6.6	n=234	5.7
6～17 岁	n=165	11.8	n=850	10.5
18～44 岁	n=596	12.6	n=2234	13.1
＞45 岁	n=941	11.7	n=2603	12.6

分别比中等体力活动和轻体力活动水平的呼吸速率高 5.7% 和 10.4% 左右，因此在开展人体对大气污染物暴露和健康风险评估时，如果忽略活动强度的差异，也将带来一定的误差，增加评价结果的不确定性。

农村和城市居民工作内容不同，活动强度也不同，呼吸速率也就可能存在差异；根据表 2-3 所示，2～5 岁和 6～17 岁的城市人群分别比农村的高 15.8% 和 12.4% ，这可能是城市儿童和青少年的活动内容比较丰富，活动量较大，而农村玩乐、运动设施较少，活动量相应的也就比城市低的缘故；但 18～45 岁和 45 岁以上的农村人群呼吸速率都高于城市，分别比城市高 3.9% 和 7.6% ，这可能是总体上城市现代化程度较高，成年人多在室内度过大量时间，体力劳动强度不大，而农村成年人是主要劳动力，大量时间在室外甚至田间，劳动强度通常比城市居民高，因此相应的呼吸速率也就比城市居民高。因此在开展较大区域人体对大气污染物暴露和健康风险评价时，也应考虑城市居民和农村居民呼吸速率的差别。

三、与国内呼吸测量研究结果的比较

国内关于各类人群长期暴露和短期暴露呼吸速率的报道极其缺乏，但朱广瑾等于 2001～2004 年对我国北京、河北、浙江和广西四省（直辖市、自治区）各类人群进行了静息通气量的实际测量调查研究（朱广瑾，2006），虽然这类呼吸量不能代表各类人群全天的呼吸速率，但将本研究结果与其对比，总体上可以判断本研究结果是否偏离了实际的呼吸速率水平。静息通气量是指安静状态下单位时间内吸入或呼出的气量，实际上也就是休息时的呼吸速率。图 2-5 是本研究结果中的长期暴露呼吸速率与静息通气量实测结果的对比。

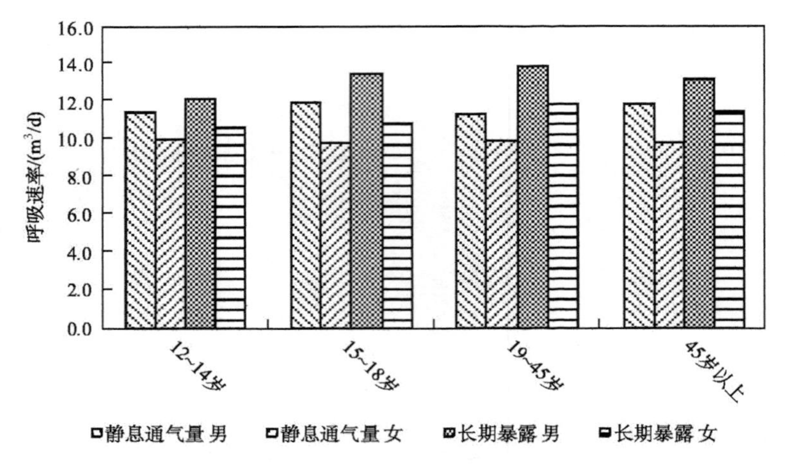

图 2-5 本研究中长期暴露呼吸速率与文献报道中的静息通气量对比

由图 2-5 可知，首先，我国 12 岁以上居民男性和女性的静息呼吸量分别为 11.3～12.0m^3/d 和 9.8～10.0m^3/d；其次，无论男性还是女性，本研究中各年龄段暴露呼吸速率都相应的比静息通气量高 6.0%～23.0%，没有出现低于静息通气量的情况，这符合长期暴露的呼吸速率应该高于休息时的呼吸速率的实际情况；再次，无论男性还是女性，各年龄段长期暴露的日均呼吸速率都是静息通气量的 1.1～1.3 倍，这与每天平均呼吸速率应该是纯休息时每天呼吸速率的1.1～1.2 倍的文献报道基本一致。可见，根据我国已经开展的大容量的各类人群能量摄入量调查数据资料，采用能量估算法获得的各类人群的呼吸速率是符合我国实际情况的。

四、与美国呼吸速率对比

由于我国与国外发达国家的人种、所处地理环境、社会、经济、技术水平等因素都有明显的差异，因此相应的各类人群的呼吸速率也可能不同，如果引用国外的呼吸速率暴露参数可能会产生一定的误差，而目前由于没有发布自己国家的呼吸速率参数，大量的呼吸暴露与健康风险研究主要采用美国的呼吸速率暴露参数，其差异到底处于什么样的水平，并未见报道。图 2-6 是该研究结果与美国不同年龄人群呼吸速率的比较（王宗爽，2009a；2009b）。

由图 2-6 可知，不同年龄段中，中国男性的呼吸速率均低于美国 9.0%～30.9%；而对于女性来说，在 19 岁以前，与男性相似，均低于美国 10.0%～26.9%，而 19 岁之后，略高于美国 2.6%，这可能是因为中国成年女性体力活

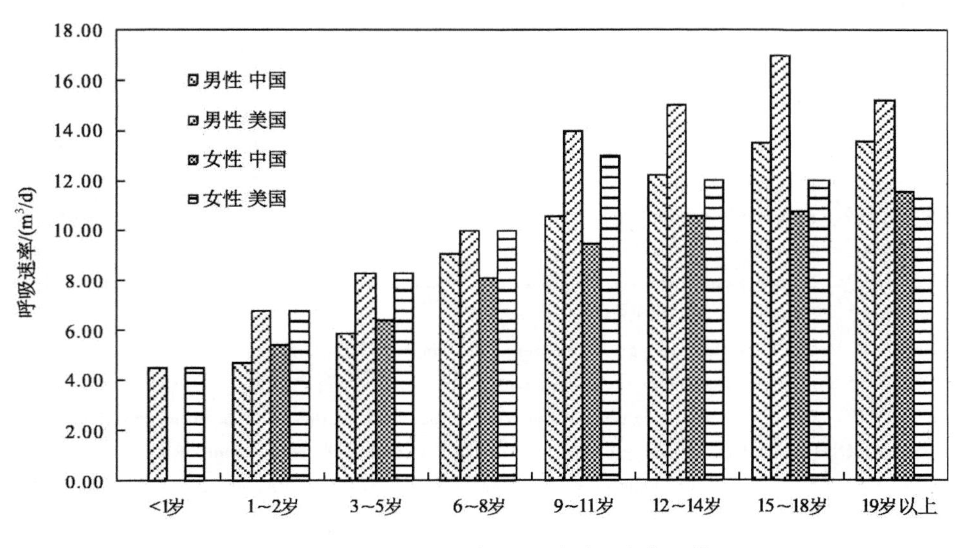

图 2-6　中美两国不同年龄人群呼吸速率比较

动的强度高于美国成年女性。总之，我国和美国各类人群的呼吸速率存在较为显著的差异，假定在污染物浓度水平和其他呼吸暴露参数相同的条件下，如果直接采用美国的呼吸速率参数将会造成 2.6%～30.9% 的误差，这也将增加健康风险评价结果的不确定性。

本章参考文献

白志鹏，贾纯荣，王宗爽，等. 2002. 人体对室内外空气污染物的暴露量与潜在剂量的关系. 环境与健康杂志，19 (6)：425-428.

国家统计局. 2007. 中国统计年鉴. 北京：中国统计出版社.

国家卫生部. 2007. 中国卫生统计年鉴. 北京：人民卫生出版社.

李可基，屈宁宁. 2004. 中国成人基础代谢率实测值与公式预测值的比较. 营养学报，26 (4)：244-248.

梁洁，蒋卓勤. 2008. 中国健康成人基础代谢率估算公式的探讨. 中国校医，22 (4)：372-374.

任建安，李宁，黎介寿. 2001. 能量代谢监测与营养物质需要量. 中国实用外科杂志，21 (10)：631-637.

王宗爽，段小丽，刘平，等. 2009a. 健康风险评价中我国居民暴露参数探讨. 环境科学研究，22 (10)：1164-1170.

王宗爽，武婷，段小丽，等. 2009b. 环境健康风险评价中我国居民呼吸速率暴露参数研究. 环境科学研究，22 (10)：1171-1175.

朱广瑾. 2006. 中国人群生理常数与心理状况. 北京：中国协和医科大学出版社：219-250.

Duan X L, Meng W. 2010. Implementing Health Risk Assessment in Environment Decision-making in China. SRA 2009. (12)：5-10.

Duan X L, Zhang W J, Wang Z S, et al. 2010. Water-Related Activity and Dermal Exposure Factors of People in Typical Areas of Northern China. Research of Environmental Sciences, 23 (1): 55-61.

ECJRC. 2006. Exposure factors sourcebook for Europe. http://cem.jrc.it/. expofacts. 2011-11-5

Jang J Y, Jo S N, Kim S, et. al. 2007. Korean Exposure Factors Handbook, Ministry of Environment, Seoul, Korea.

Kim S, Cheong H K, Choi K, et al. 2006. Development of Korean exposure factors handbook for exposure assessment. Epidemiology, 17 (6): 460.

NIAIST. 2007. Japanese exposure factors handbook. http://unit.aist.go.jp/riss/crm/exposurefactors/english_summary.html. 2011-10-12.

USEPA. 1992. Dermal Exposure Assessment: Principles and Applications (Interim Report). EPA/600/8-91/011B. Washington DC: USEPA.

USEPA. 1992. Guidelines for exposure assessment. Washington, DC: Office of Research and Development, Office of Health and Environmental Assessments.

USEPA. 1996. Descriptive statistics tables from a detailed analysis of the National Human Activity Pattern Survey (NHAPS) data. Washington, DC: Office of Research and Development. EPA/600/R-96/148.

USEPA. 1997. Exposure factors handbook. Washington DC: USEPA, EPA/600/P-95/002Fa.

USEPA. 2009. Metabolically-derived human ventilation rates: A revised approach based upon oxygen consumption rates. Office of Research and Development. Washington DC: EPA/600/R-06/129F.

USEPA. 2011. Exposure Factors Handbook Revised. Washington DC: US Environmental Protection Agency, Office of Research and Development. EPA/600/R-09/052A.

第三章　饮水摄入率

第一节　饮水摄入率简介

水作为生物体最重要的组成部分，也是地球上最常见的物质之一，环境化学物经饮水暴露进入人体所致潜在风险不容忽视。在对环境化合物进行健康风险评价时，需要对饮水暴露量进行计算，日均饮水暴露剂量的计算见式（3-1）：

$$\mathrm{ADD}=\frac{C\times \mathrm{IR}\times \mathrm{EF}\times \mathrm{ED}}{\mathrm{BW}\times \mathrm{AT}} \tag{3-1}$$

式中，C 为测得的水中化合物浓度（mg/L）；IR 为日均饮水率（mL/d）；EF 为暴露频率（d/a）；ED 为暴露持续年数（a）；BW 为体重（kg）；AT 为平均终身暴露时间（d）。

根据水的来源不同，可将日均饮水率（IR）分为当地水源水摄入率和总液体摄入率。当地水源水是指饮用水、饮料、食品制作过程中从水龙头流出的水，还包括地下水、泉水等通过水龙头流出作为日常供给的水。这里所指的水可以反映当地地理环境状态，与商业上贩卖的饮料需要区分开来。总液体摄入包括当地水源水、牛奶、汽水饮料（soft drink）、酒以及食品材料中包含的水分等，是指所有液体的摄入量。根据总液体摄入量所得的饮用水毒性物质暴露存在过高评价的可能性，因此，通常使用当地水源水的摄入率作为饮用水摄入率数据。

饮水暴露的大小除了取决于水中的化合物浓度外，还与各暴露参数值的选取息息相关。在环境介质中化合物浓度准确定量的情况下，暴露参数值的选取越接近于目标人群的实际暴露状况，则暴露剂量的评价越准确，相应的健康风险评价的结果也越准确。

对于不同人群，这些暴露参数都有可能具有较大的差异性。饮水摄入率与性别、年龄、人种以及运动量等因素有关，并受季节、气候、地形等地理气象学条件、饮食习惯和饮食文化等因素的影响。每个国家的饮用水摄入量都不一样，因此应以各国居民为对象进行饮用水摄入量调查，根据调查资料得出暴露参数。

关于饮水暴露参数的选取，应该尽可能地反映不同人群暴露差异的行为特征及体质特征，同时，除了考虑直接暴露以外，还应考虑到间接暴露的情况。例如，饮水摄入率（IR），除直接饮水摄入外，饮食、洗浴过程中都有可能伴有水的摄入，这些过程中水的来源和成分不一，所含化合物浓度不同，因此在调查饮水摄入时，还应区分不同摄入类型。

第二节　饮水摄入率的调查研究方法

饮水摄入率是最主要的饮水暴露参数，包括直接摄入率（直接饮用水）和间接摄入率（如通过饮食、洗浴等过程的暴露）。其获得方法主要是通过问卷调查的形式对目标人群的饮水习惯进行调查和访问，然后对问卷数据进行分析，最终得到各类人群饮水率的信息。

自 20 世纪 70 年代末以来，各国家的相关机构及研究人员相继对国内人群开展了全国规模的参数调查（表 3-1）。调查以问卷访谈或日志记录的方式开展，获得了大量关于饮水暴露参数的数据，为日后不断开展的各项饮水暴露参数的研究提供了不可或缺的数据支持。

表 3-1　与饮水摄入率相关的各国人群参数调查

国家	调查机构/调查者	调查项目名称	调查年份	调查方式	调查人数	时间段[a]	文献来源
美国	美国农业部(USDA)	全国性食物消费调查（NFCS）	1977～1978 年	问卷、日志	26 446	24h	Ershow（1989）
加拿大	加拿大卫生福利部（CMNHW）		1977 年夏，1978 年冬	问卷、日志	970	2d（工作日、周末）	Canadian Ministry of National Health and Welfare（1981）
英国	Hopkins and Ellis		1978 年 9～10 月	问卷	3 564	1 周	Hopkin（1980）
新西兰	Gillies and Paulin		1983 年	复样法	109[b]	24h	Gillies（1983）
美国	美国国家肿瘤机构（NCI）		1987 年冬	问卷	8 000	1 周	Cantor（1987）
美国	USDA	个体食物摄入持续性调查(CSF II)	1989～1991 年	问卷	15 128	24h	USDA（1995）
美国	USDA	第三次国家卫生与营养调查(NHANES III)	1988～1994	日志	8 613[c]	24h	Sohn（2001）
美国	Marshall		1992～1995 年	日志	701[c]	3d	Marshall（2003）

续表

国家	调查机构/调查者	调查项目名称	调查年份	调查方式	调查人数	时间段[a]	文献来源
美国	Tsang and Klepeis	国民行为活动模式调查（NHAPS）	1992年10月～1994年9月	问卷	9 000	24h	Tsang（1996）
美国	USDA	个体食物摄入持续性调查（CSF II）	1994～1996年，1998年	问卷	20 607	2d	Kahn（2008）
德国	Sichert-Helert	多特蒙德营养与人体测量纵向研究（DONALD）	2001年	日志	733[c]	3d	Hilbig（2002），Sichert-hellert（2001）

a. 指被访者描述或记录自己多长时间间隔内的水摄入；b. 24h内饮水平行样品；c. 儿童人群。

早在1958年，Wolf的研究表明新生儿和成人体内水分比例分别为77%和60%（Wolf，1958）。1977年，美国科学院（NAS）根据大量研究资料推得人均日消费水量为1.63L（NAS，1977）。Levy研究了婴儿在摄入配方奶粉、饮料以及食物时对氟化物的暴露，该研究提供了新生儿食用饮料、食物时的水分摄入数据（Levy，1995）。Heller等对美国不同种族、年龄、地区、城乡，以及不同收入人群饮水摄入的情况进行了研究，结果表明高收入人群摄入饮用水的量显著低于低收入人群（Heller et al.，2000）。Sichert-Hellertde等（Sichert-hellert et al.，2001）研究了自1985年以来15年里德国儿童及青少年人群以食物、饮料等形式摄入水的变化趋势。Sohn等（2001）研究了不同天气情况下的饮水摄入情况。Marshall、Skinner等分别对婴幼儿饮料摄入模式进行了研究（Marshall et al.，2003a；2003b）（Skinner et al.，2004）。美国农业部于1994～1996年和1998年以入室问卷的形式进行了两次个体膳食摄入持续性调查（Continuing Survey of Food Intakes by Individuals，CSFII），其中涉及饮水摄入的调查问卷超过2万份，Kahn和Stralka结合这两次调查所得数据，分析并推得了不同年龄人群日均饮水摄入的情况（Kahn and Stralka，2008a；2008b），他们在研究中将水的类型分为公共水源和总水源，研究同时考虑了直接饮水，以及膳食或洗浴期间的间接饮水摄入。此外，他们还专门对孕期、哺乳期女性饮水摄入进行了分析和研究。

美国环境保护署（USEPA）在基于大量相关研究以及一些全国性大规模调查的基础上于1989年出版了第一版《美国暴露参数手册》，成为USEPA进行健康风险评价和风险管理研究的主要工具之一。最近主要基于 Kahn 和 Stralka 的最新研究，于 2011 年发布了最新《暴露参数手册》，详细规定了不同人群各暴露途径的行为及体征参数，给出了各参数在不同情况下的均值、中位值、最大值、最小值和范围值，并提出了在各种情况和需求下暴露参数选用原则的建议（USEPA，2011）。

第三节　国外暴露参数手册中的饮水摄入率

20 世纪 80 年代，美国环境保护署（USEPA）发布了《美国暴露参数手册》，之后几经修订，2009 年发布了最新的《美国暴露参数手册》。欧洲各国、日本和韩国在参考《美国暴露参数手册》框架的基础上，也分别于 2006 年和 2007 年陆续发布了适合本国居民特点的暴露参数手册。

一、美国

考虑到日常生活中饮水摄入的不同情形，USEPA 分别发布了不同年龄段人群在饮料、食物、饮水以及游泳时的饮水暴露参数，并将不同种类和来源的水分为自来水（tapwater）、瓶装水和其他水源。除了发布一般人群饮水暴露参数外，还单独发布了婴幼儿，以及孕期、哺乳期女性饮水摄入参数。

表 3-2 和表 3-3 列出了美国暴露参数手册中婴儿到成人不同年龄段人群公共用水（自来水、市政供水等）饮水摄入率的平均推荐值，其中表 3-3 为每千克体重的水日均摄入率，表 3-4 列出了孕期及哺乳期女性的饮水摄入率，其中的摄入率包括直接摄入和间接摄入，既包括日常饮水、喝饮料等直接摄入，也包括食物准备过程中所添加的水分，以及沐浴、游泳等其他过程中的间接摄入。表 3-4 列出了美国孕期、哺乳期妇女饮水摄入的日均推荐值。表 3-2 至表 3-4 中的数据主要来自 2008 年 Kahn 和 Stralka 的研究，该研究作为美国暴露手册饮水暴露部分的主要参考，所用的数据具有样本量大、人群覆盖面广等特点，但该数据基于 2d 内的短期问卷调查所得，用于表示人群的日常摄入有可能导致一定误差。对于不同性别、地区、收入级别的人群，饮水暴露可能差异较大，美国相关研究人员对此进行了调查，表 3-5 列出了美国不同性别、地区、城郊，以及不同收入阶层人群的水摄入量。2006 年，Dufour 等（2006）以常用的泳池消毒剂三聚氰酸作为指示物通过模拟实验得到了游泳时的饮水摄入情况（表 3-6），结果表明，在 45min 的游泳时间里，儿童和成人游泳时的人均水摄入量分别为 37mL 和 16mL。

表 3-2　美国不同年龄人群不同类型饮水摄入率推荐值[a]

年龄组	样本量/人	人均饮水率/(mL/d)			
		公共用水[b]	瓶装水[c]	其他[d]	所有类型水
0 月～	91	184	104	13	301
1 月～	253	227	106	35	368
3 月～	428	362	120	45	528
6 月～	714	360	120	45	530
1 岁～	1040	271	59	22	358
2 岁～	1056	317	76	39	437
3 岁～	4391	380	84	43	514
6 岁～	1670	447	84	61	600
11 岁～	1005	606	111	102	834
16 岁～	363	731	109	97	964
18 岁～	389	826	185	47	1075
>21 岁	9207	1104	189	156	1466
>65 岁	2170	1127	136	171	1451

a. 包括直接摄入和间接摄入；b. 公共用水指自来水和市政集中供水等经集中处理后供应的水源；c. 瓶装水指在商场买到的包装后的水或饮料；d. 包括食物本身所含水或其他水摄入。

表 3-3　美国不同年龄人群每千克体重饮水摄入率推荐值

年龄组	样本量/人	人均饮水率/[mL/(kg · d)]			
		公共用水	瓶装水	其他	所有类型水
0 月～	88	52	33	4	89
1 月～	245	48	22	7	77
3 月～	411	52	16	7	75
6 月～	678	41	13	5	59
1 岁～	1002	23	5	2	31
2 岁～	994	23	5	3	31
3 岁～	4112	22	3	2	29
6 岁～	1553	16	2	2	21
11 岁～	975	12	2	2	16
16 岁～	360	11	3	2	15
18 岁～	383	12	3	1	16
>21 岁	9049	15	2	2	20
>65 岁	2139	16	3	2	21

表 3-4　美国孕期、哺乳期女性人均饮水摄入率推荐值

数据类型	单位	人群类型	样本量/人	人均饮水率	
				公共用水	所有类型水
人均摄入率	mL/d	孕期女性	70	819	1318
		哺乳期女性	41	1379	1806
		非孕期非哺乳期女性（15～44 岁）	2221	916	1243
千克体重摄入率	mL/(kg·d)	孕期女性	69	13	21
		哺乳期女性	40	21	21
		非孕期非哺乳期女性（15～44 岁）	2166	14	19

表 3-5　美国各类人群自来水及所有类型饮水摄入率

分类		样本量/人	自来水/[mL/(kg·d)]		所有类型水/[mL/(kg·d)]	
			均值	标准偏差	均值	标准偏差
性别	男性	475	15	1.0	116	4.1
	女性	471	15	0.8	119	3.2
地区	东北	175	13	1.4	121	6.3
	中西部	197	14	1.0	120	3.1
	南部	352	15	1.3	113	3.7
	西部	222	17	1.1	119	4.6
城乡	市区	305	16	1.5	123	3.5
	郊区	446	13	0.9	117	3.1
	乡村	195	15	1.2	109	3.9
收入级别[a]	0～1.30	289	19	1.5	128	2.6
	1.31～3.50	424	14	1.0	117	4.2
	>3.50	233	12	1.3	109	3.5
总人群		946	15	0.6	118	2.3

a. 收入级别按家庭的年均收入除以国家贫困线所得倍数分类，分为 0～1.30、1.31～3.50 及大于 3.5 倍。

表 3-6　游泳者池水摄入研究

人群分组		参与研究的人数	平均饮水摄入率/(mL/45min)	平均饮水摄入率/(mL/h)
儿童（<16 岁）	平均	41	37	49
	男	20	45	60
	女	21	30	43
成人（>18 岁）	平均	12	16	21
	男	4	22	29
	女	8	12	16

二、英国

除美国外，西方其他一些国家也开展了关于饮水暴露参数的调查。欧洲国家的暴露参数数据库始建于 2002 年由 CEFICLRI 资助的一个研究项目，该研究的主要目的是在参考《美国暴露参数手册》的基础上，开发适合欧洲居民特点的暴露参数数据库，目前已建立包括饮水暴露参数在内的暴露参数数据库（Expo-Facts）（ECJRCE，2006）。

1980 年，英国研究者对国内不同年龄组、性别人群饮水摄入率进行了调查（Hopkin and Ellis，1980），结果如表 3-7 所示。数据作为相关研究，被录入 USEPA 现有的暴露参数手册。由表可见，18 岁以前，日均饮水摄入率随年龄的增长而增加，成年以后数值较为稳定。男性摄入率高于女性。

表 3-7　英国男女性人群饮用水及总液体日均摄入率

饮水类型	年龄组	调查人数/人		日均摄入率/(mL/d)	
		男性	女性	男性	女性
总液体摄入	1 岁～	88	75	853	888
	5 岁～	249	201	986	902
	12 岁～	180	169	1401	1198
	18 岁～	333	350	2184	1547
	31 岁～	512	551	2112	1601
	>55 岁	396	454	1830	1482

续表

饮水类型	年龄组	调查人数/人		日均摄入率/(mL/d)	
		男性	女性	男性	女性
饮用水摄入	1 岁～	88	75	477	464
	5 岁～	249	201	550	533
	12 岁～	180	169	805	725
	18 岁～	333	350	1006	991
	31 岁～	512	551	1201	1091
	>55 岁	369	454	1133	1027

三、加拿大

1981 年，加拿大研究人员针对本国居民的饮水摄入情况进行了调查，研究除了将人群按年龄性别分类外（表 3-8），还对不同季节饮水摄入的情况进行了调查（表 3-9）。

表 3-8 加拿大不同性别、年龄人群每千克体重饮水摄入率

（单位：mL/kg）

年龄组	女性	男性	平均
<3 岁	53	35	45
3 岁～	49	48	48
6 岁～	24	27	26
18 岁～	23	19	21
35～54 岁	25	19	22
>54 岁	24	21	22
总人口	24	21	22

表 3-9 加拿大不同年龄人群夏/冬季饮水摄入率 （单位：mL/d）

季节	年龄						
	<3 岁	3～5 岁	6～17 岁	18～34 岁	35～54 岁	<55 岁	总人群
夏季	570	860	1140	1330	1520	1530	1031
冬季	660	880	1130	1420	1590	1620	1370
夏/冬季均值	610	870	1140	1380	1550	1570	1340
90% 上限值	1500	1500	2210	2570	2570	2290	2360

表 3-8 列出了加拿大不同性别、年龄人群每千克体重饮水摄入率，由表可见，按每千克体重计，加拿大居民日均饮水摄入率为 22mL/kg，年龄小于 3 岁的女孩饮水率最高，达到 52mL/kg，男性在 3～6 岁饮水率达到最高，为 48mL/kg。由表 3-9 可见，加拿大居民的日均饮水摄入率为 1340mL/kg，夏季比冬季饮水少。

四、日本

《日本暴露参数手册》是日本国立产业技术综合研究所化学物质风险管理研究中心于 2007 年参考 USEPA 的框架而编制的（NIAIST，2007）。手册发布的数据表明，日本男性日饮水摄入量为 668mL/d，女性为 666mL/d，而在 USEPA《美国暴露参数手册》的相关研究中，男性和女性日均摄入饮用水的推荐值分别为 1.40L/d 和 1.35L/d，后者为前者的两倍多。可见若是对日本国内人群进行暴露风险评价时，引用美国或西方其他国家的数据将会带来不容忽视的误差。

五、韩国

《韩国暴露参数手册》中的数据以全国 16 个广域市的 1092 名成人居民为调查对象，采用在线问卷调查的方式进行调查（Jang et al.，2007）。调查对象的选取采用分层抽样（stratified sampling）的方法，以 2006 年的人口为基准，在全国 16 个广域市以性别、年龄层人口统一比例抽样后，再从这层中通过在线程序随机抽取样本。但由于 60 岁以上人口使用网络的情况较少，该年龄段目标人数的 180 人仅抽到 100 人，不足的 80 人中，有 40% 由 50 多岁的人代替，60% 分配到其他年龄层。

调查在 5 月进行，以自来水、饮水机水、地下水、纯净水的总量作为饮用水的摄入量，如无特别说明，一般以该数据作为居民的饮水摄入率。此外，商业贩卖的饮料、牛奶、酒等总量作为液态饮料的摄入量或总液体摄入率。暴露评价需要区分饮用水和液态饮料各种类的摄入量，尤其是饮用水的情况，污染物的含量与是否煮后饮用有很大关系，因此区分开来。

韩国居民日均总液体摄入率（包括当地水源水及商品饮料）为 1503mL/d（表 3-10），其中男性为 1660mL/d，女性为 1346mL/d。不同年龄及城镇居民总液体摄入率见表 3-11～表 3-15 列出了韩国不同性别、年龄、城乡居民日均饮水摄入率（只包括当地水源水）。表 3-16 为夏季韩国居民各类液体饮料摄入率，由表可见，汽水、果汁类饮料摄入率最大，为 167.6mL/d，其次为酒、奶类饮料，分别为 152.8mL/d 和 115.0mL/d。

表 3-10 韩国居民总液体摄入率* (单位：mL/d)

	平均	50th	95th
全体	1503	1400	3050
男性	1660	1565	3380
女性	1346	1260	2550

* 包括自来水、饮水机水、地下水、纯净水、液体饮料等。

表 3-11 韩国不同年龄人群总液体摄入率* (单位：mL/d)

年龄段	样本人数	均值	中位数	5th	95th
20 岁～	99	1449.5	726.8	450.0	2985.0
25 岁～	318	1498.1	780.6	450.0	3040.0
35 岁～	251	1551.9	773.8	540.0	3090.0
45 岁～	266	1518.9	785.2	540.0	3065.0
55 岁～	126	1442.5	837.9	500.0	2880.0
20～65 岁	1060	1504.9	781.7	500.0	3045.0
65 岁以上	32	1416.6	906.2	485.0	3460.0

* 包括自来水、饮水机水、地下水、纯净水、液体饮料等。

表 3-12 韩国城乡居民总液体摄入率* (单位：mL/d)

区域	样本人数	均值	中位数	5th	95th
城市	533	1530.9	1440.0	465.0	3090.0
县城	430	1465.3	1350.0	500.0	2880.0
乡镇	129	1507.7	1440.0	540.0	2700.0
总计	1092	1502.3	1400.0	497.0	3050.0

* 包括自来水、饮水机水、地下水、纯净水、液体饮料等。

表 3-13 韩国居民饮水摄入率 (单位：mL/d)

性别	样本人数	均值	中位数	95th
男	545	1022.9	900.0	2345.0
女	547	872.8	790.0	2055.0

表 3-14　韩国不同年龄人群饮水摄入率　　（单位：mL/d）

年龄段	样本人数	均值	中位数	5th	95th
20 岁～	99	1075.1	900.0	0.0	2520.0
25 岁～	318	932.3	810.0	0.0	2160.0
35 岁～	251	960.7	900.0	0.0	2190.0
45 岁～	266	964.5	880.0	0.0	2230.0
55 岁～	126	858.6	790.0	0.0	2140.0
20～65 岁	1060	951.7	860.0	0.0	2190.0
65 岁以上	32	816.4	790.0	0.0	1930.0

表 3-15　韩国城乡居民饮水摄入率　　（单位：mL/d）

区域	样本人数	均值	中位数	5th	95th
城市	533	952.5	840.0	0.0	2260.0
县城	430	945.4	880.0	0.0	2095.0
乡镇	129	935.8	880.0	0.0	2225.0
总计	1092	947.7	860.0	0.0	2190.0

表 3-16　韩国居民夏季各类饮料摄入率　　（单位：mL/d）

饮料类型	均值	中位数	5th	95th
大麦饮料	8.0	0.0	0.0	0.0
茶饮料、咖啡	88.2	0.0	0.0	540.0
运动饮料	55.8	0.0	0.0	360.0
牛奶、奶饮料	115.0	0.0		513.7
果汁、汽水	167.6	0.0		685.0
酒	152.8	0.0		1000.0
其他饮料	69.2	0.0		427.8
总计	656.6	475.0	0.0	1790.5

Kim 等（2006）在参考 USEPA 的暴露参数手册框架的基础上，由韩国环保部赞助，对韩国居民开展了暴露参数的调查，在与 USEPA 暴露参数结果进行对比后，发现由于两国间人种、行为习惯等存在着相当的差异性，一些基本暴露参数也有着较大的差别，该暴露参数手册对韩国国内暴露评价提供了重要参考。

第四节　我国居民的饮水摄入率探讨

国内目前少见较大规模的居民饮水量的研究。当前，关于我国居民饮水摄入率的调查主要有三项。

一、上海和北京两城市居民饮水摄入率调查

徐鹏等（2008）以北京和上海两座城市居民为研究对象，采用随机入户方式，于2002～2004年分冬、夏两季分别进行了4次饮用水消费习惯调查。研究表明，北京和上海居民冬、夏两季的日均饮水摄入率分别为2200mL/d、1700mL/d、2000mL/d和1800mL/d。由表3-17可见，无论是夏季还是冬季，两个城市男性饮水摄入率均高于女性；同时，对于不同年龄段的人群，也符合这种趋势。上海室内工作的居民冬季饮水率略高于室外工作者，但夏季二者相差不大。夏季北京室外工作的居民饮水摄入率高于室内，而冬季北京室外工作的人群饮水摄入率远低于室内人群。表3-17列出了上海和北京两城市居民的饮水摄入率。

表3-17　中国两城市居民饮水摄入率

	上海居民饮水摄入率/(mL/d)		北京居民饮水摄入率/(mL/d)	
	夏季	冬季	夏季	冬季
男	2100	2000	1800	2300
女	1900	1600	1600	2100
老年男	2200	2100	1800	3100
老年女	2000	1700	1700	3200
中年男	2100	2100	1900	2500
中年女	2000	1600	1800	2100
中年男（室内工作）	2100	2100	1700	2900
中年女（室内工作）	1900	1600	1800	2300
中年男（室外工作）	2100	2000	2700	2300
中年女（室外工作）	2000	1300	1800	1500
青年男	1700	1600	1500	1500
青年女	1700	1600	1000	1600

二、四城市居民饮水摄入率调查

张倩等（2011）采用连续7天饮水记录的方法，于2010年7～8月调查了我国北京、上海、成都、广州四城市18～60岁成年居民夏季饮水摄入率，分析不同城市、性别、城乡调查对象饮水种类和饮水量，结果可为其他研究提供数据支持。

（一）对象与方法

（1）对象。采用多阶段随机抽样法抽取调查对象。将北京、上海、成都、广州4个城市首先按城乡分层，各城市内随机抽取1个城区点和1个农村点，再从抽取的城区和农村中各随机抽取2个街道（或镇），从抽取的街道（或镇）中在随机抽取2个居（村）委会，然后将所抽取的各居（村）委会中18～60岁居民分成18～29岁、30～39岁、40～49岁、50～60岁四个年龄段，分别在每个年龄段内抽取12名调查对象，男女各6名，最终纳入1483名。纳入标准：身体健康或患有某些慢性疾病但病情得到很好的控制者。剔除标准：近5年内，经一级以上医院确诊患有肝、肾、肠道、心脏、内分泌等疾病，病情没有得到很好控制者。本调查方案及问卷通过了中国CDC营养与食品安全所伦理评审委员会审批同意，调查对象均签署了知情同意书。

（2）一般情况调查及身高、体重测量。使用《一般情况调查问卷》，由经过培训的调查员通过面对面询问方式收集调查对象身高、经济状况等信息。体重采用百利达HD366型电子体重计测量，精确到0.1kg。测量时体重计放置于水平地面，调查对象空腹，身着贴身薄衣裤，赤足立于体重计中央，不接触其他物体，平稳后由经过培训的调查员读数并记录。体质指标（BMI，kg/m^2）＝体重(kg)/身高^2（m^2）。

（3）饮水摄入率调查。将饮水分为三类，包括：①白水，即白开水、矿泉水、矿物质水、纯净水、净化水等；②茶水，即冲泡的绿茶、半发酵茶、发酵茶等；③饮料，即茶饮料、碳酸饮料、果蔬饮料、蛋白饮料（牛奶、酸奶、含乳饮料、豆浆等）、特殊功能饮料、固体饮料、咖啡饮料等。饮水量是白水、茶水和饮料的饮用量之和。采用自行设计的连续7天的《24小时饮水记录表》，由调查对象估计并完整记录早餐前、早餐时、早餐后、午餐时、午餐后、晚餐时、晚餐后和夜间8个时间段内每次饮水种类，应用盛皿（如杯、瓶、碗等）及数量、饮用地点及饮用量（mL）。调查第一天，由调查员以带容量的饮料瓶或纸杯作为参照，对调查对象常用饮用盛皿进行定量，帮助调查对象记录当天的饮水情况；随后6天由调查对象自己对饮水情况进行详细记录。调查员每2天对记录情况进行电话随访，以确保调查对象记录的完整。本研究以《中国居民膳食指南（2007）》

中建议的轻度身体活动成年居民每天最少饮水 1200mL（葛可佑，2004）为标准，判断居民日均饮水摄入率是否达标。

（二）结果

本次调查的各城市调查对象日均饮水摄入率和日均白水摄入率分别见表 3-18 和表 3-19。

表 3-18 各城市受试者日均饮水摄入率 （单位：mL/d）

城市名称	男			女			合计		
	城区	农村	合计	城区	农村	合计	城区	农村	合计
北京	1686	1893	1744	1516	1400	1474	1579	1583	1579
上海	1804	2464	1994	1586	1557	1563	1748	1900	1793
成都	1381	1114	1257	1309	870	1043	1339	959	1150
广州	1550	1739	1671	1177	1398	1316	1326	1553	1467
均值	1636	1739	1679	1425	1293	1370	1514	1466	1488

表 3-19 各城市受试者日均白水摄入率 （单位：mL/d）

城市名称	男			女			合计		
	城区	农村	合计	城区	农村	合计	城区	农村	合计
北京	963	1200	775	726	1036	814	709	1069	814
上海	471	679	561	543	1114	843	500	943	693
成都	630	800	714	679	543	611	664	678	671
广州	861	971	900	814	1043	934	836	100	917
均值	671	871	757	710	943	800	693	914	786

（1）饮水摄入率：调查对象每天饮水量的中位数为 1488mL（范围：86～7038mL）。上海的调查对象每天饮水量最多，成都最少（表 3-18）。男性每天饮水量的中位数为 1679mL，高于女性（1370mL）。城区调查对象每天的饮水量中位数（1514mL）与农村（1466mL）相差不大。上海和广州城区的调查对象每天的饮水量中位数低于农村，而成都则相反，城区高于农村；北京城区的调查对象每天的饮水量有低于农村的趋势，但差别也不大。

（2）白水、茶水、饮料的饮用量：调查对象每天白水、茶水和饮料饮用量的中位数分布为 786mL、109mL 和 186mL。广州的调查对象白水的饮用量最高，北京其次；上海茶水饮用量最高；上海和北京饮料的饮用量高于广州和成都；成都的调查对象白水、茶水、饮料的饮用量最低，白水、茶水、饮料在4个城市之间的差异较大。男性每天茶水的饮用量（229mL）高于女性（57mL），差异较大；白水和饮料饮用量的性别间差异不大。城区调查对象每天白水的饮用量中位数为693mL，低于农村（914mL），但茶水（186mL）和饮料（286mL）的饮用量高于农村。

(3) 调查对象中国每天饮水量未达到1200mL的情况：32.4%的调查对象平均每天的饮水量少于1200mL。女性平均每天饮水量不足1200mL的比率高于男性。除北京外，其他3个城市女性平均每天饮水量不足1200mL的比率均高于男性。农村调查对象日均饮水摄入率不足1200mL的比例有高于城区的趋势，但差别不明显。

三、河南泌阳城乡居民饮水摄入率调查

段小丽等在我国北方某地区开展了2500人的调查，研究了不同年龄段不同性别人群涉水活动的频率及类型（段小丽等，2010），下一节将重点介绍。

第五节　案例研究：典型地区饮水摄入率调查研究

在我国北方某地区开展了2500人的调查，研究了不同年龄段不同性别人群涉水活动的频率及类型，研究希望通过对某典型地区的调查研究，探索暴露参数的调查方法，并在一定程度上积累我国暴露参数（主要是饮水摄入率）基本数值（段小丽等，2010）。

一、研究设计

调查地点选择在河南省泌阳县，位于河南省的中南部，南阳盆地东缘，辖区内水系分属于长江与淮河两大流域。全县人口96万人，其中农业人口85.8万人，城镇人口仅占8.5%；全县以汉族为主，占99.31%；全县居民以小麦面粉为主食，生活习惯较为一致。在该县选择10个乡镇（城关镇、杨家集乡、官庄乡、太山乡、双庙乡、花园乡、赊湾乡、盘古乡、王店乡、贾楼乡）的农村居民分别作为代表城市的调查对象和代表农村居民的调查对象。

根据泌阳县各年龄段人口数量、城镇居民、非城镇居民在总人口数量中的比例，确定城镇和农村各年龄段的调查对象，然后按照男女各半的比例确定男女调查对象的数量。据此原则，本次确定调查对象为2500人，其中农村人口占92%，城市人口占8%。于2008年8月至10月期间，对该所选择的2500名受试者的皮肤暴露参数进行了问卷调查，对其中250份问卷（10%）进行了重复调查，以检验调查的质量。调查问卷包括：基本信息（性别、出生日期、身高、体

重、职业、家庭收入等)、经口摄入水量，调查一日三餐及三餐之间的直接饮水和饮食量。对 2500 份调查问卷进行录入，对有缺失值等不符合要求的问卷进行去除后，有效问卷为 2330 份。利用 Excel2003 与 SAS9.0 软件包对数据进行初步整理。数据分析采用 SPSS13.0。

二、泌阳地区居民的饮水暴露参数调查结果

(一) 居民日均液体摄入率

表 3-20 为泌阳地区居民日均液体摄入率。可见，不同年龄组人群的液体摄入率差异有统计学显著性（$P<0.05$），不同性别人群的液体摄入率也有差异，差异有统计学意义（$P<0.05$)，其中 60 岁以上居民差别最大，而且总饮水率呈偏正态分布；各年龄段男性人群的液体摄入率高于女性 3.1% ～19.0% ，而全年龄组则平均高出 10.3% ，随着年龄的增长，液体摄入率先逐渐增加，45～60 岁达到最高，然后明显降低；最后，全年龄段男性、女性和总人口平均液体摄入率分别为 2852.8mL/d、2586.4mL/d 和 2720.5mL/d。

表 3-20 泌阳地区居民日均总液体摄入率 (单位：mL/d)

类别	参数	0～5 岁	6～17 岁	18～44 岁	45～60 岁	60 岁以上	全年龄组
男 (n=1175)	算数均值	1 079.7	2 105.3	3 261.7	3 508.9	2 941.8	2 852.8
	标准偏差	678.2	894.7	1 537.0	1 437.4	1 241.4	2 490.9
	中位值	987.9	1 957.4	2 656.8	3 250.1	2 836.7	1 493.0
	最大值	3 559.9	5 849.8	10 176.5	8 975.1	6 925.5	10 176.5
	最小值	48.0	320.8	412.8	1 407.3	106.9	48.0
女 (n=1156)	算数均值	1 010.5	2 042.4	2 951.2	3 096.0	2 385.1	2 586.4
	标准偏差	485.5	883.2	1 222.3	1 168.2	930.5	2 400.8
	中位值	985.7	1 917.4	2 591.3	2 906.2	2 258.9	1 226.9
	最大值	2 209.8	5 372.2	7 050.4	7 487.0	5 649.6	7 487.0
	最小值	50.0	406.6	45.0	509.7	100.0	45.0
全体 (n=2331)	算数均值	1 045.7	2 074.6	3 108.5	3 293.6	2 668.0	2 720.5
	标准偏差	987.9	1 947.8	2 628.0	3 057.3	2 535.4	2 438.9
	中位值	590.7	888.8	1 398.6	1 318.6	1 132.2	1 373.5
	最大值	3 559.9	5 849.8	10 176.5	8 975.1	6 925.5	10 176.5
	最小值	48.0	320.8	45.0	509.7	100.0	45.0

（二）居民民直接饮水率和间接饮水率

表 3-21 为泌阳地区居民直接饮水率和间接饮水率。不同年龄组人群的直接饮水率和间接饮水率差异都有统计学显著性（$P<0.05$），不同性别人群的直接饮水率和间接饮水率也有差异，差异有统计学意义（$P<0.05$），而且直接饮水呈现显著的偏态分布，而间接饮水呈现了显著的正态分布；各年龄段男性和女性全体直接饮水率平均分别为 437.3～1362.6mL/d 和 451.9～1155.5mL/d，间接饮水率分别为 691.1～2146.3mL/d 和 593.5～1934.9mL/d，全年龄组全体直接饮水率和间接饮水率分别为 1027.1mL/d 和 1699.7mL/d。

表 3-21　泌阳地区居民直接饮水率和间接饮水率　（单位：mL/d）

年龄组	类别	男		女		全体	
		直接	间接	直接	间接	直接	间接
5 岁及以下	算数均值	437.3	691.1	451.9	593.5	444.4	642.6
	标准偏差	487.2	409.7	378.3	234.4	312.5	584.2
	中位值	300.0	608.2	400.0	571.3	436.5	336.8
	最大值	2500.0	2590.4	1500.0	1429.3	2500.0	2590.4
	最小值	0.0	17.8	0.0	44.3	0.0	17.8
6～17 岁	算数均值	744.5	1358.0	763.0	1279.4	753.5	1319.7
	标准偏差	635.0	482.3	617.5	450.4	640.0	1249.9
	中位值	640.0	1300.5	680.0	1228.8	626.0	468.2
	最大值	3225.0	3367.2	2700.0	3141.5	3225.0	3367.2
	最小值	0.0	179.7	0.0	237.2	0.0	179.7
18～44 岁	算数均值	1273.2	1983.5	1096.1	1850.7	1185.8	1918.0
	标准偏差	1208.4	557.0	907.7	600.5	800.0	1826.9
	中位值	800.0	1872.1	800.0	1764.1	1073.7	582.4
	最大值	7990.0	5141.6	3815.0	6650.4	7990.0	6650.4
	最小值	0.0	412.8	0.0	45.0	0.0	45.0
45～60 岁	算数均值	1362.6	2146.3	1155.5	1934.9	1254.4	2036.1
	标准偏差	1102.5	631.3	966.1	493.0	1000.0	2009.7
	中位值	1050.0	2152.4	805.0	1944.0	1037.3	572.5
	最大值	4750.0	4520.9	5250.0	3248.0	5250.0	4520.9
	最小值	0.0	619.0	0.0	59.7	0.0	59.7

续表

年龄组	类别	男		女		全体	
		直接	间接	直接	间接	直接	间接
60 岁以上	算数均值	1158.7	1783.1	805.4	1593.0	984.9	1690.0
	标准偏差	891.2	559.6	655.7	490.5	840.0	1675.9
	中位值	1045.0	1734.3	735.0	1523.5	802.4	534.4
	最大值	4300.0	3365.4	2750.0	3108.4	4300.0	3365.4
	最小值	0.0	35.4	0.0	612.8	0.0	35.4
全年龄组	算数均值	1094.5	1764.4	958.6	1634.2	1027.1	1699.7
	标准偏差	1051.2	673.5	837.2	637.0	953.3	658.7
	中位值	800.0	1691.9	958.6	1608.3	770.0	1652.6
	最大值	7990.0	5141.6	5250.0	6650.4	7990.0	6650.4
	最小值	0.0	17.8	0.0	44.3	0.0	17.8

无论是男性还是女性，各年龄段人群间接饮水率都明显大于直接饮水率，在总饮水率中的比例为 56.8%～66.4%，平均达到 62.4%。之所以如此，主要原因是该地区以农村人口为主，夏、秋季节田地劳动，通常直接饮茶和开水不便，每天摄入较多的稀粥和汤面多，以减少直接饮水的麻烦，结果造成间接饮水比例较高；同时这也说明在开展人体对水中污染物暴露和健康风险评价时，绝不能忽略间接饮水率，否则将造成显著误差。尽管 0～17 岁女性的直接饮水率比男性略大，但其余各年龄段直接饮水和所有年龄段的间接饮水男性平均都比女性高出 6.1%～43.9%，全年龄组直接饮水和间接饮水男性比女性平均分别高出 14.2% 和 8.0%。最后，随着年龄的增长，男性和女性的直接饮水率及间接饮水率都先逐渐增加，在 45～60 岁达到最高值，然后降低。

（三）泌阳地区城市和农村全年龄段居民饮水率

表 3-22 为泌阳地区城市和农村全年龄段居民饮水率。可见，无论直接饮水率、间接饮水率还是总饮水率，城市居民都低于农村，其中男性分别是农村的 81.6%、81.4% 和 82.0% 左右，女性则分别是农村的 97.5%、82.4% 和 88.6%，这主要是由于农村居民劳动量较大，而且大部分时间在田间劳动，生理代谢需水量大，而城市居民在室内活动时间较长，生理代谢需水量相对较少的缘故。但同时由于城市居民直接饮水量相对较多，与农村居民的差异有所降低，尤其表现在女性居民方面。总之，由于城乡居民工作内容和生活习惯的差异，加之中国城乡差异较大，城市和农村居民之间在直接、间接和总日均饮水率存在明显的差异，针对城市居民与农村居民进行健康风险评价时应考虑到二者之间的差

异，否则也将造成一定的风险误差。

表 3-22　泌阳地区城市和农村全年龄段居民饮水率　(单位：mL/d)

性别	参数类别	总饮水		直接饮水		间接饮水	
		县城	农村	县城	农村	县城	农村
男	算数均值	2 376.2	2 896.5	907.6	1 111.7	1 459.3	1 792.7
	标准偏差	847.2	1 531.6	520.3	1 085.7	419.0	685.7
	中位值	2 324.8	2 521.0	840.0	780.0	1 465.7	1 739.0
	最大值	5 213.9	10 176.5	2 625.0	7 990.0	2 661.3	5 141.6
	最小值	633.4	48.0	0.0	0.0	490.9	17.8
女	算数均值	2 313.7	2 611.8	936.8	960.6	1 367.3	1 659.2
	标准偏差	909.5	1 249.7	596.6	856.5	442.7	646.8
	中位值	2 270.3	2 407.0	840.0	750.0	1 394.3	1 637.7
	最大值	6 223.0	7 487.0	2 975.0	5 250.0	3 248.0	6 650.4
	最小值	635.7	45.0	0.0	0.0	394.9	44.3

中国居民与西方发达国家居民所属人种不同，所处的社会经济水平不同，劳动强度和生活习惯也不同，因此中国居民的日均饮水率和西方发达国家居民日均饮水率必有不同。可知，本研究得到的各年龄段人群平均饮水率明显比美国发布的结果高 743.7～2143.5mL/d，全体平均约比美国高 97.6%，而且即便是直接饮水率，本研究结果也与美国和日本存在明显的差异，平均分别比日本和美国高 54.0% 和 36.0%。可见如果采用国外的饮水率评价我国居民饮水的健康风险，必然会造成较大误差。之所以如此，主要可能是美国居民饮食结构相对简单，间接的食物饮水率较少，饮料和直接饮水率多的缘故；此外，本研究中的人群以农村居民为主，劳动强度比美国居民高，而且是夏秋季节的研究结果，此外，本研究中平均饮水率随年龄段的变化趋势基本与美国环境保护署发布的结果一致，二者相关系数 R^2 达到 0.72，这进一步说明本研究虽然样本容量有限，但反映出了该地区饮水率随年龄变化的规律是正确的。

尽管本研究针对泌阳县地区的城乡居民开展了饮水率暴露参数的调查研究，获得了详实的饮水率数据，但仍然存在一些问题和不足：由于经费有限，本研究按照本地区的城镇人口分布，选择的农村人群的样本量为 2300 人，城市人群的样本量 200 人。城市人群的样本量少，代表性相对较差；我国是一个多民族，地区经济发展不平衡且城乡差别较大的国家，这决定了我国居民的暴露参数随着将会随着民族、地区等的不同可能存在较大的差异，本研究仅仅针对一个很小的地区开展调查研究，所获得数据的代表性有限，只能在一定程度上代表我国中原地区人群的饮水率，而并不能代表全国的实际情况。

在研究水体中的污染物对人体健康影响时，各类人群的饮水量是最为关键的暴露参数，然而，目前为止我国并没有在这方面开展系统的研究，这里只能参考相关文献。根据文献，通常认为一个体重为 60kg 的成年男性饮水量为2～3L/d。ICRP 规定每日液体摄入量（包括奶、水与其他饮料），在正常条件下成人为 1～2.4L/d，儿童为 1.4L/d，高平均气温（32℃）时成年人为2.84～3.41L/d。

本章参考文献

段小丽，张文杰，王宗爽，等. 2010. 我国北方某地区居民涉水活动的皮肤暴露参数. 环境科学研究，23（1）：55-61.

葛可佑. 2004. 中国营养科学全书. 北京：人民卫生出版社.

徐鹏，黄圣彪，王子健，等. 2008. 北京和上海市居民冬夏两季饮用水消费习惯（英）. 生态毒理学报，3（3）：224-230.

翟凤英. 2007. 中国居民膳食结构与营养状况变迁的追踪研究. 科学出版社：131-144.

张倩，胡小琪，邹淑蓉，等. 2011. 我国四城市成年居民夏季饮水量. 中华预防医学杂质，45（8）：677-682.

Canadian Ministry of National Health and Welfare. 1981. Tapwater consumption in Canada. Document number 82-EHD-80. Public Affairs Directorate, Department of National Health and Welfare, Ottawa, Canada.

Cantor K, Hoover R, Hartge P, et al. 1987. Bladder cancer, drinking water source, and tap water consumption: a case-control study. Journal of the National Cancer Institute, 79（6）：1269-1279.

Dufour A P, Evans O, Behymer T, et al. 2006. Water ingestion during swimming activities in a pool: a pilot study. Journal of water and health, 4（4）：425-430.

Ershow A, Cantor K. 1989. Total water and tapwater intake in the United States: population-based estimates of quantities and sources. Life sciences research office, federation of American societies for experimental biology.

European Commission Joint Research Center Institute for Health and Consumer Protection. 2006. Exposure factors sourcebook for Europe S/OL. http://cem.jrc.it/expofacts/. 2011-10-18 update.

Gillies M, Paulin H. 1983. Variability of mineral intakes from drinking water: a possible explanation for the controversy over the relationship of water quality to cardiovascular disease. International Journal of Epidemiology, 12（1）：45.

Heller K, Sohn W, Burt B, et al. 2000. Water consumption and nursing characteristics of infants by race and ethnicity. Journal of Public Health Dentistry, 60（3）：140-146.

Hilbig A, Kersting M, Sichert-Hellert W. 2002. Measured consumption of tap water in German infants and young children as background for potential health risk assessments: data of the DONALD Study. Food Additives & Contaminants: Part A, 19（9）：829-836.

Hopkin S, Ellis J. 1980. Drinking water consumption in Great Britain: a survey of drinking habits with special reference to tap-water-based beverages. Wiltshire Great Britain: Water Research Centre, technical report 137.

Hopkins S M, Ellis J C. 1980. Drinking water consumption in Great Britain: a survey of drinking habits with special reference to tap-water-based beverages. Technical Report 137, Water Research Centre, Wiltshire Great Britain.

Jang J Y, Jo S N, Kim S, et al. 2007. Korean Exposure Factors Handbook, Ministry of Environment, Seoul, Korea.

Kahn H, Stralka K. 2008a. Estimated daily average per capita water ingestion by child and adult age categories based on USDA's 1994-1996 and 1998 continuing survey of food intakes by individuals. Journal of Exposure Analysis and Environmental Epidemiology (accepted for publication): 1-9.

Kahn H, Stralka K. 2008b. Estimates of water ingestion for women in pregnant, lactating, and non-pregnant and non-lactating child-bearing age groups based on USDA's 1994-1996, 1998 continuing survey of food intake by individuals. Human and Ecological Risk Assessment, 14 (6): 1273-1290.

Kim S, Cheong H, Choi K, et al. 2006. Development of Korean exposure factors handbook for exposure assessment. Epidemiology, 17 (6): S460.

Levy S, Kohout F, Guha-Chowdhury N, et al. 1995. Infants'fluoride intake from drinking water alone, and from water added to formula, beverages, and food. Journal of Dental Research, 74 (7): 1399-1407.

Marshall T, Levy S, Broffitt B, et al. 2003a. Patterns of beverage consumption during the transition stage of infant nutrition. Journal of the American Dietetic Association, 103 (10): 1350-1353.

Marshall T, Gilmore J, Broffitt B, et al. 2003b. Relative validation of a beverage frequency questionnaire in children ages 6 months through 5 years using 3-day food and beverage diaries. Journal of the American Dietetic Association, 103 (6): 714-719.

National Academy of Sciences (NAS). 1977. Drinking water and health. National Academy of Sciences-National Research Council.

National Academy of Sciences (NAS). 1977. Drinking water and health. National Academy of Sciences-National Research Council. 1 (1).

National Institute of Advanced Industrial Science and Technology. 2007. Japanese exposure factors handbook. http://unit.aist.go.jp/riss/crm/exposurefactors/english_summary.html. 2007-3-30 update.

Sichert-Hellert W, Kersting M, Manz F. 2001. Fifteen year trends in water intake in German children and adolescents: results of the DONALD Study. Acta Paediatrica, 90 (7): 732-736.

Skinner J, Ziegler P, Ponza M. 2004. Transitions in infants'and toddlers'beverage patterns. Journal of the American Dietetic Association, 104 (1): S45-S50.

Sohn W, Heller K, Burt B. 2001. Fluid consumption related to climate among children in the United States. Journal of Public Health Dentistry, 61 (2): 99-106.

Tsang A M, Klepeis N E. 1996. Results tables from a detailed analysis of the National Human Activity Pattern Survey (NHAPS) responses. Draft Report prepared for the U S Environmental Protection Agency by Lockheed Martin, Contract No. 68-W6-001, Delivery Order No. 13.

U S Department of agriculture (USDA). 1995. Food and nutrient intakes by individuals in the United States, 1 day, 1989-1991. United States Department of Agriculture, Agricultural Research Service. NFS Report No. 91-92.

USEPA. 2011. Exposure Factors Handbook 2011 Edition (Final) U S Environmental Protection Agency Washington DC EPA/600/R-09/052F.

Wolf. 1958, Body water. Scientific American, 199 (5): 125-126.

第四章　土壤暴露参数

第一节　土壤暴露参数简介

土壤是自然地理要素之一，能够为人类提供食物等生产资料，是社会经济可持续发展的基础。各种人为源释放的污染物进入土壤/尘，可能经呼吸、直接摄入、皮肤吸收等暴露途径与人体接触，最终引起健康风险。随着经济快速发展和人类活动加剧，我国土壤/尘污染形势日益严峻，开展健康风险评价可以为我国土壤/尘环境政策与法规制定提供基础，并为土壤/尘污染修复提供管理依据。本章对各种暴露途径下土壤暴露参数进行了归纳和总结，对于推动我国污染土壤健康风险评价具有重要的参考价值。

对人体暴露土壤/尘可能导致的健康风险进行评价时，首先需要确定暴露量。人体暴露土壤/尘的途径主要有三种：经呼吸、经口以及皮肤黏附暴露。在进行健康风险评价时，暴露量的计算公式如下：

$$ADD = \frac{(IR_{inh} \times EF_{inh} \times ED_{inh})}{BW \times AT} + \frac{(IR_{oral} \times EF_{oral} \times ED_{oral})}{BW \times AT} + \frac{(IR_{dermal} \times EF_{dermal} \times ED_{dermal})}{BW \times AT} \tag{4-1}$$

$$IR_{oral} = C_{soil} \times SDR \tag{4-2}$$

$$IR_{inh} = IR_{dust} + IR_{vapour} = C_{soil} \times EF \times RV + C_{ari} \times RV \tag{4-3}$$

$$IR_{dermal} = ADD \times A_{skin} \tag{4-4}$$

式中，ADD 为日均暴露量［mg/(kg・d)］；IR 为暴露速率，即日均摄入量(mg/d)；EF 为暴露频率（d/a）；ED 为暴露持续时间（a）；BW 为体重（kg）；AT 为总暴露时间（d）。下标中的 inh、oral、dermal 分别指经呼吸、经口、经皮肤暴露途径。SDR 为土壤/尘日均摄入率（g/d）；C_{soil} 和 C_{air} 分别为土壤/尘和空气尘土中有害化合物的浓度（mg/kg）；RV 为日均空气呼吸量（m^3/d）；AAD 为单位皮肤面积污染物的日平均吸附剂量，由土壤-皮肤黏附系数决定［mg/(cm^2・d)］；A_{skin} 为暴露的皮肤面积（cm^2）。

由此可见，为对人体暴露土壤/尘所致健康风险进行评价，除需对土壤/尘中化合物的浓度进行测定外，还涉及许多与具体情境相关的人群暴露参数。目前研究较多的土壤暴露参数包括：土壤/尘摄入率（soil and dust ingestion）、土壤/尘-皮肤黏附系数（adherence of solid to skin）等。土壤/尘摄入率是指人群每天摄入土壤/尘的量，实际研究中的土壤/尘摄入率单位一般为mg/d；皮肤–土壤黏附系数指单位皮肤面积吸附土壤/尘的质量，单位为mg/cm²。下文将就这两个主要的土壤暴露参数进行详细介绍。

第二节　土壤暴露参数的调查研究方法

一、土壤/尘的经口摄入率研究方法

对于土壤/尘暴露研究来说，土壤/尘摄入率是最主要的暴露参数。对于土壤/尘摄入率的测定目前有几种不同的研究方法，有的需要直接测量，通过测量环境介质或人体内生物标志物的浓度得出受试者的土壤/尘摄入率，也有研究以问卷调查的方式间接估算受试人群的土壤/尘摄入率（表4-1）。

表4-1　三种土壤摄入率研究方法实例

研究方法	受试人数	研究日期	地点	研究持续时间	年龄段	检测物质	参考文献
问卷调查法	89	1979年	美国密西西比州	10个月	成年人		Vermeer，1979年
	140				1～13岁		
	478	1997年	原超级基金点位	连续7天	0～7岁		Hogan，1998年
模型对照法	478	1998年	美国三个冶铅厂区		儿童	血铅	
元素示踪法	64	1989年，1990年	美国马萨诸塞州	23周	1～<3岁	碘、钡、锰、硅、钛、钒、钇、锆	Calabrese，1989
	292	1990年	荷兰	3个月	0～<1岁	钛、铝、性残渣	Van Wijnen，1990
					1～4岁		
	101	1987年	华盛顿州南部	2个月	2～7岁	铝、硅、钛	Davis，1990；2005
	33	2006年	华盛顿州南部	连续4天	成年人	铝、硅、钛	

（一）元素示踪法

元素示踪法是使用较多的测定土壤/尘摄入率的方法，指通过分析土壤/尘、尘土以及人体排泄物中各类示踪元素的含量来确定人体对土壤/尘的摄入率。用

于示踪的元素包括铝、硅、钛等其他元素，此类元素通常不容易被人体胃肠道吸收，也不会被转化为其他物质，从而可以通过测定排泄物中的元素的含量来推断摄入量。研究者首先测定受试者粪便及尿液等排泄物中示踪元素的量（mg），然后减去食物及药品等非土壤/尘摄入物中的示踪元素的含量（mg），再除以土壤/尘中该示踪元素的浓度（mg/g），即得到受试者的土壤/尘摄入量（g）。研究者分别采集了受试者周围环境中的土壤/尘及室内灰尘样，以及受试者粪便、尿液、食物、药物、漱口水等样品，然后分析其中的铝、硅、钛的含量，最后利用公式推出儿童的土壤/尘摄入量，如下式所示：

$$S_{i,e}=\frac{[(\mathrm{DW}_f+\mathrm{DW}_p)\times E_f+2E_u]-(\mathrm{DW}_{fd}\times E_{fe})}{E_{soil}} \tag{4-5}$$

式中，$S_{i,e}$为儿童 i 根据元素 e 推得的土壤/尘摄入率；DW_f 为粪便干重（g）；DW_p 为厕纸干重（g）；E_f 为粪便中的示踪物浓度（μg/g）；E_u 为尿中示踪物的量（μg）；DW_{fd}为食物干重（g）；E_{fd}为食物中示踪物浓度（μg/g），E_{soil}指土壤/尘中示踪物浓度（μg/g）。

（二）生物动力学模型对照法

研究者首先测得生物代谢物中有毒物质的生物标志物的量，并利用生物动力学模型推测经口、皮肤、呼吸等暴露途径暴露有毒物质的量，然后建立二者之间的关系。有研究者将儿童血铅水平结合生物动力学总体暴露模型（IEUBK），推算儿童的尘土摄入量。该方法假定可以通过血铅水平反推土壤/尘和尘土的摄入量。值得注意的是，利用此方法推得的摄入量可能比实际摄入量稍大，因为人们可能通过食物、药物等其他途径摄入该物质。

（三）问卷调查

早期的研究中有些研究者使用问卷调查的形式获得受试者的土壤/尘摄入率信息。研究人员以面谈或邮件的方式对成年人、儿童监护人以及儿童本人进行采访，以获取与其摄入行为有关的信息。然而，由于问卷设计、受试者对问题的理解有异等各种原因，问卷调查结果可能与实际摄入量有一定的出入。

二、土壤/尘-皮肤黏附系数

土壤/尘-皮肤黏附系数指单位皮肤面积吸附土壤/尘的质量。不同情况下土壤/尘在体表的黏附系数相差很大。人体不同部位对土壤/尘的黏附系数不同，不同种类或场所土壤/尘（如室内尘土与室外土壤/尘）对皮肤的黏附系数也变化很大，在进行暴露评价时，需要区分不同暴露场景，以便选取正确的黏附参数。可将不同场景下土壤/尘-皮肤黏附系数分为三种情况进行研究：①不同种类土壤的黏附系数；②身体不同部位的土壤黏附系数；③不同行为下的土壤黏附系数。

美国环境保护署关于特定情境下加权后土壤/尘-皮肤黏附系数计算公式如下：

$$AF_{wtd} = \frac{(AF_1)(SA_1) + (AF_2)(SA_2) + \cdots + (AF_i)(SA_i)}{SA_1 + SA_2 + \cdots + SA_i} \quad (4\text{-}6)$$

式中，AF_{wtd}指加权黏附系数（mg/cm^2）；AF 指黏附系数（mg/cm^2）；SA 指皮肤表面积（cm^2）。

在进行实际计算时，美国环境保护署假设脸部占头部表面积的 1/3，前臂面积占整个手臂面积的 45%，小腿表面积占整个腿部面积的 40%。

第三节 国外暴露参数手册中的土壤暴露参数

Calabrese 和 Stanek（Calabrese，1988）对 Wong（1988）在牙买加两个政府收容机构中的儿童开展的研究进行了回顾，以估算研究中 52 名儿童的土壤/尘摄入率。该研究将儿童分为两组，年龄较小的一组（平均年龄为 3.1 岁）包括 24 名儿童，年龄较大的一组（平均年龄 7.2 岁）包括 28 名儿童，使用元素示踪法对经干燥处理后的儿童粪便样品中的硅元素进行了检测，研究发现平均土壤/尘摄入率为（470 ± 370）mg/d。

1989 年，Calabrese 等（1989）研究使用了 8 种示踪元素（铝、钡、锰、硅、钛、钒、钇、锆），对马萨诸塞州 64 名 1～3 岁儿童的土壤/尘摄入率进行了研究。

Van Wijnen 等（1990）利用钛、铝，以及土壤/尘中的酸性残渣作为示踪物研究了 1～5 岁荷兰儿童的土壤/尘摄入，结果表明托儿所内的儿童土壤/尘日摄入量几何均值为 111mg/d，而在户外露营的儿童土壤/尘日均摄入量为 174mg/d，作为对照组的住院儿童土壤/尘日均摄入量为 74mg/d。

Davis 等（1990）也使用元素示踪法在华盛顿州东南部调查了 2～7 岁儿童的土壤/尘摄入率，研究表明，儿童摄入示踪物铝、硅、钛的量分别为 38.9mg/d、82.4mg/d、245.5mg/d。2006 年，Davis 等（2006）利用元素示踪法估算了同一个家庭儿童及成人的土壤/尘摄入率，示踪元素为铝、硅、钛。推算后表明，儿童土壤/尘摄入率几何平均值为 36.7～206.9mg/d，中位值为 26.4～46.7mg/d。成人土壤/尘摄入率的几何平均值和中位值分别为 23.2～624.9mg/d 以及 0～259.5mg/d。成人中出现的一些高摄入现象可能与职业接触有关。

1998 年，Hogan 等（1998）使用生物动力学模型对照法测量了 478 名儿童的血铅水平。这些儿童来自三个铅冶炼厂厂区。研究人员使用整体暴露与吸收生物动力学模型（the integrated exposure and uptake biokinetic，IEUBK）来研究受试者血铅水平，首先分析了屋内灰尘、土壤/尘、饮用水、食物和空气中铅的浓度水平，然后利用 IEUBK 模型分别推算灰尘、土壤/尘、水、食物和空气等各种暴露介质的暴露量。结果表明，该地区儿童土壤/尘和灰尘的日均摄入率分别为 50mg/d 和 60mg/d。

1994 年，美国环境保护署提出土壤/尘和尘土的摄入比值为 9∶11，表 4-2 中土壤/尘＋尘土的值即为按该比例计算所得。

表 4-2　文献报道中的土壤/尘及灰尘摄入率　(单位：mg/d)

年龄/岁	摄入介质	平均值	中位值	数据来源
成人	土壤/尘	50 000	NR	Vermeer and Frate，1979
1～13	土壤/尘	50 000	NR	Vermeer and Frate，1979
1～4	土壤/尘	0～459	0～96	Calabrese et al.，1989
	灰尘	0～964	0～127	
	土壤/尘＋灰尘	0～483	0～456	
0.1～1	土壤/尘	0～30	NR	Van Wijnen et al.，1990
1～5	土壤/尘	0～200	NR	
2～8	土壤/尘	39～246	25～81	Davis et al.，1990
	土壤/尘＋灰尘	65～268	52～117	
0～7	土壤/尘＋灰尘	113	NR	Hogan et al.，1998
成人	土壤/尘	23～625	0～260	Davis，2005
3～8	土壤/尘	37～207	26～47	

注：NR 表示未报道。

日本于 2007 年更新发布的暴露参数手册中报道日本人群土壤摄入率推荐值为 47.7mg/d，其中儿童推荐值为 43.5mg/d（NIAIST，2007），韩国儿童土壤摄入率推荐值为 118mg/d（Jang et al.，2007）。

一、不同食土行为人群土壤/尘摄入率

2000 年 6 月，中国国家疾病预防控制中心毒物和疾病控制处的全体土壤/尘摄入研究专家开办了一次研讨会，对土壤/尘摄入、土壤/尘异食行为，以及食土癖等概念进行了规定，以科学区分不同的摄入模式各类摄入模式下人群土壤/尘摄入章见表 4-3。该次会议规定的定义如下。

土壤/尘摄入：指消耗的土壤/尘。可能来自各种行为包括（但不限于）吞食、接触沾有灰尘的手、食用掉在地上的食物，或者直接吞食土壤/尘。

土壤/尘异食行为：指重复性地摄入高于一般水平的土壤/尘（如 1000～

5000mg/d 或更多）。

食土行为：指故意摄入土壤/尘，一般与风俗习惯有关。

有些研究（Danford，1982；1983）认为“土壤/尘异食”是一种行为，并将土壤/尘摄入视作“异食”行为的一种。对异食行为这个概念一般性的定义是：非食物摄入或大量摄入某种特定的食物。异食行为的定义通常指反复或有规律地摄入这类物质。土壤/尘异食行为作为异食行为的一种，特指摄入黏土、院内土壤/尘，以及花坛土壤/尘。不少学科对土壤/尘异食行为和食土行为人群的动机进行了推定，包括缓解营养不良、转移毒素或自疗，以及其他生理或文化影响。Bruhn and Pangborn（1971）、Harris and Harper（1997）等指出了一种导致食土行为或土壤/尘摄入行为的宗教环境。一些研究者对易感人群进行了调查，他们比一般人更有可能参与土壤/尘摄入的行为（Clausing et al.，1987；Shamoo et al.，1991）。这类人群可能包括参与偏食土壤/尘行为的孕妇（Simpson et al.，2000）、有着食土行为的成人和儿童、收容所儿童，以及发育滞后的儿童（Korman，1990）、孤独症患者（Kinnell，1985）、乳糜泻患者。然而，由于相关的研究比较有限，对土壤/尘异食行为和食土行为人群进行鉴定仍比较困难。

表 4-3 不同行为人群土壤/尘日均摄入率 （单位：mg/d）

	土壤/尘[a]			尘土[b]	土壤/尘+尘土
年龄组	普通人群	土壤/尘偏好者	食土行为	普通人群	普通人群
6～12 月	30	—		30	60
1～6 岁	50	1000	50 000	60	100[c]
6～21 岁	50	1000	50 000	60	100[c]
成年人	50	—	50 000	—	—

注：—缺失值；a. 包括土壤/尘及源于室外的尘土；b. 源于室内的尘土；c. 总值为 110，换算后为 100。

二、土壤/尘-皮肤黏附系数推荐值

往年已有一些关于土壤/尘黏附系数的研究。1996 年，Kissel 等（1996）对受试人群体表的土壤/尘吸附率进行了直接测量；1999 年，Holmes（1999）采集了运动前和运动后黏附在身体不同部位的土壤/尘样本，研究了不同场景下身体不同部位对尘土的吸附系数；2005 年，Shoaf 等（2005）测量了儿童在潮湿的坪地里玩耍后沉积物的黏附系数。表 4-4 列出了不同场所土壤/尘或尘土在身体不同部位的黏附系数。

表 4-4　不同场景下土壤/尘-皮肤黏附系数　（单位：mg/cm²）

	脸部	手臂	手	腿	脚	数据来源
儿童						
住宅（室内）	—	0.0041	0.011	0.0035	0.010	Holmes, 1999
托儿所	—	0.024	0.099	0.020	0.071	Holmes, 1999
户外运动	0.012	0.011	0.11	0.031	—	Kissel, 1996
室内运动	—	0.0019	0.0063	0.0020	0.0022	Kissel, 1996
涉土活动	0.054	0.046	0.17	0.051	0.20	Holmes, 1999
泥地	—	11	47	23	15	Kissel, 1996
沉积地	0.040	0.17	0.49	0.70	21	Shoaf, 2005
成人						
户外运动	0.0314	0.0872	0.1336	0.1223	—	Holmes, 1999 Kissel, 1996
涉土活动	0.0240	0.0379	0.1595	0.0189	0.1393	Holmes, 1999 Kissel, 1996
修葺房屋	0.0982	0.1859	0.2763	0.0660	—	Holmes, 1999

第四节　我国居民的土壤暴露参数概况

随着土壤暴露及风险评价相关研究工作的不断深化，对土壤暴露参数精确度的要求日益提高，直接引用国外暴露参数已经难以满足研究的要求和需要。同时，土壤作为一个复杂的环境体系，能够通过多种途径和介质暴露于人体，随着当前的土壤健康风险评价方法不断完善，各种评估模型不断细化，新的暴露参数如土壤粉尘释放因子、土壤吸收系数、人群行为方式数据等，也逐步纳入研究者的研究视野。然而与国外相比，国内相关研究开展较少，起步较晚，基础非常薄弱，因此很有必要加强我国人群土壤暴露参数的基础研究，增加相关数据资料的累积，以形成信息量齐全的数据库。

本章参考文献

陈晶中，陈杰，谢学俭，等. 2003. 土壤污染及其环境效应. 土壤，35（4）：298-303.

王国庆，骆永明，宋静，等. 2005，土壤环境质量指导值与标准研究Ⅰ. 国际动态及中国的修订考虑. 土壤学报，42（4）：666-673.

Anderson E, Browne N, Duletsky S, et al. 1985. Development of statistical distributions or ranges of standard factors used in exposure assessments. Biblioteca Virtual em saude: 185.

Bruhn C, Pangborn R. 1971. Reported incidence of pica among migrant families. Journal of the American

Dietetic Association, 58 (5): 417.

Calabrese E, Barnes R, Stanek E. 1989. How much soil do young children ingest: an epidemiologic study. Regulatory Toxicology and Pharmacology, 10 (2): 123-137.

Calabrese E, Stanek E. 1993. Soil pica: not a rare event. Journal of Environmental Science and Health, Part A, 28 (2): 373-384.

Clausing P, Brunekreef B, Wijnen J. 1987. A method for estimating soil ingestion by children. International Archives of Occupational and Environmental Health, 59 (1): 73-82.

Danford D. 1982. Pica and nutrition. Annual Review of Nutrition, 2 (1): 303-322.

Danford D. 1983. Pica and zinc. Progress in clinical and biological research, 129 (1): 85; Davis S, Mirick D. 2005. Soil ingestion in children and adults in the same family. Journal of Exposure Science and Environmental Epidemiology, 16 (1): 63-75.

Davis S, Waller P, Buschbom R, et al. 1990. Quantitative estimates of soil ingestion in normal children between the ages of 2 and 7 years: population-based estimates using aluminum, silicon, and titanium as soil tracer elements. Archives of Environmental Health: An International Journal, 45 (2): 112-122.

Davis S, Mirick D. 2005. Soil ingestion in children and adults in the same family. Journal of Exposure Science and Environmental Epidemiology, 16 (1): 63-75.

Harris S, Harper B. 1997. A Native American exposure scenario. Risk Analysis, 17 (6): 789-795.

Hogan K, Marcus A, Smith R, et al. 1998. Integrated exposure uptake biokinetic model for lead in children: empirical comparisons with epidemiologic data. Environmental health perspectives, 106 (Suppl 6): 1557.

Holmes K. 1999. Field measurement of dermal soil loadings in occupational and recreational activities. Environmental research, 80 (2): 148-157.

Jang J Y, Jo S N, Kim S, et al. 2007. Korean Exposure Factors Handbook, Ministry of Environment, Seoul, Korea.

Kinnell H. 1985. Pica as a feature of autism. The British Journal of Psychiatry, 147 (1): 80.

Kissel J, Richter K, Fenske R. 1996. Field measurement of dermal soil loading attributable to various activities: implications for exposure assessment. Risk Analysis, 16 (1): 115-125.

Korman S. 1990. Pica as a presenting symptom in childhood celiac disease. American Journal of Clinical Nutrition, 51 (2): 139.

NIAIST. 2007. Japanese exposure factors handbook. http://unit.aist.go.jp/riss/crm/exposurefactors/english_summary.html. 2011-10-12

Shamoo D, Johnson T, Trim S, et al. 1991. Activity patterns in a panel of outdoor workers exposed to oxidant pollution. Journal of Esposure Analysis and Environmental Epidemiology. United States: 1 (4): 423-438

Shoaf M, Shirai J, Kedan G, et al. 2005. Child dermal sediment loads following play in a tide flat. Journal of Exposure Science and Environmental Epidemiology, 15 (5): 407-412.

Simpon E, Mall J D, Longley E, et al. 2000. Pica during pregnancy in low-income women born in Mexico. West J Med, 173 (1): 20-24.

USEPA. 2005. Guidance on Selecting Age Groups for Monitoring and Assessing Childhood Exposures to Environmental Contaminants F Risk Assessment Forum Washington DC.

USEPA. 2011. Exposure Factors Handbook 2011 Edition (Final). U. S. Environmental Protection Agency

Washington DC EPA/600/R-09/052F.

Van Wijnen J, Clausing P, Brunekreef B. 1990. Estimated soil ingestion by children. Environmental research, 51 (2): 147-162.

Vermeer D, Frate D. 1979. Geophagia in rural Mississippi: environmental and cultural contexts and nutritional implications. American Journal of Clinical Nutrition, 32 (10): 2129.

Wong M. 1988. The role of environmental and host behavioural factors in determining exposure to infection with Ascaris lumbricoides and Trichuris trichiura. University of the West Indies (Mona).

第五章　饮食摄入率

第一节　饮食摄入率简介

谷类、肉类、鱼贝类、蔬菜、水果等的摄入是暴露于环境污染物的主要暴露途径之一，因此，这些食品摄入量是暴露评价中重要的暴露参数。谷类、蔬菜及水果等农作物会吸附、堆积大气中的污染物，并与雨水、农业用水中的化学物质接触，还可通过植物根部吸收地下水中的化学物质造成污染；另外，使用杀虫剂、肥料等也会造成土壤污染。经被污染的土壤、水、饲料喂养的家畜的肉类及蛋类、肉制品等，以及被污染的鱼贝类的摄入都使人体具有暴露于有毒化学物质的潜在危害。食品摄入污染物的暴露评价，需要谷类、肉类、鱼贝类、蔬菜以及水果等食品相关摄取量的精确资料。公式（5-1）是根据食品摄入评价污染物质平均暴露量的公式（《韩国暴露参数手册》）。

$$ADD = \frac{C \times IR \times EF \times ED}{BW \times AT} \tag{5-1}$$

式中，ADD，日平均暴露量［mg/(kg・d)］；C，食品中的污染物浓度（mg/g）；IR，食品摄入量［g/(kg・d)］；ED，暴露时间（a）；BW，体重（kg）；AT，平均暴露时间（d）。

饮食暴露同时包括有意的和无意的，是环境污染物暴露的主要途径之一。摄入包含环境污染物的饮用水和食物可能导致许多已知有害作用的化学物的重要暴露。胃肠道系统提供了重要的保护机制可以排除有害物质的吸收，但是，它的本质过程提供了其他的机制容许有害物质通过进入身体。饮食暴露的主要途径包括水的摄入、食物的摄入以及非饮食项目的摄入。

其中，饮用水摄入是暴露于毒性物质的主要途径之一。土壤中的污染物质渗入地下水、地表水被污水污染、净水过程中的化学物质污染、送水工程中的污染物质渗入，等等，都会污染饮用水。评价饮用水摄入的毒性物质暴露量，需要饮用水的消费信息及其相关资料。饮用水消费相关信息包括自来水、地下水、矿泉水等的使用量，咖啡、凉茶等饮料的消费量，等等。

日常饮食摄入食物的类型有很多种，包括主食、蔬菜水果、奶制品、肉类等，为得到较为准确的暴露量，需要获得不同人群摄入不同种类的食物的频率及数量信息，以得到不同人群对各类食物的摄入率。不同人群各类食物的摄入率之和即为总的饮食摄入率。

摄入暴露中能起作用的边界是胃肠道的上皮细胞。它是由蛋白质、脂肪和水组成的多层细胞构成的，担当着通向外部世界的屏障。但是，这个屏障必须是有通透性的，否则，就不能吸收营养物质。屏障的渗透性确保了物质的正确转移并且能提供足够的营养物质。不幸的是，在这个过程中，由环境提供的化学物质内发生了变化。在食品提供吸收必需的营养物质时，不需要的、有潜在危害作用的化学物质也随之进入了人体。

对摄入的基本暴露而言，首要的机理是通过胃肠道来吸收。同其他的暴露途径相比，肺的上皮层是非常薄的，对许多分子甚至一些小颗粒来说，是很容易通过的；皮肤是非常厚的，且有众多不同结构的细胞层；而胃肠道厚度在二者之间。通过胃肠道运输有两种机制，第一种是简单的传播，营养物质和其他的物质，在膜的一侧是高浓度的，能够自然地透过膜来传播，称为主动运输。另一种机制是分解有机物质进入到膜中丰富的有机脂肪层，随后通过这些层来传播。脂肪层布满了毛细血管，这提供了运输高浓度营养物质的机制，称为被动运输。

第二节　饮食摄入率的调查研究方法

饮食摄入率的有关资料主要来自于全国性的大调查。通过全国性的健康和营养调查，全面考虑性别、地域、年龄人口比例等因素，对饮食摄入量进行实际调查统计；通过食物摄入率调查评估食品消费行为和饮食的营养组成，为饮食摄入率提供数据。

一、健康和营养调查

健康和营养调查旨在通过调查，了解本国成人和儿童健康及营养状况。国民营养与健康状况是反映一个国家或地区经济与社会发展、卫生保健水平和人口素质的重要指标。良好的营养和健康状况既是社会经济发展的基础，也是社会经济发展的重要目标。世界上许多国家，尤其是发达国家均定期开展国民营养与健康状况调查，及时颁布调查结果，并据此制定和评价相应的社会发展政策，以改善国民营养和健康状况，促进社会经济的协调发展。

从健康和营养调查中获得的国民饮食习惯、饮食摄入率、饮食摄入量的数据均可应用于该国的暴露参数手册中。

美国疾病预防控制中心（USCDC）下属的国家卫生统计中心（NCHS）开展的国家健康和营养调查（NHANES）项目始于20世纪60年代早期，最初是针对不同人群和健康进行调查，从1999年开始，演变为针对健康和营养进行调查和分析，每年开展一次全国性的调查，每年的调查样本约为5000个。健康和营养调查分为访谈和检测两部分，访谈包括人口、社会经济、饮食和健康问题，检测包括体格检查、牙科检查和生理检测。调查的结果用于评价营养状况、保健和疾病预防，调查数据用于流行病学研究和健康科学研究，并为管理部门制定公众健康政策提供依据。

韩国保健福祉部于2001年开展的“国民健康营养调查”是国家长期实行的大规模调查，全面考虑到了性别、地域、年龄、人口比例等因素，以韩国全体国民为调查对象，对食物摄入量进行了实际调查，是具有参考价值的资料，调查对象具有代表性，资料数据新而真实，是与美国的NHANES类似的调查，是用于食物摄入量评价最合适的资料。但是，由于该调查不是以暴露评价为目的进行的，在食品种类分类、摄食类型等方面的研究设计不足。《韩国暴露参数手册》在引用“韩国国民健康营养调查”数据时对原始资料进行了重新分类，以适用于暴露评价之用。

我国于1959年、1982年、1992年、2002年和2010年由卫生部组织开展了五次全国性的营养调查（王陇德，2005）。2002年由我国卫生部、科技部与国家统计局在全国31个省（自治区、直辖市）的27万余名受试者中组织开展的“中国居民营养与健康状况调查”，是我国首次进行的营养与健康综合性调查（翟凤英，2007）。它将以往由不同专业分别进行的营养、高血压、糖尿病等专项调查进行有机整合，并结合社会经济发展状况，增加了新的相关指标和内容，在充分科学论证的基础上，统一组织、设计和实施。调查覆盖全国31个省（自治区、直辖市）（不含香港、澳门特别行政区及台湾），具有良好的代表性。本次调查设计科学，内容丰富，充分体现了多部门、多学科合作的优势，不仅大量节约了人力、物力资源，而且避免了调查内容和指标的重复，并为深入分析相互之间的关系奠定了基础。中国居民营养与健康状况调查按经济发展水平及类型将全国各县（自治区、直辖市）划分为大城市、中小城市、一类农村、二类农村、三类农村、四类农村，共6类地区。采用多阶段分层整群随机抽样，在全国31个省（自治区、直辖市）的132个县（自治区、直辖市）共抽取71 971户（城市24 034户、农村47 937户）、243 479人（城市68 656人、农村174 823人)。这次调查包括询问调查、医学体检、实验室检测和膳食调查4个部分，其中膳食调查23 463户（城市7683户、农村15 780户）、69 205人。

中国疾病预防控制中心于1989～2004年与美国北卡罗来纳州的统一人群纵向追踪研究项目“中国健康与营养调查项目”，对黑龙江、辽宁、江苏、山东、河南、湖北、湖南、广西、贵州9个省（自治区）2万人的膳食和营养状况进行调查。虽然这些调查都不是以研究暴露参数为目的，但是其中有很多资料可作为暴露参数的基础数据来源（王宗爽等，2009）。

二、食物摄入率调查

美国农业部（USDA）和USEPA于1994～1996年和1998年开展了食物摄

入率调查（CSFII）（USDA，2000）。食品摄入率调查（CSFII）指对于个人食品摄入的持续调查。CSFII 调查的目的是评价食品消费行为和饮食的营养组成，为制定涉及食品生产和市场、食品安全、食品援助和营养教育的政策提供依据（USDA，1995）。食物摄入率调查在全美 50 个州和首都华盛顿选取了 21 662 名受试者，对他们两天内各类食物的摄入情况进行了问卷调查，其中 1994～1996 年的调查问卷反馈率为 76%，1998 年的问卷反馈率为 82%。美国环境保护署（USEPA）在分析 1989～1991 年 CSFII 调查的数据时得出不同食物的人均摄入率，收录在 1997 年的暴露参数手册中；在对 CSFII 1994～1996 年和 1998 年共 4 年调查所得的 3 173 197 个食物摄入数据的基础上经过加权分析后，推算得出了美国人群对各类食物的摄入率（USEPA，2007）。

韩国新时代环境技术开发机构 2007 年开展了“开发韩国型暴露指数及构建其运营机制（Jang et al.，2007）”项目，其中关于国民健康营养调查的原始资料与暴露评价的目的相符，统一了膳食摄入量的计算标准，对食品类别进行分类及重新分析，因此，《韩国暴露参数手册》采用了该研究的结果。

第三节　国外暴露参数手册中的饮食摄入率

一、美国

《美国暴露参数手册》（2011 版）中饮食摄入率中成年人人均蔬菜摄入率为 2.5g/(kg · d)，水果摄入率为 0.9g/(kg · d)，鱼类摄入率为 0.23g/(kg · d)，贝类摄入率为 0.08g/(kg · d)，肉类摄入率为 1.8g/(kg · d)，乳制品摄入率为 3.5g/(kg · d)，脂肪摄入率为 1.1g/(kg · d)，谷类摄入率为 2.2g/(kg · d)。

表 5-1～表 5-6 列出了美国不同年龄人群对各类饮食摄入率的 EPA 推荐值，饮食类型包括水、水果与蔬菜、鱼肉、肉类、奶制品及脂肪摄入、谷物等。表中统计数据主要根据美国农业部 1994～1996 年和 1998 年开展的个体食物摄入持续调查（Continuing Survey of Food Intake by Individuals，CSFII）获得（USEPA，2000）。每千克体重摄入率采用日均摄入率经体重加权后的值。由于调查时对不同人群进行不同的食物调查清单，因此受试者很多时候只被调查了一部分类型的食物，据此将食物摄入率分为总人群平均摄入率和受试者平均摄入率。其中总人群平均摄入率是对总受试人群一起纳入分析后所得到的平均值，受试者平均摄入率是只对食用了特定类型食物的受试人群进行分析后所得到的摄入率。

《美国儿童暴露参数手册》中饮食摄入率主要有饮水摄入率和食物摄入率。其中食物摄入率又包括水果摄入率、蔬菜摄入率、鱼贝类摄入率、肉类摄入率、乳制品摄入率、脂肪摄入率、谷类摄入率、自产食物摄入率及母乳摄入率。儿童饮食摄入率随年龄不同变化很大。

由美国不同年龄人群每千克体重的食物摄入率可见，儿童对各类食物的每千克体重摄入率要远远超过成年人。1～3 岁幼儿的谷物摄入率为 6.4 g/(kg·d)，20～50 岁成年人的谷物摄入率为 2.2 g/(kg·d)，前者接近后者的 3 倍(表 5-4)。由表 5-6 可见，1～3 岁幼儿对蔬菜的每千克体重日均摄入率最高，为 6.2 g/(kg·d)，而 20～50 岁成年人平均蔬菜摄入率为 0.9g/(kg·d)。美国儿童的食物摄入率为 16～90g/(kg·d)，其中 1～2 岁儿童的食物摄入率最大，达到 90.0g/(kg·d)，成年后食物摄入率对体重的比例大幅下降，为 14～16g/(kg·d)（表 5-5)。

表 5-6 列出了美国不同年龄人群的日均食物摄入率（g/d)，由表中数据可见：美国 20 岁以上成年居民日常食物摄入率平均为 1030g/d，其中蔬菜摄入率最高，为 291 g/d，占总摄入率的 28.4%；其次是牛奶及奶制品摄入，为 188 g/d，占总摄入率的 18.3%；谷类和肉类摄入率分别为 130 g/d 和 128 g/d，占总摄入率的 12.7% 和 12.5%。

表 5-1 美国人群水果与蔬菜每千克体重摄入率

年龄/岁	总人群平均/[g/(kg·d)]		受试者平均/[g/(kg·d)]	
	均值	95% 上限	均值	95% 上限
0～1	5.7	21.3	10.1	26.4
1～2	6.2	18.5	6.9	19.0
2～3	6.2	18.5	6.9	19.0
3～6	4.6	14.4	5.1	15.0
6～11	2.4	8.8	2.7	9.3
11～16	0.8	3.5	1.1	3.7
16～21	0.8	3.5	1.1	3.7
20～50	0.9	3.9	1.2	4.4
≥50	1.4	4.8	1.6	5.0

表 5-2 美国人群鱼肉摄入率

年龄/岁	总人群平均				受试者平均			
	均值		95% 上限		均值		95% 上限	
	g/d	g/(kg·d)	g/d	g/(kg·d)	g/d	g/(kg·d)	g/d	g/(kg·d)
3～6	7.7	0.43	51	3	74	4.2	184	10
6～11	8.5	0.28	56.4	1.9	95	3.2	313	8.7
11～16	12	0.23	87.4	1.5	113	2.2	308	6.2
16～18	10.6	0.16	83.5	1.3	136	2.1	357	6.6
>18	19.9	0.27	111.3	1.5	—	—	—	—

表 5-3　美国人群肉类、奶制品及脂肪每千克体重摄入率

年龄/岁	总人群平均/[g/(kg·d)]		受试者平均/[g/(kg·d)]	
	均值	95% 上限	均值	95% 上限
0～1	1.2	6.7	3.0	9.2
1～2	4.1	9.8	4.2	9.8
2～3	4.1	9.8	4.2	9.8
3～6	4.1	9.4	4.2	9.4
6～11	2.9	6.5	2.9	6.5
11～16	2.1	4.8	2.1	4.8
16～21	2.1	4.8	2.1	4.8
20～50	1.9	4.2	1.9	4.2
≥50	1.5	3.3	1.5	3.3

表 5-4　美国人群谷物每千克体重摄入率

年龄/岁	总人群平均/[g/(kg·d)]		受试者平均/[g/(kg·d)]	
	均值	95% 上限	均值	95% 上限
0～1	2.5	8.6	3.6	9.2
1～2	6.4	12	6.4	12
2～3	6.4	12	6.4	12
3～6	6.3	12	6.3	12
6～11	4.3	8.2	4.3	8.2
11～16	2.5	5.1	2.5	5.1
16～21	2.5	5.1	2.5	5.1
20～50	2.2	4.7	2.2	4.7
≥50	1.7	3.5	1.7	3.5

表 5-5　美国居民总食物每千克体重摄入率 [单位：g/(kg·d)]

年龄	均值	95% 上限
0～1 月	20.0	61.0
1～3 月	16.0	40.0
3～6 月	28.0	65.0
6～12 月	56.0	134.0
1～2 岁	90.0	161.0
2～3 岁	74.0	126.0
3～6 岁	61.0	102.0

续表

年龄	均值	95% 上限
6～11 岁	40.0	70.0
11～16 岁	24.0	45.0
16～21 岁	18.0	35.0
20～40 岁	16.0	30.0
40～70 岁	14.0	26.0
≥70 岁	15.0	27.0

表 5-6 美国不同年龄人群食物摄入率

食物种类	0～1 月		1～3 月		3～6 月		6～12 月	
	摄入率/(g/d)	百分比	摄入率/(g/d)	百分比	摄入率/(g/d)	百分比	摄入率/(g/d)	百分比
总食物	64	100.00%	94	100.00%	166	100.00%	414	100.00%
奶制品	39	61.20%	53	56.90%	69	41.90%	72	17.50%
肉类	0	0.00%	0	0.00%	0	0.20%	19	4.60%
鱼类	0	0.00%	0	0.00%	0	0.00%	1	0.30%
鸡蛋	0	0.00%	0	0.00%	1	0.30%	7	1.60%
谷类	0	0.00%	1	1.10%	8	4.90%	37	8.90%
蔬菜	5	7.40%	11	12.00%	27	16.30%	90	21.90%
水果	0	0.00%	0	0.00%	24	14.60%	151	36.50%
油脂	19	29.40%	27	28.40%	34	20.40%	35	8.40%
食物种类	1～2 月		2～3 月		3～6 月		6～11 月	
	摄入率/(g/d)	百分比	摄入率/(g/d)	百分比	摄入率/(g/d)	百分比	摄入率/(g/d)	百分比
总食物	998	100.00%	989	100.00%	1020	100.00%	1060	100.00%
奶制品	487	48.80%	370	37.40%	378	37.00%	370	34.90%
肉类	46	4.60%	60	6.10%	72	7.00%	95	9.00%
鱼类	3	0.30%	4	0.40%	5	0.50%	6	0.60%
鸡蛋	16	1.60%	14	1.40%	15	1.50%	16	1.50%
谷类	63	6.30%	86	8.70%	103	10.10%	116	10.90%
蔬菜	101	10.20%	145	14.60%	163	16.00%	203	19.20%
水果	238	23.80%	255	25.80%	216	21.20%	178	16.80%
油脂	38	3.80%	44	4.40%	50	4.90%	58	5.50%

续表

食物种类	11～16 月		16～21 月		＞20 岁	
	摄入率/(g/d)	百分比	摄入率/(g/d)	百分比	摄入率/(g/d)	百分比
总食物	1127	100.00%	1060	100.00%	1030	100.00%
奶制品	308	27.30%	219	20.70%	188	18.30%
肉类	116	10.30%	141	13.30%	128	12.50%
鱼类	7	0.60%	11	1.10%	13	1.20%
鸡蛋	20	1.80%	17	1.60%	23	2.30%
谷类	133	11.80%	138	13.00%	130	12.70%
蔬菜	258	22.90%	312	29.40%	291	28.40%
水果	203	18.00%	138	13.10%	174	17.00%
油脂	64	5.70%	72	6.80%	60	5.90%

二、日本

除美国外，欧盟各国及日本等也进行了饮食摄入率的调查，各国的饮食习惯不同，参数手册中饮食种类也不同。《日本暴露参数手册》中提到的日本人群的饮食摄入率见表 5-7（NIAIST，2007）。由表 5-7 可见，日本男、女性人群蔬菜日均摄入率分别为 293.8g/d 和 275.3g/d；水果日均摄入率分别为 103.7g/d 和 127.6g/d；谷类日均摄入率分别为 303.5g/d 和 233.3g/d，其中以大米摄入为主。男女性人群的肉类摄入率分别为 98.9g/d 和 72.3g/d，其中牛肉及猪肉摄入率基本相当。

表 5-7　日本不同性别人群各类食物摄入率推荐值

食物类型	摄入率推荐值/(g/d)	
	男性	女性
土豆	66.6	61.1
豆类	75.0	67.2
蔬菜	293.8	275.3
水果	103.7	127.6
蛋类	44.7	38.1
鱼蟹	107.3	85.4
油脂	18.1	16

续表

食物类型	摄入率推荐值/(g/d)	
	男性	女性
牛奶和乳制品	牛奶：98.1 乳制品：14.6	牛奶：101.4 乳制品：21.4
谷类	303.5	233.3
	大米：202.6 小麦：99.1	大米：140.2 小麦：90.8
肉类	98.9	72.3
	牛肉：31.3 猪肉：31.4 鸡肉：23.7	牛肉：20.8 猪肉：22.5 鸡肉：18.4

三、韩国

韩国可用于食物摄入量最新的资料来自于韩国保健福祉部 2001 年开展的“国民健康营养调查”。韩国国民健康营养调查全面考虑到了性别、地域、年龄人口比例等因素，以韩国全体国民为调查对象，对食物摄入量进行了实际测量，是与美国的 NHANES 类似的调查，是用于食物摄入量评价的最合适的资料。不过，由于该调查的主要目的不在于暴露评价，而是旨在调查营养摄入情况，不适合直接用于暴露评价中。后来 2007 年新时代环境技术开发机构的“开发韩国型暴露指数及构建其运营机制（Jang et al.，2007)”中关于国民健康营养调查的原始资料与暴露评价的目的相符，统一了膳食摄入量的计算标准，对食品类别进行分类以及重新分析，因此，《韩国暴露参数手册》采用了该研究的结果。

《韩国暴露参数手册》中提到韩国食物摄入暴露参数包括：谷类及其制品摄入量、肉类及肉制品摄入量、鱼贝类摄入量、海鲜类摄入量、蔬菜摄入量、水果摄入量、坚果类摄入量、奶及奶制品摄入量、蛋类摄入量、油脂类摄入量、调味品摄入量、糖类及其制品摄入量。各类食品的总摄入量表见 5-8。

表 5-8 韩国居民食物每千克体重摄入率 [单位：g/(kg·d)]

食物	均值	95% 上限	男性	95% 上限	女性	95% 上限
谷类及其制品	14.00		14.70		13.37	
肉类及肉制品	1.62	6.18	1.84	6.64	1.42	5.54
鱼贝类	1.53	5.40	1.58	5.20	1.48	5.54
海藻类	0.58	2.15	0.55	2.10	0.10	2.22

四、欧盟及其他国家

《欧洲暴露参数原始资料手册》收集了统计资料和参考资料，它主要是针对环境暴露分析和风险评价的工具，也可以作为用于管理的数据库（ECJRC，2006）。它所涉及的重要的暴露参数有：住房条件、食品和饮料的消费，以及不同小环境所呆的时间等。《欧洲暴露参数原始资料手册》包括三部分：数据库、参考指南和文档库。所有这些都可以在 ExpoFacts 的网站上免费获得。ExpoFacts（European Exposure Factors）暴露参数原始资料库（手册）涵盖 30 个欧洲国家：奥地利、比利时、保加利亚、塞浦路斯、捷克共和国、丹麦、爱沙尼亚、芬兰、法国、德国、希腊、匈牙利、冰岛、爱尔兰、意大利、拉脱维亚、立陶宛、卢森堡、马耳他、荷兰、挪威、波兰、葡萄牙、罗马尼亚、斯洛伐克共和国、斯洛文尼亚、西班牙、瑞典、瑞士和英国。表 5-9 是 1993～1996 年意大利全民主要食物摄入率。

表 5-9　1993～1996 年意大利全民主要食物摄入率

食物种类	食物	摄入率/[U/(人·d)]
苹果（g）	苹果（g）	54.105
香蕉（g）	香蕉（g）	14.321 9
樱桃（g）	樱桃（g）	3.182 6
柑橘类水果（g）	柑橘类水果（g）	74.136 371 8
葡萄（g）	葡萄（g）	7.956 6
谷类食品（g）	谷粒（g）	1.684 6
谷类食品（g）	玉米（g）	0
谷类食品（g）	米饭（g）	25.514 055 9
烘焙产品（g）	面包替代品（g）	11.619 982 3
烘焙产品（g）	蛋糕、饼干、点心等（g）	37.889 833
烘焙产品（g）	匹萨（g）	25.757 9
面包和面包卷（g）	面包（g）	135.229
面粉（g）	面粉（g）	11.273 6
卷心菜（g）	卷心菜（g）	3.481 4
胡萝卜（g）	胡萝卜（g）	4.351 7
坚果（g）	坚果（g）	0.917 2
新鲜蔬菜（g）	新鲜蔬菜（g）	27.851
牛肉、小牛肉（g）	牛肉（g）	20.387 6

续表

食物种类	食物	摄入率/[U/(人·d)]
肉制品（g）	火腿、腊肠等（g）	23.633 976 6
肉制品（g）	腌肉、罐装肉（g）	0.065 93
内脏（g）	牛肉内脏（g）	1.073
烹饪肉类（g）	烹饪肉类（g）	0.467
鱼（g）	腌鱼（g）	5.503 1
鱼（g）	新鲜鱼和冻鱼（g）	24.375
烹饪鱼（g）	烹饪鱼（g）	0.320 7
蛋（个）	蛋（个）	0.343 144 8
动物脂类（g）	猪油和其他动物油脂（g）	0.111 896 2
人造奶油（g）	人造奶油（g）	1.468 218 1
乳酪（g）	硬乳酪（g）	16.640 097 7
乳酪（g）	软奶酪（g）	24.478 208 2
黄油（g）	黄油（g）	5.446 995 1
奶制品（g）	奶油（g）	2.311 809 1
奶制品（g）	冰淇淋（g）	8.286 092 7
奶制品（g）	酸奶（g）	12.244 889 8
牛奶（mL）	牛奶（mL）	198.701 478 5
啤酒（mL）	啤酒（mL）	31.267 338 2
可可（g）	可可（mL）	0.746 5
咖啡（g）	咖啡（mL）	12.659 7
矿泉水（mL）	矿泉水（mL）	421.418 956 6
果汁（mL）	果汁和果露（mL）	9.592 2

第四节　我国居民的饮食摄入率探讨

我国开展过多次全国范围内的营养与健康状况调查，其中很多资料可作为食物摄入率的基础数据来源。我国居民对不同种类食物的日均摄入量见表 5-10。由表 5-10 可以看出，我国儿童、青少年、成年人人均每天各类食物摄入总量分别为 440.5g、919.5g、1176.3g；我国居民饮食以米及其制品为主，平均占总饮食量 22.6%，儿童、青少年和成年人分别达到 14.8%、26.0% 和 23.7%；面及其制品平均达到 13.3%，儿童、青少年和成年人分别达到 2.6%、13.7% 和 14.3%（王宗爽等，2009）。

表 5-10　我国居民对不同种类食物的摄入量

	食物类型	合计	不同年龄段食物摄入量/(g/d)				食物类型	合计	不同年龄段食物摄入量/(g/d)		
			儿童	青少年	成年人				儿童	青少年	成年人
1	米及制品	238.3	65.1	239.2	279.2	14	动物内脏	4.7	5.8	4.7	4.8
2	面及制品	140.2	11.6	126.1	167.8	15	禽肉	13.9	40.5	5.5	14.9
3	其他谷类	23.6	16.3	12.8	16.8	16	奶及其制品	26.5	26.8	3	12.2
4	薯类	49.1	2.1	35.6	41.9	17	蛋及其制品	23.7	12.5	13.9	25.9
5	干豆类	4.2	5	5.2	5.8	18	鱼虾类	29.6	15.4	13.9	30.1
6	豆制品	11.8	44.8	10.9	13.7	19	植物油	32.9	3.4	13.5	31.8
7	深色蔬菜	90.8	101.5	79.8	92.3	20	动物油	8.7	3.2	8.8	6
8	浅色蔬菜	185.4	2.3	213.6	262.7	21	糕点类	9.2	1.6	2.3	6.4
9	腌菜	10.2	24.2	3.5	5.1	22	糖、淀粉	4.4	5	3.1	4.9
10	水果	45	0.6	32.7	25.6	23	食盐	12	4.4	10.1	9.8
11	坚果	3.8	30.5	2.1	3.1	24	酱油	8.9	0.2	7.7	9.3
12	猪肉	50.8	3	55.1	62.6	25	酱类	1.5	12.6	1.6	0.6
13	其他畜肉	9.2	2.1	9.1	10.8	26	其他	18		5.7	32.2

注：表中的儿童指 2～6 岁；青少年指 7～17 岁；成年人指 18～45 岁人群。

将我国居民食物摄入率与日本推荐的民众经口暴露参数相比，我国居民水果、肉类、蛋类、鱼贝类、牛奶及其制品、薯类等的摄入量明显低于日本，是日本的 20%～80%，而油脂等却明显高于日本，可见即便同属于亚洲的中国和日本，饮食结构依然存在较大差异。

图 5-1 为中国、美国、日本成年居民主要食物日均摄入率对比，由图可见，蔬菜作为日均摄入率最高的食品，三个国家居民的平均蔬菜日摄入率相差不大；中国和日本居民的谷类摄入率要远远超过美国，这应该与亚洲人以谷类为主食有关；日本居民的鱼类摄入率远高于中国和美国居民，这与日本作为岛国的居民饮食习惯有很大关系；中国居民奶制品和水果摄入率远低于日本和美国。

需要说明的是，我国饮食结构地区差异很大，长江以南主要以米及制品为主，而中原、西北、华北地区则以面食为主，东北地区米及其制品则占有相当大的比例，而且城区、郊区和农村地区的饮食摄入量也有差异，同时饮食结构也随着时间而有所不同，这一点上我国居民的饮食结构与美国等国家显著不同，因此在开展饮食中污染物的暴露和健康风险评价时，以参考评价对象所在地区的饮食结构调查结果为最佳。近年来我国卫生部门营养学专家们一直在全国各地区开展

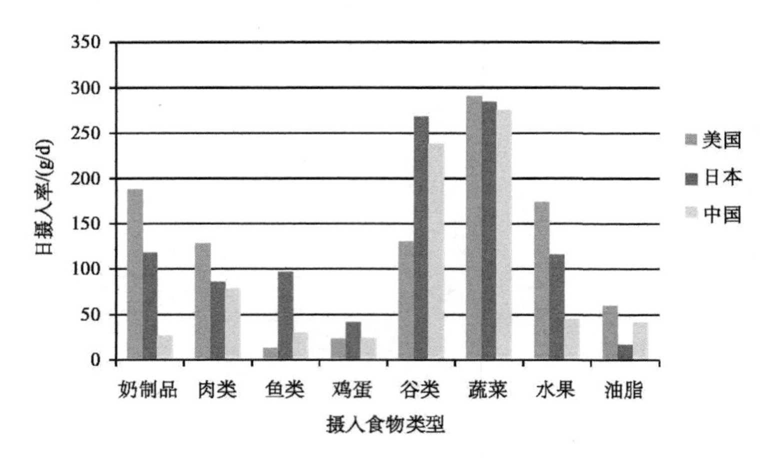

图 5-1　中美日成年居民主要食物日均摄入率

大样本容量的调查，其结果在一定程度上代表我国居民对各类饮食的摄入量水平。

饮食摄入是人群暴露于有毒化合物的重要途径，食物摄入率的研究对饮食暴露量的确定至关重要。为了对各类人群经饮食暴露有毒化合物的水平进行定量评价，需要获得不同人群摄入不同种类的食物的频次及数量信息。

由于国内外居民在饮食习惯、经济发展水平等方面存在着较大差异，导致我国居民食物摄入类型和摄入率与国外相差很大，现有的数据还不足以代表我国居民的暴露特征，不能从根本上提高暴露和健康风险评价结果的准确性，更不能真正满足当前和今后环境健康管理的需求。因此有必要在全国范围内开展暴露参数的调查和研究，积累基本的数据资料，建立数据库，并由国家环境保护部门整合现有的研究和调查结果，发布适合我国居民特色的暴露参数手册。

本章参考文献

王陇德 . 2005 . 中国居民营养与健康状况调查报告之一：2002 综合报告 . 北京：人民卫生出版社 .

王宗爽，段小丽，刘平，等 . 2009 . 环境健康风险评价中我国居民暴露参数探讨 . 环境科学研究，(10)：1164-1170 .

翟凤英 . 2007 . 中国居民膳食结构与营养状况变迁的追踪研究 . 北京：科学出版社 .

ECJRC . 2006 . Exposure factors sourcebook for Europe . http://cem . jrc . it/ . expofacts . 2011-11-5

Jang J Y , Jo S N , Kim S , et al . 2007 . Korean Exposure Factors Handbook , Ministry of Environment , Seoul , Korea .

Jang J Y , Jo S N , Kim S et al . 2007 . Korean Exposure Factors Handbook , Ministry of Environment , Seoul , Korea .

Kim S, Cheong H K, Choi K, et al. 2006. Development of Korean exposure factors handbook for exposure assessment. Epidemiology, 17 (6): 460.

NIAIST. 2007. Japanese exposure factors handbook. http://unit. aist. go. jp/riss/crm/exposurefactors/english _ summary. html. 2011-10-12

USDA (Department of Agriculture). 1995. Food and nutrient intakes by individuals in the United States, 1 day, 1989-1991. United States Department of Agriculture, Agricultural Research Service, Beltsville, MD. NFS Report No. 91-2. Available online at http: //www. ars. usda. gov/SP2UserFiles/Place/12355000/pdf/csfii8991 _ rep _ 91-2. pdf.

USDA. 2000. 1994-1996, 1998 Continuing Survey of Food Intakes by Individuals (CSFII). Agricultural Research Service, Beltsville Human Nutrition Research Center, Beltsville, MD. Available from the National Technical Information S USDA. Service, Springfield, VA; PB-2000-500027.

USEPA. 2000. Food commodity intake database [FCID raw data file]. Office of Pesticide Programs, Washington, DC. Available from the National Technical Information Springfield, VA; PB-2000-5000101.

USEPA. 2007. Analysis of total food intake and composition of individual's diet based on USDA's 1994-1996, 1998 continuing survey of food intakes by individuals (CSFII). National Center for Environmental Assessment, Washington, DC; EPA/600/R-05/062F. Available from the National Technical Information Service, Springfield, VA, and online at www. epa. gov/ncea. 2011-10-21

第六章　皮肤暴露参数

第一节　皮肤暴露原理

经由呼吸和饮食途径的暴露很早就得到认识并且进行研究了，而皮肤途径的暴露是在最近十年才得到了认识并开始研究的，尤其是对特定人群、特定类别的污染物。但是，关于哪些化学物质能够接触并且吸附到皮肤表面、哪些能够穿透皮肤以及这种穿透过程是如何发生的等一系列问题还没有得到清楚的认识，我们只有了解了这些过程，才能发展相应的方法来降低皮肤的暴露和剂量。皮肤暴露和剂量是密切相关的，而且是同时发生的过程。图 6-1 说明了皮肤暴露和皮肤剂量之间的关系。皮肤暴露发生在表面，而皮肤剂量穿过了皮肤。当皮肤接触环境介质中的化学物质、物理物质或者生物时就会发生皮肤暴露。

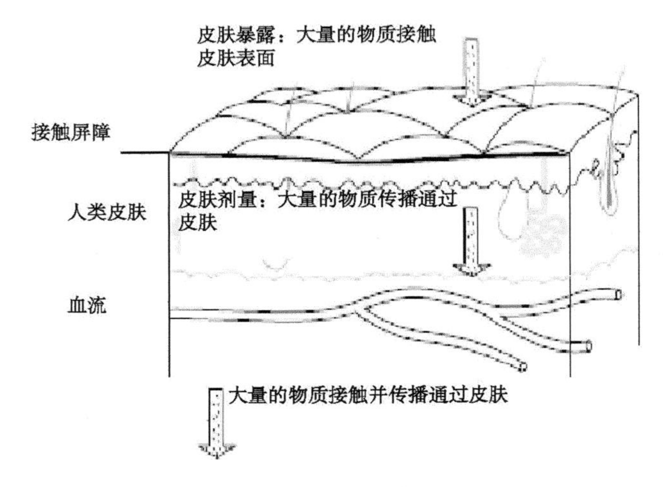

图 6-1　皮肤暴露和皮肤剂量之间的关系

皮肤暴露的屏障——皮肤，是非常复杂的、多层的生物屏障。它是人体最大的器官，一个成人的皮肤表面积接近 $2m^2$，是由外部的表皮、内部的真皮层以及下面的皮下层组成，具体如图 6-2 所示。

暴露是一个复杂的现象，包括众多的潜在化学物质、相应的介质，以及通过一种或者多种暴露方式来接触皮肤。暴露方式就意味着污染物质接触目标人群。每一种化学物质可能会伴有多种形式，具体如图 6-3 所示。在物质或者媒介物接

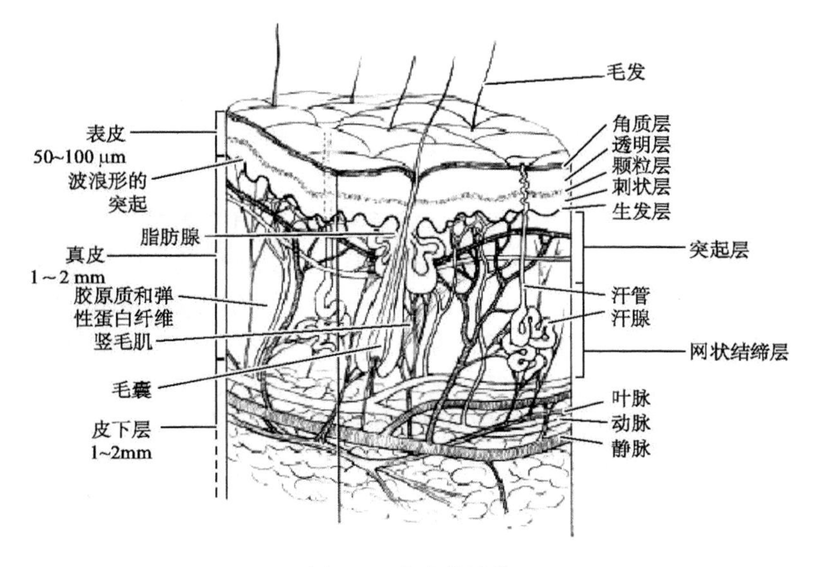

图 6-2　皮肤的结构

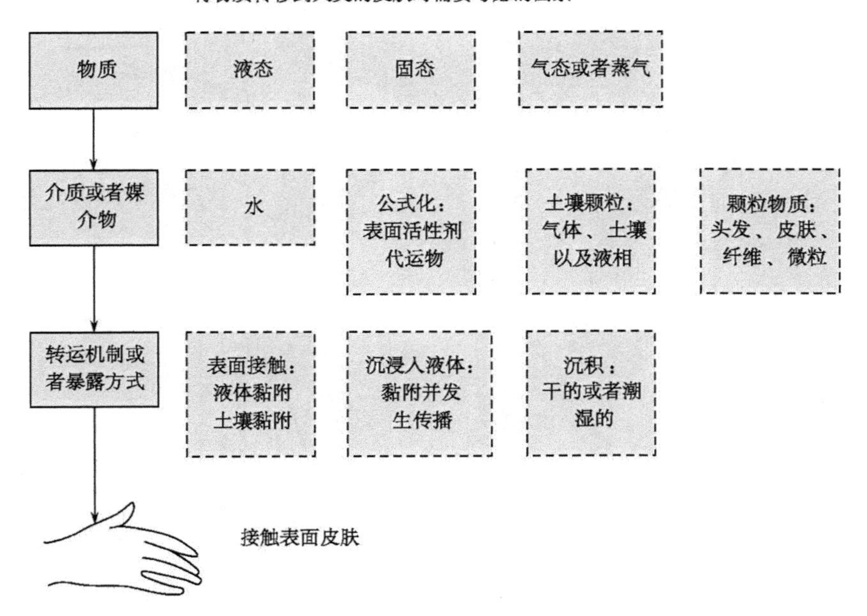

图 6-3　暴露方式的概念模型

触皮肤时，会有多种的暴露方式或者传输机制，而这些会更加促进个体的行为模式。

第二节　皮肤暴露参数简介

人体皮肤是一个复杂的多层次、多通道生物膜，具有复杂的结构和功能。作为人体最大的器官，成年人的皮肤表面积约有 $2m^2$，且皮肤总质量也占人体总质量的 10% 以上，如体重 65kg 的成年人，皮肤质量大约 7kg。人体不同部位皮肤厚度不同，都在 0.5～4mm，主要分为三个部分：表皮、真皮及皮下组织，这三层各有不同的结构和物理化学特征，使得皮肤具有防护、吸收、分泌、排泄、感觉和调节体温等生理功能，还参与各种物质代谢，并且是一个重要的免疫器官，使机体保持一个稳定的内环境。图 6-4 中给出了皮肤的基本结构图。

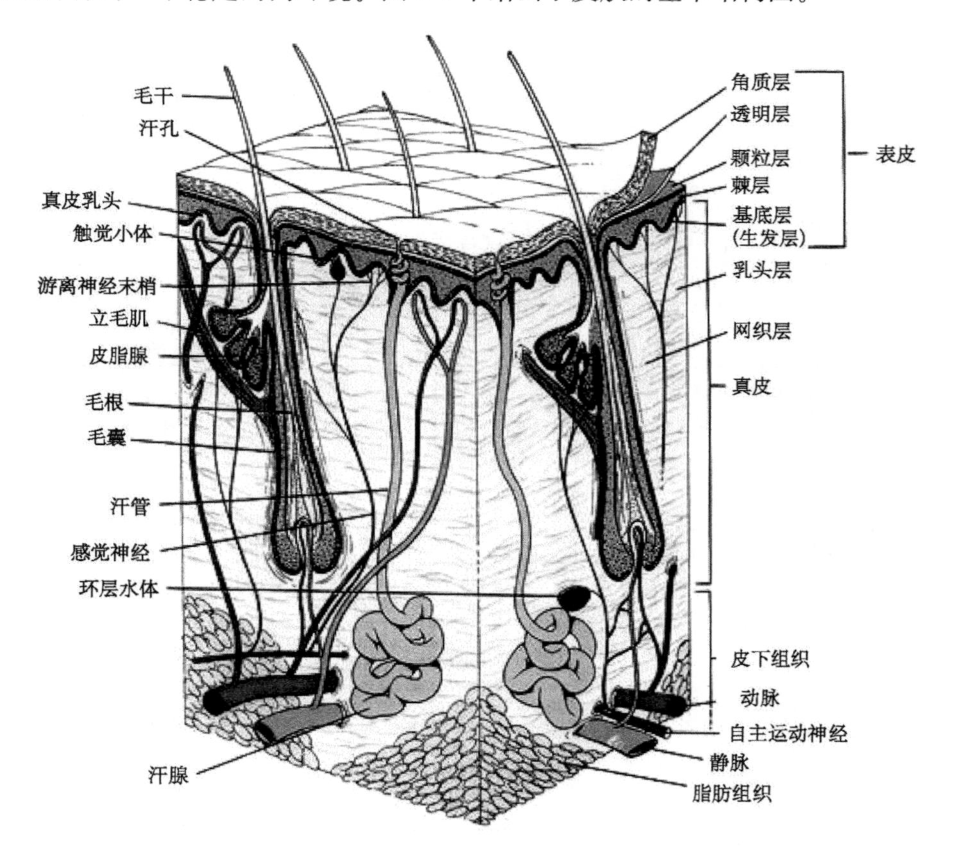

图 6-4　皮肤的基本结构

皮肤的最外层称为表皮，表皮层又分为5层，由外及里分别为角质层、透明层、颗粒层、棘层、基底层。角质层主要成分为角蛋白，是由无核的死细胞紧密地排列在一起而形成，含天然保湿因子（NMF），能吸收水分，避免水分蒸发过度，可防止外界的灰尘、细菌等进入体内，同时防止体内水分过度蒸发，具有保护作用，是防止化学品等被人体吸收的重要屏障。透明层只存在于掌跖中，具有一定的保护作用。颗粒层由有核的活细胞组成，可以中和酸性物质，含有晶样角素，晶样角素可以曲折阳光，减弱紫外线的伤害，但其极易被盐、碱所破坏。棘层呈弱酸性，是有核的活细胞，具有分裂能力，起到连接基底层与表皮外层之间的桥梁作用。基底层呈圆柱状，为表皮各层细胞的再生层，细胞分裂能力佳，是修复受损表皮细胞的大功臣，基底层有色素母细胞，是制造黑色素的大本营，透过黑色素吸收阳光中的紫外线，防止紫外线过分渗入体内，具有分裂增生的功能。新细胞从基底层到达角质层需要14天，在角质层停留14天。

真皮是位于表皮之下的结缔组织，主要由纤维、基质和细胞构成，此外还有血管、神经、皮脂腺、汗腺、毛囊等。真皮层中含有汗腺和皮脂腺，且呈弱酸性（pH 5.5），是皮脂和汗液的天然膜，保护皮肤免受外界撞击，且对化学品在皮肤表面的附着有一定作用。真皮层由疏松结缔组织和大量脂肪组织组成，具有保温和缓冲外来震动的作用，主要分为两层：乳头层和网织层。乳头层中胶原和弹性纤维呈皱褶或乳头状，并延伸至表皮层，这些乳头状突起增加了表皮层与真皮层的接触面积，促进表皮层营养物质扩散、新陈代谢及与真皮层紧密相联。

皮下组织也称为皮下脂肪层，充满脂肪细胞和疏松的结缔组织、神经纤维，并提供大量皮肤毛细血管和淋巴组织的血管。皮下组织主要有摄取、排泄、热交换、新陈代谢及隔离等功能，且将真皮层与里面肌肉或骨头相连。皮肤厚度是研究皮肤吸收程度的一个重要影响因素，且随人体器官功能、年龄及性别而有所不同。

其中，皮肤角质层是阻碍皮肤表面化学品吸收的最重要屏障，由于其结构致密，主要成分为角蛋白，且由无核的死细胞紧密地排列在一起而形成，能够对化学品渗透进皮肤具有直接的阻碍和屏障作用，因此对于人体皮肤对化学品吸收影响最为重要。

皮肤暴露可能发生在不同的环境介质中，包括水、土壤、沉积物等。影响这些介质中化合物的皮肤暴露吸收剂量（dermal absorb dose，DAD）的暴露参数包括：皮肤体表面积、土壤-皮肤黏附系数、化合物-皮肤吸收系数，以及不同场景中的暴露频率、暴露持续时间等时间-活动相关参数。

EPA在计算暴露剂量时，采用如下计算公式：

$$DAD = \frac{DA_{event} \times EV \times ED \times EF \times SA}{BW \times AT} \tag{6-1}$$

式中，DAD 为皮肤吸收剂量 [mg/(kg · d)]；DA_{event}为单次暴露吸收剂量 [mg/(cm^2 · event)]；SA 为与污染介质接触的皮肤表面积（cm^2）；EV 为日暴露次数(event/d)；EF 为年暴露天数（d/a）；ED 为暴露持续时间（a）；BW 为体重(kg)；AT 为平均暴露时间，对于非致癌暴露，AT = ED · 365d/a，对于致癌暴露，AT 为 25 550d，即 70 年期望寿命的终身暴露天数。

第三节 皮肤暴露参数的调查研究方法

皮肤暴露量的计算方法基本同式（6-1）。皮肤暴露参数主要是化学物质的皮肤渗透系数（mg/cm^2 · event）和皮肤比面积（cm^2）。其中皮肤渗透系数通常可以在一些工具书中查到，而皮肤面积是最为关键的参数。皮肤面积的确定方法基本上分为两类，一是直接测量法，二是根据身高和体重估计法。直接测量法主要有覆盖法（coating method）、三角测量法（triangulation）、表面整合法（surface integration）三种方法（USEPA，1997）。覆盖法是采用同等面积的材料覆盖到全身或身体某些部位；三角测量法是将身体划分为不同的几何图形，根据图形尺寸计算出每个图形的面积；表面整合法是应用求积计逐渐增加面积得到。

根据身高和体重估计法是通过大规模的皮肤面积与体重和（或）身高通过蒙特卡洛等统计方法的一元或二元回归分析得到的。根据文献，定量关系的模型很多，主要见表 6-1。

表 6-1 皮肤表面积计算模型

序号	作者	模型	备注
1	Gehan and George (1970)	$SA=KW^2/31$	SA，皮肤面积（m^2）；K，常数；W，体重（kg）
2	DuBois 等（1916）	$SA=a_0\ H^{a_1}\ W^{a_2}$	a_0=0.007 182；a_1=0.725；a_2=0.425
3	Boyd (1935)	$SA=a_0\ H^{a_1}\ W^{a_2}$	a_0=0.017 87；a_1=0.500；a_2= 0.483 8
4	Gehan and George (1970)	$SA=0.023\ 50\ H^{0.422\ 46}\ W^{0.514\ 56}$	
5	USEPA (1985)	$SA=0.023\ 9\ H^{0.417}\ W^{0.517}$	

USEPA 皮肤比表面积的计算方法见式（6-2）。

$$SA = 0.0239\ H^{0.417} W^{0.517} \tag{6-2}$$

式中，SA 为皮肤面积（m^2）；H 为身高（cm）；W 为体重（kg）。日常生活中，各类人群在不同的时间活动模式下皮肤暴露的身体部位不同，例如，洗漱通常暴露手、面部，做饭、洗菜通常暴露的是手部皮肤，而游泳和洗浴则暴露的几乎是全身皮肤。在计算皮肤暴露风险时，应考虑各种活动模式下的身体各部位皮肤的暴露面积，这时身体部位皮肤面积参数显得极其重要，因为无论忽略哪个部位的面积，都可能会带来暴露剂量和健康风险的误差。美国统计出的成年人体各部位表面积在总面积中的比例，见表 6-2。

表 6-2 不同身体部位占全身的比例 （单位：%）

性别	不同身体部位占全身的比例									
	头	躯干	上肢				下肢			
			手臂	上臂	前臂	手	腿	大腿	小腿	脚
男	7.8	35.9	18.8	14.1	7.4	5.9	37.5	5.2	31.2	18.4
女	7.1	34.8	17.9	14	—	—	40.3	5.1	32.4	19.5

第四节 国外暴露参数手册中的皮肤暴露参数

一、水-皮肤暴露

水中单次暴露剂量 DA_{event} 可由以下公式初步算得：

$$DA_{event} = K_p \times C_w \times t_{event} \tag{6-3}$$

式中，K_p 为水中化合物的皮肤渗透系数（cm/h）；C_w 为水中化合物浓度（mg/cm^3）；t_{event} 为单次暴露事件（如洗澡、游泳、洗衣等）持续时间（h/event）。

由式（6-1）和式（6-2）可见，研究水-皮肤暴露时，除了需要测量水中化合物的浓度以外，最重要的暴露参数包括：暴露于水中的皮肤体表面积 SA、水中化合物的皮肤渗透率 K_p，以及 EV、EF、t_{event}、ED 等行为-活动模式参数。行为-活动模式参数与暴露场景密切相关，一般通过大型的问卷调查（如全国膳食营养调查等）获得，《美国暴露参数手册》中列出了一些暴露场景中的行为-活动模式参数推荐值，见表 6-3。

间接或直接测得各种条件下人群的皮肤暴露参数后，就可以根据相关模型算出皮肤-化合物渗透率（K_p）（表 6-4）等浓度条件下，不同化合物与皮肤接触后其 K_p 值不同，而且在不同暴露介质中 K_p 值也会有所变化，目前已有不少研究（Blank，1985；Dutkiewicz and Tyras，1968；Baranowska，1982；Moore，1980；Wahlberg，1965；Southwell et al.，1984；Roberts，1977）利用各种模型得到了各种化合物经水暴露皮肤后的 K_p 值，见附录 3。

表 6-3　集中暴露及最大合理暴露场景中的水-皮肤暴露参数推荐值

暴露参数	单位	暴露场景			
		洗澡/淋浴		游泳	
日暴露次数（EV）	event/d	1		—	
年暴露频率（EF）	d/a	350		—	
		成人	儿童	成人	儿童
暴露时间（t_{event}）	h/event	0.25	0.33	—	—
暴露年数（ED）	a	9	6	9	6
暴露表面积（SA）	cm^2	18 000	6 600	18 000	6 600

注：其中儿童指 6 岁以下人群。

表 6-4　水中化合物-皮肤渗透率（K_p，水相介质）

化合物	K_p/(cm/h)
苯	1×10^{-1}
甲苯	1
二硫化碳	5×10^{-1}
铅	4×10^{-6}
汞	1×10^{-3}
甲醇	2×10^{-3}
二萘酚	3×10^{-2}
水	1×10^{-3}

二、土壤-皮肤暴露

土壤接触是人群皮肤暴露的一个重要途径。为评价土壤-皮肤暴露，必须先开展土壤-皮肤暴露参数（soil-dermal exposure factor）的研究。由于成人及儿童在皮肤表面积、体重，以及土壤黏附系数等方面存在着明显的差异，因此成人与儿童通常采用不同的土壤-皮肤暴露参数，即经年龄校正后的暴露参数（SFS_{adj}）。

由式（6-1）可知，暴露量等于暴露参数乘以化合物浓度。校正后的土壤-皮肤暴露参数（SFS_{adj}）值可由下式得出：

$$SFS_{adj}=\frac{(SA_{1\sim6})(AF_{1\sim6})(ED_{1\sim6})}{BW_{2\sim6}}+\frac{(SA_{7\sim31})(AF_{7\sim31})(ED_{7\sim31})}{BW_{7\sim31}} \quad (6\text{-}4)$$

式中，SFS_{adj} 为经年龄校正后的暴露参数 [mg · a/(kg · events)]；$AF_{1\sim6}$ 为 1～6 岁儿童土壤-皮肤黏附系数 [mg/(cm^2 · event)]，推荐值为 0.2；$AF_{7\sim31}$ 为 7～

31 岁人群土壤-皮肤粘附系数 [mg/(cm² · event)]，推荐值为 0.07；$SA_{1\sim6}$ 为 1～6岁儿童皮肤表面积（cm²），推荐值为 2800；$SA_{7\sim31}$ 为 7～31 岁人群皮肤表面积（cm²），推荐值为 5700；$ED_{1\sim6}$ 为 1～6 岁儿童土壤-皮肤与暴露持续年数 (a)；推荐值为 6；$ED_{7\sim31}$ 为 7～31 岁人群土壤-皮肤暴露持续年数（a)；推荐值为 24；$BW_{1\sim6}$ 为 1～6 岁儿童平均体重（kg)；推荐值为 15kg；$BW_{7\sim31}$ 为 7～31 岁儿童平均体重（kg)；推荐值为 70kg。

将上述默认值代入式（6-4)：

$$SFS_{adj} = \frac{(2800\text{cm}^2)(0.2\text{mg/cm}^2 \cdot \text{event})(6\text{a})}{15\text{kg}} + \frac{(5700\text{cm}^2)(0.07\text{mg/cm}^2 \cdot \text{event})(24\text{a})}{70\text{kg}} = 360[(\text{mg} \cdot \text{a})/(\text{kg} \cdot \text{event})] \quad (6\text{-}5)$$

关于皮肤黏附系数国外已开展了一些研究。1996 年，Kissel 等（1996）通过采集志愿者体表泥土样本并称重，直接测量了不同人群在各种场景下身体不同部位的颗粒物-皮肤黏附系数（solid adherence to skin)，1999 年，Holmes 等 (1999) 采集并测量了受试者身体不同部位的尘土负荷，调查并对比了在职业、娱乐活动前后各类人群的尘土-皮肤黏附系数。2005 年，Shoaf 等（2005）研究了儿童在湿地玩耍时身体对底泥的黏附系数。根据以上研究，美国 EPA 手册中列出了不同环境下，不同人群身体各部位的尘土-皮肤黏附系数推荐值(表 6-5)。

表 6-5　尘土-皮肤黏附系数推荐值　　(单位：mg/cm²)

	脸	手臂	手	腿	脚	资料来源
儿童						
居所内	—	0.0041	0.011	0.0035	0.010	
托儿所（室内和室外）	—	0.024	0.099	0.020	0.071	
室外运动	0.012	0.011	0.11	0.031	—	
室内运动	—	0.0019	0.0063	0.0020	0.0022	
涉土运动	0.054	0.046	0.17	0.051	0.20	
泥地玩耍	—	11	47	23	15	
湿土地	0.040	0.17	0.49	0.70	21	

续表

	脸	手臂	手	腿	脚	资料来源
成人						
室外运动	0.0314	0.0872	0.1336	0.1223	—	
涉土活动	0.0240	0.0379	0.1595	0.0189	0.1393	
建筑工地	0.0982	0.1859	0.2763	0.0660	—	

第五节　我国居民的皮肤暴露参数探讨

王喆等（2008）研究了我国人群的皮肤表面积，结果显示，我国各年龄段人群的皮肤表面积见表 6-6。可见，我国成年男性、女性的皮肤表面积分别为 1.697m^2、1.531m^2，与美国成年人皮肤表面积相比，男性约低 15%，女性约低 10%，因此在对我国居民进行皮肤暴露评价时，最好使用我国的暴露参数数据。同时还可以看出，男性的皮肤表面积也比女性大 1%～8%；而且随着年龄的增长，各类人群皮肤表面积先持续增加，到 50 岁后开始减少（表 6-7）。成年人不同部位皮肤表面积见表 6-8 和表 6-9。

表 6-6　我国居民的皮肤表面积（SA）　　（单位：m^2）

年龄	男	女	年龄	男	女	年龄	男	女
1 月	0.306	0.301	4 岁	0.715	0.698	18 岁	1.669	1.520
2 月	0.337	0.321	5 岁	0.772	0.756	19 岁	1.687	1.524
3 月	0.367	0.349	6 岁	0.832	0.811	20 岁	1.739	1.538
4 月	0.384	0.370	7 岁	0.901	0.869	30 岁	1.756	1.571
5 月	0.408	0.386	8 岁	0.961	0.938	40 岁	1.746	1.595
6 月	0.425	0.410	9 岁	1.029	1.004	50 岁	1.724	1.588
8 月	0.451	0.434	10 岁	1.101	1.089	60 岁	1.699	1.545
10 月	0.468	0.444	11 岁	1.180	1.176	70 岁	1.649	1.485
12 月	0.481	0.468	12 岁	1.255	1.262	80 岁	1.599	1.411
15 月	0.502	0.480	13 岁	1.347	1.350	<6 岁平均	0.516	0.499
18 月	0.526	0.506	14 岁	1.455	1.413	6～18 平均	0.931	0.904
21 月	0.550	0.529	15 岁	1.546	1.466	18～60 平均	1.720	1.556
2 岁	0.589	0.565	16 岁	1.604	1.500	>60 平均	1.649	1.480
3 岁	0.658	0.643	17 岁	1.635	1.515	成人平均	1.697	1.531

表 6-7　基于我国人群体征得到的各类人群皮肤表面积　（单位：m²）

年龄	城男	城女	乡男	乡女	年龄	城男	城女	乡男	乡女
1月～	0.304	0.303	0.307	0.299	12岁～	1.307	1.311	1.202	1.212
2月～	0.340	0.329	0.334	0.313	13岁～	1.406	1.391	1.288	1.309
3月～	0.372	0.357	0.361	0.341	14岁～	1.498	1.445	1.411	1.380
4月～	0.385	0.363	0.382	0.377	15岁～	1.609	1.505	1.483	1.427
5月～	0.413	0.391	0.402	0.381	16岁～	1.642	1.528	1.566	1.471
6月～	0.428	0.414	0.422	0.405	17岁～	1.671	1.523	1.599	1.506
8月～	0.455	0.437	0.446	0.430	18岁～	1.706	1.524	1.631	1.515
10月～	0.479	0.447	0.457	0.440	19岁～	1.709	1.525	1.665	1.522
12月～	0.490	0.474	0.472	0.462	20岁～	1.772	1.550	1.706	1.526
15月～	0.507	0.487	0.496	0.473	30岁～	1.790	1.590	1.721	1.552
18月～	0.536	0.516	0.515	0.496	40岁～	1.791	1.622	1.700	1.567
21月～	0.561	0.538	0.538	0.520	50岁～	1.776	1.629	1.672	1.546
2岁～	0.600	0.578	0.577	0.552	60岁～	1.764	1.606	1.633	1.484
3岁～	0.683	0.667	0.632	0.618	70岁～	1.712	1.536	1.586	1.433
4岁～	0.740	0.720	0.689	0.675	80岁～	1.645	1.435	1.552	1.386
5岁～	0.799	0.782	0.745	0.729	＜6岁	0.527	0.509	0.504	0.488
6岁～	0.869	0.842	0.795	0.780	6～18	0.969	0.939	0.892	0.868
7岁～	0.938	0.902	0.863	0.836	18～60	1.757	1.573	1.683	1.538
8岁～	1.000	0.975	0.922	0.900	＞60	1.707	1.526	1.590	1.434
9岁～	1.078	1.042	0.980	0.965	总体平均	0.653	0.633	0.614	0.598
10岁～	1.157	1.140	1.044	1.037	成人平均	1.741	1.557	1.652	1.504
11岁～	1.238	1.229	1.121	1.122					

表 6-8　我国成年人不同部位皮肤表面积（SA）　（单位：m²）

性别	头	躯干	上肢				下肢			
			手臂	上臂	前臂	手	腿	大腿	小腿	脚
男	0.124	0.584	0.232	0.129	0.103	0.085	0.524	0.312	0.211	0.112
女	0.118	0.558	0.222	0.122	0.097	0.082	0.501	0.299	0.202	0.107

在开展皮肤暴露评价时，由于一些介质中的污染物，尤其是大气中的污染物在不同季节浓度水平有显著差异，为了提高暴露与风险评价的准确性，必须考虑季节因素。在不同的季节，由于人们的生活习惯不同，皮肤暴露面积也有着很大

的差异，因此，如果忽略这种因素的影响，势必会对暴露及风险评价结果造成较大的误差。根据美国居民不同季节暴露皮肤面积在总面积中的比例，计算得到中国居民不同季节皮肤暴露面积，具体见表 6-10。

表 6-9 中国成年人不同部位皮肤表面积 （单位：m^2）

部位		城男	城女	乡男	乡女
头		0.136	0.111	0.129	0.107
躯干		0.625	0.542	0.593	0.523
上肢	上肢合计	0.327	0.279	0.311	0.269
	手臂	0.245	0.218	0.233	0.211
	上臂	0.129	—	0.122	—
	前臂	0.103	—	0.097	—
	手	0.091	0.079	0.086	0.077
下肢	下肢	0.653	0.627	0.620	0.606
	腿	0.543	0.504	0.515	0.487
	大腿	0.320	0.304	0.304	0.293
	小腿	0.223	0.199	0.211	0.193
	脚	0.122	0.101	0.116	0.098
总面积		1.741	1.557	1.652	1.504

表 6-10 不同季节中国人皮肤暴露面积

	冬				春、秋				夏			
	城		乡		城		乡		城		乡	
	男	女	男	女	男	女	男	女	男	女	男	女
<6 岁	0.026	0.025	0.025	0.024	0.053	0.051	0.050	0.049	0.132	0.127	0.126	0.122
6～18	0.048	0.047	0.045	0.043	0.097	0.094	0.089	0.087	0.242	0.235	0.223	0.217
18～60	0.088	0.079	0.084	0.077	0.176	0.157	0.168	0.154	0.439	0.393	0.421	0.385
>60	0.085	0.076	0.080	0.072	0.171	0.153	0.159	0.143	0.427	0.381	0.398	0.359

由表 6-10，可以看出，无论春、夏、秋、冬，城市男性的暴露面积略大于城市女性，农村男性略大于农村女性的特征；同时城市男性皮肤暴露面积大于农村男性，城市女性皮肤暴露面积大于农村女性的暴露面积。值得说明的是，上述暴露面积是根据美国报道的文献数据推算出来的，而根据我国的实际情况，夏秋季节，农村男性居民由于劳动量较大，通常的皮肤暴露面积很可能比城市男性大一些，而同时由于农村女性比较保守，通常的皮肤暴露面积很可能比城市女性的

暴露面积少一些。

王喆等（2008）基于中国人身高与体重的统计资料，根据美国环境保护署（USEPA，1992）、Gehan and Grorge（1970）等的模型，计算了中国人皮肤总表面积、不同部位皮肤的表面积和不同暴露环境下的皮肤暴露面积。表 6-11 为中国成年人不同部位皮肤表面积。除洗浴和游泳外，一般情况下，人体只有部分皮肤暴露于环境介质。表 6-12 为不同季节中国人的皮肤暴露面积。该研究结果表明，中国成年男性和女性的平均皮肤表面积分别为 1.69m^2 和 1.53m^2，比美国成年男性和女性的平均皮肤表面积分别低 13% 和 10%。因此，在开展健康风险评估时尽量使用我国居民的人体参数值。此外，由于不同的暴露情景和季节，人体暴露的皮肤面积也不同，可根据具体情况确定暴露的皮肤表面积。

表 6-11　中国成年人不同部位皮肤表面积

	身体部位	皮肤表面积/m^2			身体部位	皮肤表面积/m^2	
		男性	女性			男性	女性
1	头	0.132	0.108	7	手	0.088	0.078
2	躯干	0.608	0.532	8	下肢	0.635	0.616
3	上肢	0.318	0.273	9	腿	0.528	0.495
4	手臂	0.239	0.214	10	大腿	0.312	0.298
5	上臂	0.125	—	11	小腿	0.217	0.196
6	前臂	0.100	—	12	脚	0.119	0.099
				全身		1.694	1.528

表 6-12　不同季节中国人皮肤暴露面积

季节	皮肤暴露面积/m^2		
	男性（20～80 岁）	女性（20～80 岁）	儿童（2～12 岁）
春秋	0.168	0.153	0.086
夏	0.422	0.382	0.216
冬	0.085	0.076	0.043

第六节　案例研究：典型地区皮肤暴露参数调查

一、人群选取与问卷设计

段小丽等（2009）对河南泌阳人群开展皮肤暴露参数及与水介质相关的主要暴露活动、频率等的研究。调查问卷还包括皮肤暴露参数（涉及与水介质相关的活动种类、接触部位、接触时间；不同季节的游泳次数、时间；洗浴时间、水田劳动、农药喷洒情况等）等，连续两天调查每个被调查者每个时间段的生活情况，如皮肤暴露参数调查一天 24 h 各时段的活动类型、活动时间长度、活动强度等。除了问卷调查外，还对主要暴露参数进行了测量试验，包括：由调查员负责测量被调查者经皮肤接触水介质时间，如日常洗衣、洗浴、游泳等．对于日常洗漱和洗衣、刷碗的时间，调查人员用秒表进行实际测量；对于洗浴的时间，调查人员较难以把握，可以委托若干被调查人在澡堂或家中进行测量，准确记录澡堂中部分人群的停留时间；对于游泳的时间，条件许可的情况下可跟踪测量。

二、研究结果与讨论

表 6-13 为不同年龄和性别人群皮肤体表面积。从表中可以看出，该地区成年人皮肤总表面积为 1.68m^2，男性和女性分别为 1.75m^2 和 1.62m^2，比根据模型计算得到的我国人群皮肤表面积（男性为 1.6936m^2，女性为 1.5276m^2）分别高 3.3% 和 6.0%。这可能是因为该受试地区属于我国北方，由于地域特点等导致北方地区我国居民身高和体重均高于南方地区，且由于我国地域广阔且种族众多，使得模型计算结果可能与实际存在较大差别，也需要今后进一步加强对实际参数的调查研究。USEPA 采用模型计算的美国成年男性的皮肤表面积平均值为 1.96m^2，女性为 1.69m^2，比该地区本次测量结果分别高 12% 和 4.3%，表明我国该地区成年女性与美国女性差别相对较小，而男性则差别较大。与《日本暴露参数手册》中报道的日本男性的皮肤表面积平均值为 1.69m^2、女性为 1.51m^2 相比，则分别高 3.6% 和 7.3%。研究结果表明，我国该地区居民的实际皮肤表面积参数与美国和日本民众均不同。

表 6-13 泌阳地区不同年龄和性别人群皮肤体表面积

年龄	性别	样本量	皮肤体表面积/m^2				
			中位值	最小值	最大值	数学均值	标准偏差
0～5 岁	总	164	0.61	0.24	1.67	0.64	0.20
6～17 岁	男	257	1.14	0.66	1.90	1.21	0.32
	女	241	1.14	0.60	1.78	1.17	0.27
	总	498	1.14	0.60	1.90	1.19	0.30
18～44 岁	男	519	1.76	1.23	2.28	1.76	0.11
	女	501	1.62	0.77	2.05	1.62	0.12
	总	1020	1.69	0.77	2.28	1.69	0.14

续表

年龄	性别	样本量	皮肤体表面积/m²				
			中位值	最小值	最大值	数学均值	标准偏差
45～60 岁	男	187	1.76	1.50	2.11	1.77	0.10
	女	202	1.67	1.34	1.99	1.65	0.13
	总	389	1.72	1.34	2.11	1.71	0.13
61 岁以上	男	129	1.69	1.29	1.96	1.69	0.13
	女	119	1.58	1.11	2.07	1.58	0.15
	总	248	1.65	1.11	2.07	1.63	0.15
成人合计（18 岁以上）	男	835	1.75	1.23	2.28	1.75	0.12
	女	822	1.63	0.77	2.07	1.62	0.13
	总	1657	1.69	0.77	2.28	1.68	0.14

皮肤暴露面积不仅与暴露情景有关，还与季节有关。表 6-14 为各身体部位及不同季节暴露的皮肤表面积及与相关研究的比较。美国环境保护署统计发现，不同季节人体暴露的面积不一样。一般而言，夏季人体裸露在外的皮肤面积是总体表面积的 25%，冬季是总体表面积的 5%，春秋季节是总体表面积的 10%。可以看出，不同年龄段身体各部分表面积变化不同，占总体表面积的比例也不同。头部表面积在 0～5 岁儿童期与其他各年龄段差别不大，由于总体表面积在逐渐增大，因此头部表面积在儿童期所占比例较其他年龄段要高，达到 14%；其次为 6～17 岁，该年龄段男性、女性所占比例分别为 9.1% 和 9.4%，表明身体成长阶段头部所占比例最大。成年人头部所占比例差别不大，该地区调查人群男性和女性分别为 7.43% 和 6.79%，分别低于文献统计结果（7.81% 和 7.06%）5% 和 4%，表明我国不同地区人群间存在一定的差异。与日本成年人相比，结果（7.81% 和 7.09%）与文献统计分析结果类似。与美国成年人（男性和女性分别为 6.02% 和 6.51%）相比，该地区人群男性和女性头部所占比例分别高 23% 和 4.3%。相反地，下肢的比例则随年龄增加而逐渐增加，表现在腿的表面积在 0～5 岁儿童期仅占总体表面积的 23.4%，其次为 6～17 岁，腿所占比例增加，该年龄段男性、女性所占比例分别为 28.9% 和 29.9%，表明身体成长阶段腿部所占比例随年龄增加而增大。成年人腿部所占比例最大，该地区调查人群男性和女性分别为 30.3% 和 31.5%，分别低于文献统计结果（31.2% 和 32.3%）3.2% 和 2.8%，表明我国不同地区人群间也存在一定的差异。与日本成年人相比，结果（31.2% 和 32.4%）与文献统计分析结果类似，差别相对较小。与美国成年人（男性和女性分别为 25.8% 和 28.9%）相比，该地区人群男性和女性腿部所占比例分别高 17.5% 和 9.0%。这些研究结果与日本的文献研究类似，即人体头部等表面积所占总体表面积的比例随年

龄增加而逐渐降低，而下肢等则随年龄增加逐渐增加。

表 6-14 泌阳地区人群各身体部位及不同季节暴露的皮肤表面积及与相关研究的比较

年龄	性别	样本数	不同季节			身体不同部位的皮肤表面积/m²							
			春、秋	夏	冬	头	躯干	上肢			下肢		
								上肢	手臂	手	下肢	腿	脚
0～5 岁	总	164	0.064	0.159	0.032	0.09	0.21	0.11	0.08	0.03	0.19	0.15	0.04
6～17 岁	男	257	0.121	0.303	0.061	0.11	0.38	0.22	0.16	0.06	0.49	0.35	0.14
	女	241	0.117	0.293	0.059	0.11	0.38	0.22	0.16	0.06	0.43	0.35	0.08
18～44 岁	男	519	0.176	0.440	0.880	0.14	0.63	0.33	0.25	0.09	0.66	0.55	0.16
	女	501	0.162	0.405	0.810	0.11	0.56	0.29	0.23	0.08	0.65	0.52	0.11
45～60 岁	男	187	0.177	0.443	0.885	0.14	0.63	0.33	0.25	0.09	0.66	0.55	0.15
	女	202	0.165	0.413	0.825	0.12	0.58	0.30	0.23	0.09	0.67	0.54	0.11
61 岁以上	男	129	0.169	0.423	0.845	0.13	0.61	0.32	0.24	0.09	0.63	0.53	0.14
	女	119	0.158	0.395	0.790	0.11	0.55	0.28	0.22	0.08	0.63	0.51	0.10
18 岁以上	男	835	0.175	0.438	0.875	0.13	0.61	0.32	0.24	0.09	0.64	0.53	0.16
	女	822	0.162	0.405	0.810	0.11	0.55	0.28	0.22	0.08	0.63	0.51	0.10
20～80 岁	男	—	0.169	0.422	0.085	0.132	0.608	0.318	0.239	0.088	0.635	0.528	0.119
	女	—	0.153	0.382	0.077	0.108	0.532	0.273	0.214	0.078	0.616	0.495	0.099
2～12 岁儿童	总	—	0.086	0.216	0.043	—	—	—	—	—	—	—	—
日本成人	男	—	0.169	0.422	0.085	0.132	0.607	0.318	0.238	0.088	0.634	0.527	0.118
	女	—	0.151	0.378	0.076	0.107	0.525	0.270	0.211	0.077	0.609	0.489	0.098
美国成人	男	48	0.196	0.490	0.088	0.118	0.569	0.319	0.228	0.084	0.636	0.505	0.112
	女	58	0.169	0.422	0.085	0.110	0.542	0.276	0.210	0.0746	0.626	0.488	0.0975

注："—"为无数据，或者文献中未进行统计；日本成人身体各部位数据来自总数据与各百分比的计算而得。

不同性别人群之间身体各部分占总体表面积的比例没有显著性的差异，但是不同年龄阶段略有差别。儿童期间性别差异较小，因此本次调查研究中未对0～5岁儿童进行性别区分统计，且USEPA研究结果也未对儿童期进行进一步性别划分。男性与女性在不同身体部位体表面积表现出不同特性，男性在头部、躯干、上肢及脚等部分所占比例要高于女性，这在成年后各年龄阶段均表现出相同特性。相反地，下肢和腿等占身体总体表面积的比例，则女性要高于男性，这在各不同年龄阶段及不同人群研究结果均相同，表明相对于男性，女性下肢所占比例较高。与亚洲男性与女性身体比例不同的是，美国成年人女性身体各部分所占总体表面积的比例均高于男性，包括头、躯干、上肢等部分，这可能是西方与东方人群性别差异的主要不同之处，也可能是由于美国研究人群共仅有 106 人，存在较大的误差。不同季节男性与女性暴露皮肤表面积的差异，男性均高于女性，由于此次计算结果均为不同季节暴露面积比例与总面积的乘积所致，对此不再深入讨论。

皮肤暴露水的活动类型包括：洗手、洗脸、洗脚、洗头、洗碗、洗菜、洗衣服、洗澡等。游泳也是皮肤暴露的一种非常重要的途径，此次调查中，有游泳习惯的人为 0.5%，所占比例较少，因此本研究对该部分有游泳习惯的人群数据未进行重点调查。表 6-15 列出的是各年龄段人群日常生活中进行各种活动（游泳除外）的皮肤暴露时间。

表 6-15　泌阳地区各种活动类型（游泳除外）的皮肤暴露时间

年龄	性别	数值类型	活动时间/(min/d)							
			洗手	洗脸	洗脚	洗头	洗碗	洗菜	洗衣服	洗澡
0～5 岁	男 (n=81)	数学均值	2.84	3.11	1.39	0.70	—	—	—	10.52
		标准偏差	2.21	1.90	1.87	2.02	—	—	—	8.82
		最大值	7.00	9.95	7.50	12.50	—	—	—	42.95
	女 (n=81)	数学均值	2.64	3.17	1.37	1.06	—	—	—	11.39
		标准偏差	2.57	2.38	1.95	2.53	—	—	—	9.23
		最大值	9.40	11.10	9.00	12.50	—	—	—	43.10
6～17 岁	男 (n=257)	数学均值	3.46	3.21	1.31	1.68	0.68	0.14	1.06	12.98
		标准偏差	2.67	2.18	1.79	5.23	2.55	1.30	5.87	10.61
		最大值	10.90	21.90	12.50	74.50	27.60	14.25	55.00	57.90
	女 (n=237)	数学均值	3.82	3.45	1.30	2.65	1.08	0.36	3.59	12.94
		标准偏差	3.05	2.23	1.64	3.22	3.33	2.31	9.36	9.09
		最大值	11.85	15.00	7.00	16.50	28.45	22.95	70.00	52.80
18～44 岁	男 (n=510)	数学均值	3.67	3.56	0.82	3.00	0.56	0.37	3.03	15.77
		标准偏差	3.22	2.20	1.71	4.22	2.97	2.53	9.04	9.82
		最大值	30.80	21.00	16.50	30.25	38.80	38.80	60.00	52.50
	女 (n=498)	数学均值	3.81	3.53	1.04	4.22	8.14	6.79	18.39	15.32
		标准偏差	3.66	2.74	2.65	4.66	9.27	9.07	17.03	9.50
		最大值	49.61	34.35	35.10	30.15	41.95	41.95	105.35	60.00

续表

年龄	性别	数值类型	活动时间/(min/d)							
			洗手	洗脸	洗脚	洗头	洗碗	洗菜	洗衣服	洗澡
45～60岁	男（n=184）	数学均值	3.95	3.52	0.83	2.35	1.05	1.00	2.37	16.87
		标准偏差	3.45	2.23	1.55	5.98	3.81	3.27	8.77	12.60
		最大值	13.00	15.78	9.00	70.00	17.80	15.00	55.00	110.00
	女（n=198）	数学均值	3.52	2.91	0.71	3.69	13.96	12.00	23.90	15.19
		标准偏差	2.83	1.62	1.42	4.84	9.05	9.94	19.69	9.32
		最大值	13.95	8.60	6.50	25.70	50.00	50.00	90.00	40.00
61岁及以上	男（n=127）	数学均值	3.84	3.05	1.17	1.34	0.69	0.60	2.32	11.25
		标准偏差	2.86	1.87	1.76	2.86	3.16	2.59	8.31	9.48
		最大值	12.35	9.55	10.15	19.00	23.00	21.25	60.00	50.00
	女（n=120）	数学均值	3.43	2.88	1.26	1.73	8.71	7.68	8.67	10.27
		标准偏差	2.66	1.65	1.86	2.84	8.36	8.29	13.15	8.01
		最大值	10.70	8.30	9.05	17.50	32.60	32.60	60.00	32.50

由于中国人有游泳习惯的相对较少，本次研究重点讨论洗澡时间及频率问题。洗澡花费时间在人体各年龄阶段及不同性别中均占重要比例，本次研究中不同年龄段不同性别人群洗澡所花费时间相似，未呈现显著性差别，洗澡所花费时间平均为10～17min/d，且以18～60岁所花费时间最长，平均值为15～17min/d，且不同性别之间差别较小。《日本暴露参数手册》中，日本男性洗澡的平均时间为23.4min/d，女性为27min/d；其中淋浴时间平均为男性6min/d，女性为7.2min/d；浴缸洗时间为夏季7.2min/d，冬季10.8min/d。可见，不同年龄阶段不同性别人群涉水活动频率及类型有所不同。0～5岁儿童期间，涉水活动中关于洗碗、洗菜和洗衣服时间很少，因此未进行此部分数据调查，且其他洗刷时间类型男童与女童差别不大，只是女童在洗头等方面花费时间比男童要长一些。对于6～17岁少年，对于洗碗、洗菜和洗衣服时间也进行了统计，且女孩比男孩花费时间稍长，且男孩与女孩之间主要不同在于洗头花费时间女孩要比男孩长。图6-5为成年人各种涉水皮肤暴露类型的时间比例，给出了成年男性与女性各种涉水活动频率，从中可以看出，男性与女性的主要涉水活动不同且存在显著差异：男性涉水时间较短，且以洗澡为主（占51%），其次为洗手、洗脸、洗衣服、洗头等，分别占总涉水时间的12%、12%、9%和9%；而女性涉水活动较为复杂且所占比例相对均衡，洗衣服所占时间最多（29%），洗澡所占比例相对较少，为23%，洗碗洗菜等家务劳动所占时间频率也较多，分别为16%和13%，其余个人洗刷频率与男性差别不大，这主要受我国传统的社会分工差别影

响，女性对于家庭劳动所涉及到的涉水频率与时间相对较多。虽然在游泳和洗澡过程中，人体皮肤表面暴露面积占人体总皮肤面积的 75%～100%，但需要注意的是，不同时间段的不同涉水活动类型及频率可能有不同，而本次实验调查未对此进行进一步细致分析，今后应加强该部分研究。

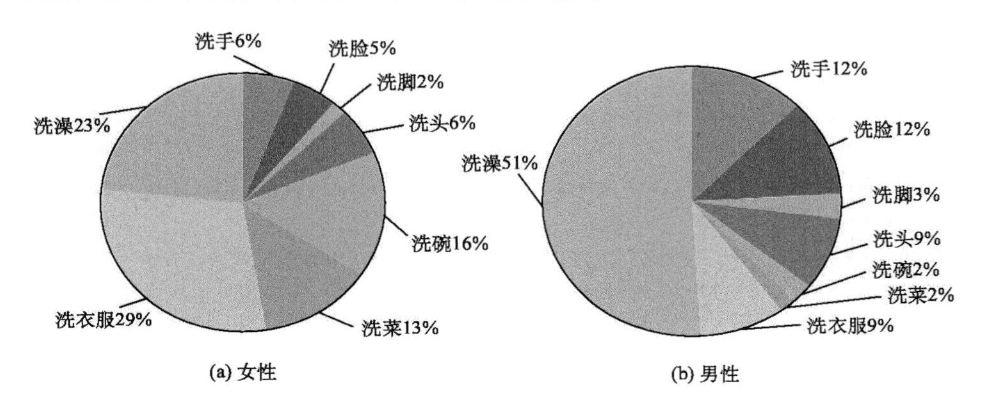

图 6-5　成年人（无游泳习惯）在日常生活中每天皮肤接触水的时间比例

另外，不同人群之间关于皮肤暴露的类型及活动有所不同，如儿童等对于土壤的皮肤暴露、农民等田间劳动有关的土壤暴露，且在不同季节存在不同的暴露差异。农药喷洒等活动中涉及污染农药的高浓度皮肤暴露和呼吸暴露，本研究中也未涉及该部分人群。鉴于我国人群饮水和皮肤暴露参数长期缺失的不利现状，建议进一步开展基于我国人群的大规模相关研究，以填补我国在该项研究中的空白。

通过对我国河南泌阳地区人群进行实际调查研究，得出了该地区人群皮肤表面积及不同部位面积参数，并获得了有关涉水频率及活动的基础数据，在一定程度上可以反映我国北方地区人群的皮肤暴露信息。由于我国地域广阔且人群的区域间差异较大，开展居民皮肤暴露参数的研究很有必要。建议针对我国典型区域和人群开展大规模的类似研究，以得出适合我国居民的暴露参数。此外，由于我国是一个农业大国，农村人口众多且新兴城市发展较快，人员流动性较大，加之我国特有的日常生活习惯与传统，开展不同人群的典型皮肤暴露研究很有必要，如农民田间劳动中的皮肤接触及农药喷洒的皮肤暴露等。我国是一个地域宽广的多民族的国家，地区差异很大，目前的结果是否能够代表全国的水平，还有待进一步的研究。由于所选人群大部分是农村居民，城镇居民的样本量少，研究结果对城镇居民的代表性有待大样本量的验证。

本章参考文献

段小丽，张文杰，王宗爽，等．2009b．我国北方某地区居民涉水活动的皮肤暴露参数．环境科学研究，23（1）：55-61．

王喆，刘少卿，陈晓民，等．2008．健康风险评价中中国人皮肤暴露面积的估算．安全与环境学报，8（4）：152-157．

Baranowska-Dutkiewicz B．1982．Skin absorption of aniline from aqueous solutions in man．Toxicology Letters，10（4）：367-372．

Blank I H，McAuliffe D J．1985．Penetration of benzene through human skin．Journal of Investigative Dermatology，85（6）：522-526．

Bronaugh R L，Stewart R F，Storm J E．1989．Extent of cutaneous metabolism during percutaneous absorption of xenobiotics．Toxicology and Applied Pharmacology，99（3）：534-543．

Du Bois D，Du B，Eugene F．1916．Clinical calorimetry：tenth paper a formula to estimate the approximate surface area if height and weight be known．Archives of Internal Medicine．17：863-871．

Dutkiewicz T，Tyras H．1968．Skin absorption of toluene，styrene，and xylene by man．British Medical Journal，25（3）：243．

ECJRC．2006．Exposure factors sourcebook for Europe．http://cem．jrc．it/．expofacts．2011-11-5

Gehan E A，George S L．1970．Estimation of human body surface area from height and weight．Cancer Chemotherapy Reports，54（4）：225-235．

Holmes K K．1999．Field measurement of dermal soil loadings in occupational and recreational activities．Environmental research，80（2）：148-157．

Jang JY，Jo SN，Kim S，et al．2007．Korean Exposure Factors Handbook，Ministry of Environment，Seoul，Korea．

Kissel J，Richter K，Fenske R．1996．Field measurement of dermal soil loading attributable to various activities：implications for exposure assessment．Risk Analysis，16（1）：116-125．

Moore M，Meredtih P，Waston W，et al．1980．The Percutaneous absorption of lead-203 in humans from cosmetic preparations containing lead acetate，as assessed by whole-body counting and other techniques．Food and Cosmetics Toxicology，18（4）：399-405．

NIAIST．2007．Japanese exposure factors handbook．http://unit．aist．go．jp/riss/crm/exposurefactors/english_summary．html．2011-10-12

Roberts M，Meredith P，Watson W，et al．1977．The distribution of nonelectrolytes between human stratum corneum and water．Australian J of Pharm Sci，6：77-82．

Shoaf M B，Shirai J H，Kedan G，et al．2005．Child dermal sediment loads following play in a tide flat．Journal of Exposure Science and Environmental Epidemiology，15（5）：407-412．

Southwell D，Barry B W，Woodford R．1984．Variations in permeability of human skin within and between specimens．International Journal of Pharmaceutics，18（3）：299-309．

USEPA．1997．Exposure factors handbook．Washington DC：U．S．Environmental protection Aengy．Office of Research and Development，National Center for Environmental Assessment．

USEPA．2004．Risk assessment guidance for Superfund（RAGS）：Volume I，Human Health Evaluation Manual，Part E．Vol．Washington DC．EPA/540/R/99/005．

USEPA. 2011. Exposure Factors Handbook 2011 Edition (Final). U.S. Environmental Protection Agency, Washington DC. EPA/600/R-09/052F.

USEPA. 1985. Development of statistical distributions or ranges of standard factors used in exposure assessments. Washington DC: Office of research and development, Office of Health and Environmental Assessment. EPA 600/8-85-010. Available from: NTIS, Springfield, VA. PB85-242667.

USEPA. 1992. Guidelines for exposure assessment. Federal Register, 57 (104): 22888-22938.

Wahlberg J. 1965. Some attempts to influence the percutaneous absorption rate of sodium (22Na) and mercuric (203Hg) chlorides in the guinea pig. Effect of soap, alkyl aryl sulphonate, stripping, and pretreatment with distilled water and mercuric chloride. Acta dermato-venereologica, 45 (5): 335.

第七章　时间-行为活动模式参数

第一节　时间-行为活动模式暴露参数简介

行为-活动模式是指各类人群在不同地点进行各种活动的时间、行为等。人们的活动模式会影响他们对环境污染物的暴露频次、暴露时间以及暴露程度，在进行暴露量计算时，需要考虑污染物浓度、暴露时间和暴露频率，这些变量依赖于人体活动模式和各种活动花费的时间及其位置，因此行为-活动模式暴露参数在健康风险评价中起着非常重要的作用。

对呼吸浓度和血液中的身体负荷的测量显示，在进行某些行为时，所测得的数据量会猛增。例如，在喷漆或使用溶剂以后，呼出的空气中葵烷的量会增加100个百分点（一般为2.9～290μg/m³），二甲苯的量增加50个百分点（一般为4～200μg/m³），其他的化合物大部分增加10个百分点左右。

对于经常待在家里的人，若是屋内空气中某种化学物的浓度持续很高，那么该物质在呼出的空气中的浓度也会持续变高。例如，将室内空气中1,1,1-三氯甲烷的浓度为30μg/m³ 的居民与浓度为70μg/m³ 和40μg/m³ 的居民作对比，会发现后两者呼出的空气中p-DBC含量远远超过家里有低浓度1,1,1-三氯甲烷的居民。

实时获取精确的活动信息比较困难，人们的行为-活动模式可能根据文化、种族、爱好、位置、性别、年龄、社会经济特性及个人习惯的变化而不同。尤其是儿童，他们往往比成人参加更多与环境污染物暴露相关的活动，因此评价儿童暴露时需要考虑更广的活动范围。其他可能影响行为-活动模式的因素还包括社会地位、经济及其家庭文化习惯。不同暴露途径有着相应的活动模式。主要的行为模式暴露参数见表7-1。

表7-1　常见的行为模式暴露参数

环境介质	暴露途径	行为模式暴露参数		
空气	呼吸暴露	室内外停留时间	不同运动状态下的时间	与吸烟者共处（被动吸烟）花费的时间
水	消化道暴露	饮水量		
	皮肤暴露	游泳和洗浴时间		

续表

环境介质	暴露途径	行为模式暴露参数		
土壤	消化道暴露	食土量		
	皮肤暴露	手-口接触频率	在沙砾、草地、泥土上活动的时间	
日用品	消化道暴露	汽油烟雾、燃气炉烟气		
食品	消化道暴露	膳食量		

第二节　时间-行为活动模式参数的调查研究方法

时间-行为活动模式对暴露量的影响较大，为了进行暴露评价，美国、加拿大等国家先后开展了大规模的行为活动模式调查研究，主要包括美国加州居民活动模式调查（CAPS）、美国国家人类活动模式调查（NHAPS）、加拿大人类活动模式调查（CHAPS）。表 7-2 列出了这三个活动模式调查研究的具体情况，由该表可见，24h 回顾日记是调查的核心。受访者需要记录前一天在所有活动和地点中花费的时间。虽然时间日记数据常用来衡量人群在活动中花费的时间，但对环境污染物暴露研究更重要的问题是活动地点的污染物水平（以及在该地点花费的时间）。因此，为解决环境暴露问题，NHAPS 中的时间日记类别以活动发生的地点为重点。与暴露有关的活动，一般仅限于可能会增加暴露环境污染物的活动，例如，需要更高呼吸速率的活动，如体育运动或暴露于油漆等化学品的活动。

表 7-2　三个活动模式调查总结

调查名称	组织者	调查日期	调查地点	调查人数	年龄/岁	调查持续时间/月	调查内容	调查方法
CAPS	CARB	1987～1988	美国加州	1762	＞12 岁	12		
		1989.4～1990.2	美国加州	1200	＜12 岁	12	24h 回顾日记	电话、日志
NHAPS	EPA	1992.10～1994.9	美国 48 个州	9386	总人群	24	24h 回顾日记	电话、日志
	EPRI	1994～1995	美国	1200	总人群	12	24h 回顾日记	日志
CHAPS		1994～1995	加拿大	2381	总人群	9		日志

一、美国加州居民活动模式调查（CAPS）

加州居民活动模式调查（CAPS，包括成人、青年以及 12 岁以下儿童的调查）是美国最早开展的活动模式调查。为了进行暴露评价和建立活动模式日记数据，加州空气资源委员会（CARB）对加州居民进行了日记研究，包括 1987～1988 年对 1762 名成人与青少年和 1989～1990 年对 1200 名儿童的活动模式研究（Wiley et al.，1991a；1991b）。

加州儿童活动模式研究调查评价典型的一天儿童花费在各类活动和地点（微环境）中的时间（Wiley et al.，1991b）。样本人口由 1200 名 12 岁以下的儿童组成，从母语为英语的家庭中挑选出，每个家庭挑选出一名儿童，使用随机数字拨号（RDD）方法，调查回应率为 77.9%。如果所选的儿童在 8 岁或以下，则由家中陪伴儿童花费时间最多的成人来回答；如果所选的儿童在 9～11 岁，则由儿童本人来回答。人口分层也为国家主要区域提供代表性评价。调查问卷包括时间日记，提供基于 24h 内回忆期的儿童活动和位置模式的信息。此外，调查问卷日记包括当天室内空气污染来源（如吸烟者的存在）的潜在暴露问题，以及儿童和成人受访者的社会人口特征问题。问卷调查和时间日记通过计算机管理辅助电话调查访问（CATI）技术进行。电话采访从 1989 年 4 月到 1990 年 2 月。

二、加拿大人类活动模式调查（CHAPS）

1994～1995 年的 9 个月间对来自多伦多、温哥华、埃德蒙顿和纽宾省圣约翰的 2381 名加拿大受访者进行了加拿大人类活动模式调查（CHAPS）（Leech et al.，1996；Leech et al.，1999）。该调查也与 NHAPS 的数据收集方法和地理范围类似，同样利用了计算机辅助电话采访系统（CATI），并收集了在地点、活动中以及吸烟者存在时所花费时间的日记数据。

三、美国国家人类活动模式调查（NHAPS）

美国国家人类活动模式调查（NHAPS）是为期两年的全国范围电话调查(样本数为 9386 人)，是第一次全美范围的研究，也是目前规模最大的人群活动模式调查，由美国环境保护署主办，旨在搜集人类活动模式有关暴露的相关信息。美国环境保护署（EPA）通过分析 NHAPS 收集的数据，提供可用于输入计算机的人类暴露模型的日记记录，并确保该 NHAPS 日记和调查问卷收集到真实反映现实生活中的各种类型活动模式的数据以用于对污染物的暴露评价（U S EPA，1996）。NHAPS 沿用以往时间日记研究的方法，特别是 CAPS（Wiley et al.，1991a；1991b；Johnson et al.，1992）。NHAPS 增强在微环境花费的时间估计的精确性，如厨房、餐厅、酒吧、汽车和户外旅行；也根据综合环境调查问卷（Lebowitz et al.，1989）对自身进行了许多方面的完善，并在全暴露评价方法（TEAM）研究中采用问卷调查（Akland et al.，1985；Wallace et al.，1991），以帮助确定被调查者最有可能接触到的、具有较高污染物浓度的微环境。一些附加的问题揭示了在受访者的日记记录中未涉及的污染源暴露，如溶剂或燃气用具。

NHAPS 由马里兰大学调查研究中心进行电话采访，从 1992 年 9 月下旬至 1994 年 10 月 1 日，采用计算机辅助电话采访系统（CATI）。调查人员使用随机拨号（RDD）法挑选参与者，收集 48 个州、9386 名受访者的选定的时间和活动频率及微环境花费的时间信息、24h 回顾日记和与暴露有关的个人问题的回答。每名参与者需复述他们一天全部的活动，收集 82 个可能位置以及 91 种不同活动的详细数据，整体回应率是 63%。如果被选的受访者年龄太小，则由家中的成人代为受访。此外，人口信息收集产生每个受访者的统计概要，根据美国人口具体分组（如按性别、年龄、种族、就业状况、普查区域、季节等）。周六和周日亦进行了调查以确保有足够的周末样本（表 7-3）。

表 7-3　NHAPS 受访者的分布

因素	样本大小	NHAPS/%	美国人口普查/%
男	4294	46	49
女	5088	54	51
5 岁以下	499	5	8
5～17 岁	1292	14	19
18～64 岁	6059	65	61
超过 64 岁	1349	14	13
白人	7591	81	83
黑人	945	10	13
亚洲人	157	2	3
西班牙裔原住民	385	8	10
研究生教育	924	10	6
大学毕业	1247	13	20
高中毕业	2612	28	32

调查的结果大多是基于 NHAPS 中的日记数据。目前通常分组统计 NHAPS 受访者在 6 个不同的地点（住宅内、办公室或工厂、酒吧或餐厅、其他室内场

所、封闭车厢里、户外）花费的时间，包括二手烟暴露时间。此外还分析比较了加州12岁以上的成年人、青少年（1987～1988年）和12岁以下儿童（1989～1990年）(Wiley et al.，1991a；1991b；Jenkins et al.，1992）的行为模式调查(CAPS)，以及对多伦多、温哥华、埃德蒙顿和纽宾省圣约翰为期9个月的加拿大人类行为模式调查（CHAPS）(1994～1995年）(Leech et al.，1996)。

由于NHAPS日记跨越24h时段，在计算中通常采用24h作为主要的时间段(即一天内有限的时间间隔)。在不同的地点所花费的时间平均比例的计算方法是计算每位受访者花费在每个地点的总分钟数平均值并除以1440min（24h）。

总共有9386名的受访者，其中187名受访者（2%）没有报告年龄。308名受访者（3%）报告的种族未列出或没有报告种族。1968名受访者（21%）没有教育程度的数据记录。1994年人口普查比例按美国商务部人口普查局的估计(1995年，1996年)。

第三节 各国参数手册中的时间-行为活动模式参数

一、美国

表7-4为NHAPS调查在加州人群与全国人群在各类地点花费时间的比较，由表可见，加州人群在住宅、办公室或工厂、酒吧、车内、户外，以及其他室内场所停留的平均时间与全国平均非常接近。对于全国和加州，平均时间花费最多的地点为住宅中，花费时间将近1000min（约17h)，几乎全部的受访者日记一天中均花费有一定的时间在住宅中。全国二手烟暴露平均时间（表7-5）最多的地点为办公室和工厂中，每天花费时间为363min左右，对于加州花费时间为280min，其次是在住宅中，花费时间分别为305min和270min。加州在这些地点的平均值稍低于所有地点中二手烟暴露时间（372min和309min)。加州与二手烟暴露时间比例也略低（在所有地点中为44%和37%），这显然是在住宅中二手烟暴露时间的人数较少（26%和17%），且吸烟者的数量略低（所有年龄段中全国17%，加州14%）。

表7-4 加州人群与全国人群在各类地点居留时间

NHAPS-全国					
地点	样本数	整体平均/min	参与者百分比/%	参与者人数	参与者平均/min
在住宅中	9196	990	99.4	9153	996
办公室或工厂	9196	78	20	1925	388
酒吧或餐厅	9196	27	23.7	2263	112

续表

NHAPS-全国					
地点	样本数	整体平均/min	参与者百分比/%	参与者人数	参与者平均/min
其他室内	9196	158	59.1	5372	267
车里	9196	79	83.2	7596	95
户外	9196	109	59.3	5339	184
NHAPS-加州					
地点	样本数	整体平均/min	参与者百分比/%	参与者人数	参与者平均/min
在住宅中	930	979	99.6	927	983
办公室或工厂	930	73	19.3	187	379
酒吧或餐厅	930	34	26.4	260	128
其他室内	930	166	61.9	542	269
车里	930	80	84.4	775	95
户外	930	108	59.1	592	182

表 7-5　NHAPS 加州样本每日不同地点的被动吸烟时间（NHAPS-CA）与全国样本比较

NHAPS-全国 17% 的受访者为吸烟者（加权）					
地点(有二手烟暴露)	样本数	总平均/min	参与者百分比/%	参与者人数	参与者平均/min
所有	9196	163	43.8	3949	372
住宅	9196	78	25.6	2331	305
办公室或工厂	9196	16	4.3	394	363
酒吧或餐厅	9196	14	10	951	143
其他室内	9196	19	7.6	725	247
车里	9196	11	14.5	1340	79
户外	9196	24	11.4	1038	213
NHAPS-加州 14% 的受访者为吸烟者（加权）					
地点(有二手烟暴露)	样本数	总平均/min	参与者百分比/%	参与者人数	参与者平均/min
所有	930	114	36.9	332	309
住宅	930	45	16.5	164	270
办公室或工厂	930	9	3.4	26	280
酒吧或餐厅	930	13	8	82	168
其他室内	930	19	7.4	58	252
车里	930	5	8.3	82	58
户外	930	23	11	108	209

CAPS 与 NHAPS 使用了相同的调查方法（即 CATI），将这两项调查进行对比，研究一段时间行为模式的趋势（从 20 世纪 80 年代末到 90 年代早中期），并评价这两个研究的一致性。通过对比可见，NHAPS-CA 和 CAPS 在上述 6 个地点花费的平均时间百分比相差不大（表 7-6），但接触吸烟者花费的时间差异较大（即参与者花费的平均时间以及参与者的百分比，表 7-7）。在这两个调查中，12 岁以下的儿童在办公室、工厂、酒吧和餐厅花费时间较少（总体平均值为 2～7min，参与者平均值为 42～65min，占总体时间的百分比可忽略不计，见表 7-6）。研究结果显示，相比于成年人，在加州 12 岁以下的儿童在室内和室外花费大部分的时间，而在车里的时间百分比较低。加拿大研究出同样的结果（Leech et al.，1996）。

表 7-6 NHAPS 加州样本受访者日记一天中花费的时间（NHAPS-CA）与 CAPS 的比较

NHAPS-CA 的成人和青少年（12 岁及以上）					
地点	样本数	总平均/min	参与者百分比/%	参与者人数	参与者平均/min
住宅	805	961	99.6	802	966
办公室或工厂	805	85	22	182	388
酒吧或餐厅	805	38	28.9	243	133
其他室内	805	162	62.4	478	260
车里	805	86	86	682	100
户外	805	106	58.8	508	181
CAPS 的成人和青少年（12 岁及以上）					
地点	样本数	总平均/min	参与者百分比/%	参与者人数	参与者平均/min
住宅	1762	954	99.3	1755	961
办公室或工厂	1762	106	32.6	515	327
酒吧或餐厅	1762	36	37	624	97
其他室内	1762	157	70.2	1225	223
车里	1762	98	87.2	1516	113
户外	1762	86	61.7	1112	140
NHAPS-CA 的儿童（12 岁以下）					
地点	样本数	总平均/min	参与者百分比/%	参与者人数	参与者平均/min
住宅	125	1081	100	125	1081
办公室或工厂	125	2	3.3	5	60
酒吧或餐厅	125	7	11.4	17	65
其他室内	125	188	59.2	64	318
车里	125	46	75	93	62
户外	125	115	61.1	84	188

续表

CAPS 的儿童（12 岁以下）					
地点	样本数	总平均/min	参与者百分比/%	参与者人数	参与者平均/min
住宅	1200	1093	99.7	1196	1097
办公室或工厂	1200	2	4.3	48	42
酒吧或餐厅	1200	6	12.7	176	49
其他室内	1200	128	59.4	700	216
车里	1200	61	76	887	80
户外	1200	149	83.5	994	178

表 7-7　NHAPS 加州样本受访者被动吸烟时间（NHAPS-CA）与 CAPS 的比较

NHAPS-CA 的青年和成年人（12 岁以上）16% 的受访者为吸烟者（加权）					
地点/吸烟者	样本数	总平均/min	参与者百分比/%	参与者人数	参与者平均/min
所有	805	126	39.8	308	317
住宅	805	46	17.1	147	271
办公室或工厂	805	11	4	26	280
酒吧或餐厅	805	15	8.6	79	178
其他室内	805	22	8.5	57	254
车里	805	5	9.6	78	57
户外	805	26	12.5	103	210
CAPS 的青年和成年人（12 岁以上）20% 的受访者为吸烟者（加权）					
地点/吸烟者	样本数	总平均/min	参与者百分比/%	参与者人数	参与者平均/min
所有	1762	176	61.6	1014	285
住宅	1762	63	26.3	430	238
办公室或工厂	1762	35	13.2	187	268
酒吧或餐厅	1762	18	19.2	320	93
其他室内	1762	32	20.3	338	160
车里	1762	11	11.3	206	94
户外	1762	17	13.9	255	121
NHAPS-CA 的儿童（12 岁以下）					
地点/吸烟者	样本数	总平均/min	参与者百分比/%	参与者人数	参与者平均/min
所有位置	125	44	19.8	24	222
NHAPS-CA 儿童样本量太少，不能统计每个地点的数据					

续表

CAPS 的儿童（12 岁以下）					
地点/吸烟者	样本数	总平均/min	参与者百分比/%	参与者人数	参与者平均/min
所有	1200	77	37.9	483	204
住宅	1200	56	24.6	314	227
办公室或工厂	1200	0.024	0.26	3	9
酒吧或餐厅	1200	3	4.8	70	54
其他室内	1200	3	4.4	66	59
车里	1200	5	8.9	120	52
户外	1200	12	12.7	174	92

由于 NHAPS-CA 大部分受访者为成人及青少年（样本数 n 为 805），儿童相对较少（样本数 n 为 125），故 NHAPS 加州样本没有足够的儿童受访者以计算不同地点接触吸烟者花费的时间的可靠统计数据。从所有地点儿童的统计数据可见，参与者平均值与 CAPS 平均值相当接近（分别为 222min 和 204min），NHAPS-CA 参与者比例与 CAPS 相比较低（分别为 19.8% 和 37.9%）。1994～1995 年 CHAPS 加拿大 4 个城市研究表明，30% 的儿童曾与吸烟者相处（Leech et al.，1999）。据 CAPS 结果显示，住宅是儿童接触吸烟者花费平均时间最多（迄今为止）的地点（227min，其次是在户外为 92min）。CHAPS 也显示，儿童在住宅中接触吸烟者花费大部分时间。CAPS 中 25% 的儿童与吸烟者在住宅中相处，不到 13% 的儿童表示其他地点有吸烟者的存在。

成人、青少年样本量足够多，故可观察每个地点接触吸烟者花费时间的变化，从早期 CAPS 研究到后来 NHAPS 研究（表 7-7）。20 世纪 80 年代后期（CAPS）到 90 年代早中期，儿童接触吸烟者花费的时间大量减少。这两项研究数据收集方法也类似，且每个地点花费的总时间接近，表明接触吸烟者花费的时间差异是由于这期间人类活动实质变化。

从 CAPS 到 NHAPS-CA，成人、青少年接触吸烟者（即暴露在二手烟烟雾中的参与者）总数减少了 22%（由 61.6% 下降至 39.8%）。在住宅中接触吸烟者的比例从 26.3% 下降到 17.1%，在办公室、工厂接触吸烟者的比例从 13.2% 下降到 4%。在酒吧或餐厅接触吸烟者的比例从 19.2% 下降到 8.6%。然而，二手烟暴露者的暴露时间的平均值下降不明显（因为暴露者较少，其总体平均值稍微下降），甚至有些地点显著增加；在酒吧或餐厅暴露于二手烟的时间平均值从 CAPS 的 93min 提高到 NHAPS-CA 的 178min，户外二手烟暴露时间平均值从 121min 增至 210min，而在其他室内场所（如公共建筑、商场、商店）二手烟暴露时间平均值由 160min 上升至 254min。这可能是由于有些场所被限制吸烟，而迫使吸烟者在其他场所吸烟，从而增加他人二手烟的暴露时间。

吸烟者人数减少（CAPS 中 20% 的成人、青少年下降到 NHAPS-CA 中 16% 的成年人、青年）会造成加州参与者在数量和各年龄段与吸烟者花费的时间上的变化。但在家庭和汽车里仍有可能使儿童暴露于二手烟环境中。

在美国环境保护署研究区域，不同地点花费时间的平均百分比并没有太大的差异，与吸烟者花费的时间百分比在地理和气候不同的区域也很相近。在整个美国环境保护署研究区域，在每个地点参与者百分比和参与者平均花费的时间也相当接近。对于参与者百分比以及参与者与吸烟者花费的平均时间的比较差异较大，但统计数据仍然非常近似。

个体暴露研究表明，人类行为模式在查明和确定人类对环境污染物的暴露中是十分关键的。行为模式的数据（如在 NHAPS 中的数据库）可用于估计患病率和人群暴露时间，以及许多环境污染物（如二手烟），特别是对于高风险群体。在单独的行为模式数据的基础上可知，美国人群（平均）花费在室内的时间是 87%，在封闭车厢里是 6%；在美国不同地区的人群（平均）花费在室内、户外以及车里的时间百分比是相当恒定的；美国人群和加拿大人群（平均）花费在室内、户外以及车里的时间是相似的；从社会学研究来看，在过去几十年中美国人群每天在室内花费的时间一直相当一致；44% 的美国人每天都与吸烟者相处；美国人在住宅中二手烟暴露时间的比例最大（43%，按受访者个人平均百分比计算）；20 世纪 80 年代末到 90 年代中期之间在加州暴露于二手烟时间的人数有所减少（根据 NHAPS 进行的调查）。美国本土民众的呼吸暴露参数和活动模式见表 7-8。

表 7-8　《美国暴露参数手册》中推荐的成人和儿童时间活动模式

<table>
<tr><th colspan="2" rowspan="3">活动场所和类型</th><th colspan="3">不同人群的活动时间</th></tr>
<tr><th rowspan="2">成年人</th><th colspan="2">儿童（3～11 岁）</th></tr>
<tr><th>工作日</th><th>周末</th></tr>
<tr><td colspan="2">室内活动/(h/d)</td><td>19</td><td>19</td><td>17</td></tr>
<tr><td colspan="2">室外活动/(h/d)</td><td>1.5</td><td>5</td><td>7</td></tr>
<tr><td colspan="2">车内活动/(h/d)</td><td>1.3</td><td></td><td></td></tr>
<tr><td rowspan="2">洗澡</td><td>盆浴/(min/d)</td><td colspan="3">20（每天一次）</td></tr>
<tr><td>淋浴/(min/d)</td><td colspan="3">10（每天一次）</td></tr>
<tr><td colspan="2">游泳/(min/次)</td><td colspan="3">60（平均每月一次）</td></tr>
</table>

二、日本

日本民众的呼吸暴露参数和活动模式见表 7-9（NIAIST，2007）。

表 7-9 日本民众的呼吸暴露参数和活动模式

类别		数值
呼吸速率（m^3/d）		17.3
活动模式	在家（h/d）	15.8
	在家（上小学的儿童）(h/d)	15.1
	户外（h/d）	1.2

三、韩国

《韩国暴露参数手册》中室内外的活动时间见表 7-10（Jang et al.，2007）。

表 7-10 韩国居民的时间-行为活动模式

场所		时间
室内		21.35h/d
室外		1.27h/d
交通	公共汽车	19.9min/d
	出租车	13min/d
	小汽车	44.8min/d
	卡车	2.3min/d
	火车/高速列车	0.4min/d
	飞机	0.2min/d
洗手		7.4 次/d
盥洗		2.1 次/d
		4.7min/次
淋浴		1 次/d
		17.2min/次
泡澡		1.9 次/d
		19.8min/次
游泳		0.4 次/d
		51.3min/次

第四节 我国居民的时间-行为活动模式参数探讨

目前国内已有的关于时间-行为活动模式的报道主要有以下几个方面。

一、室内外停留时间

白志鹏等 1995 年调查天津市成人与儿童的时间-行为活动模式后认为，忽略性别差异，健康成年人和儿童在家中、学校/办公室、途中、其他环境中的停留时间分别为 13h、6h、1h、4h，分别占全天时间的 54%、25%、4%、17%。这些参数只能代表城市居民的活动时间，不能代表农村居民的活动时间（白志鹏，1995）。白志鹏等通过研究建议，成年人与儿童人群不同环境的呼吸速率和停留时间见表 7-12，他建议对于一个体重 60kg 的成年中国男性，每天吸入空气 10～15m^3。

表 7-11　成人（儿童）在各类环境中的停留时间呼吸速率

活动场所	呼吸速率/(m^3/h)		成人（儿童）的停留时间/(h/d)
	成人	儿童	
家中	0.5	0.4	13.0
办公室（学校）	1.0	1.0	6.0
途中	1.6	1.2	1.0
其他环境	1.6	1.2	4.0

二、车内活动时间

机动车内也属于室内微环境的一种，在其内的停留时间对于研究职业暴露有重要意义。李湉湉等通过问卷调查或合理假设的方法确定了公共汽车司售人员、出租车司机、地铁司机及城铁司机这些职业人群的暴露时间，认为公共汽车司售人员、出租车司机、城/地铁司机每天车内工作时间分别为（6.57±0.96）h、（10.80±2.03）h、（6.00±0.60）h（李湉湉等，2008）。

三、室内时间

2002 年中国居民营养与健康状况调查报告中报道了城市和农村不同年龄段人群的休息时间和阅读、看电视、玩电子游戏等时间，该报道虽然仅仅报道了这两类活动时间，但是却代表了两种活动强度，即休息和坐，而且体现了城市与农村的差异，见表 7-12。

到目前为止还没有反映我国居民的时间-行为活动模式的系统报道，当前的报道只有零星的时间报道，而没有活动强度，更没有每个时间段的活动类型的报道；而且我国城市和农村居民的时间活动模式差异很大，上述报道的数据根本不能满足我国当前和今后科学研究及风险管理的需要；同时，由于我国与美国等发达国家的居民时间-行为活动模式有着显而易见的差异，因此引用其他国家的参数必将带来结果误差。

表 7-12　中国城市和农村居民休息和看电视、阅读等活动的时间分布

（单位：h/d）

		休息（睡眠）			坐（看电视、阅读等）		
		合计	城市	农村	合计	城市	农村
	合计	8.1	7.9	8.2	2.5	3.2	2.2
	男性	8.1	7.8	8.2	2.7	3.4	2.4
	女性	8.1	7.9	8.2	2.4	3.1	2.1
青年（18～44岁）	小计	8.2	8	8.3	2.7	3.3	2.4
	男性	8.1	7.9	8.2	2.8	3.4	2.5
	女性	8.3	8.1	8.3	2.5	3.1	2.3
中年（45～59岁）	小计	7.9	7.7	8	2.3	3	2.1
	男性	7.9	7.7	8	2.5	3.2	2.2
	女性	7.9	7.7	8	2.2	2.9	1.9
老年（≥60岁）	小计	7.8	7.5	7.9	2	2.9	1.7
	男性	7.9	7.6	8	2.3	3.3	2
	女性	7.7	7.3	7.9	1.7	2.5	1.4

第五节　案例研究：典型地区居民时间-行为活动模式调查

在北方某地区（以山西太原为代表地区，太原地处我国北方，根据其地域、气候和生活习惯等特点，在一定程度上能代表我国北方城市水平），采用抽样问卷调查的方法对该地的城市和农村居民开展呼吸暴露参数的调查，一方面以太原为例调查我国居民的呼吸暴露参数；另一方面摸索呼吸暴露参数的研究方法，积累相关经验，以期为同类或进一步的研究提供借鉴和参考（王贝贝等，2010）。

一、调查地区与内容

（一）调查地区

调查地点选择在山西省太原市，该市地处我国北方，根据其地域、气候和生活习惯等特点，在一定程度上能代表我国北方城市水平。太原是以煤炭、冶金、机械、化工和电力为支柱产业的重工业城市，工业能源结构以煤为主，煤炭消耗占总能耗的99.5%以上。太原按照行政区划分为6个城区（小店区、迎泽区、杏花岭区、尖草坪区、万柏林区和晋源区）、3个县（清徐县、阳曲县和娄烦县）和1个县级市（古交市）。根据2008年的人口普查资料，全市总人口360×10^4余人，其中市区人口260×10^4余人，农村人口100×10^4余人。

（二）调查人群

最终在太原选择了2334名市区人口和526名农村人口，年龄分布于18～60岁，具体信息见表7-13。

表7-13　太原（市区和农村）完成调查问卷统计

调查区域		完成问卷/份	访问人数/人			
			18～35岁		35～60岁	
			男	女	男	女
太原	市区人口	2334	570	578	600	586
	农村人口	526	145	114	125	142
合计		2860	715	692	725	728

（三）调查内容

采用调查问卷的方式对受试人群进行入户调查，问卷内容主要包括基本信息、活动时间、活动场所、活动强度和其他信息。

基本信息：姓名、性别、出生年月、身高、体质量、民族、文化程度、家庭住址、职业、家庭收入、工作单位以及联系电话等内容。

活动时间：工作日和休息日分别在室内外的活动时间。

活动场所：工作日和休息日分别在家、工作单位、途中和其他室内外场所的活动时间。

活动强度：工作日和休息日分别从事睡眠、轻度运动、中度运动和重度运动的活动时间。

其他信息：生活习惯和健康信息等。

为了保证调查的质量，采用Epidata对2860份调查问卷和300份平行调查问卷同时进行录入，前后2次录入的差异率小于3%。采用SPSS15.0对数据进行统计分析。

二、研究结果

（一）受试人群的基本信息

根据统计分析，太原各年龄段居民的身高、体重信息见表 7-14。

表 7-14 太原居民的身高、体重信息

参数	地区及受调查人数	性别	18～35 岁		35～60 岁		成人（18～60 岁）	
			范围	算术平均值	范围	算术平均值	范围	算术平均值
身高/cm	城市（n=2334）	男	150～185	172	150～185	170	150～185	171
		女	150～183	161	150～185	160	150～185	161
	农村（n=526）	男	158～180	169	150～185	168	150～185	169
		女	150～175	161	150～172	159	150～175	159
体重/kg	城市（n=2334）	男	40～99	68	45～99	70	40～99	69
		女	40～90	55	40～95	60	40～95	58
	农村（n=526）	男	50～85	64	46～95	64	46～95	64
		女	40～70	54	40～87	58	40～87	57

注：成人指受试人群中的所有 18～60 岁的居民。

从表 7-14 可以看出，太原城市居民中，男性的平均身高和体重分别为 171cm 和 69kg；女性为 161cm 和 58kg；农村居民中，男性的平均身高和体重分别为 169cm 和 64kg，女性为 159cm 和 57kg。城市居民的平均身高和体质量均高于农村居民，这一差异与城市居民摄入的营养状况优于农村居民，而劳动强度比农村居民低有很大的关系。18～35 岁居民的身高较 35～60 岁居民高，体重较 35～60 岁低。

根据 USEPA 数据库（USEPA，2009），美国居民中男性的平均体重为 82.19kg，平均身高为 176.2cm，女性平均体重为 69.45kg，平均身高为 162.3cm，均显著高于太原。因此，在对太原居民进行健康风险评价时，若直接引用 USEPA 数据，势必会造成 5%～30% 的偏差。

（二）室内外活动时间

由于室内外空气中污染物的浓度不同，室内外活动的停留时间会直接影响到对该污染物的暴露水平，进而影响健康风险评价的准确性（吴鹏章等，2003；崔九思等，1994；白志鹏，2006）。根据统计分析，太原有无职业居民日平均室内外的活动时间见表 7-15。

表 7-15　太原居民日平均室内外活动时间　（单位：h）

项目			城市（有职业）（n=1790）			城市（无职业）（n=544）			农村（n=526）			成人（n=286）
			男	女	平均值	男	女	平均值	男	女	平均值	平均值
工作日	室内	平均值	19.7	20.3	20.0	16.3	17.8	17.5	13.5	14.5	13.9	18.4
		最大值	23.5	23.5	23.5	23.0	23.5	23.5	23.0	23.0	23.0	23.5
		最小值	8.5	8.5	8.5	8.0	6.0	6.0	8.0	7.0	7.0	6.0
		中位值	20.0	21.0	20.5	16.0	19.0	17.0	13.0	14.0	13.5	18.0
	室外	平均值	4.3	3.7	4.0	7.7	6.2	6.5	10.5	9.5	10.1	5.6
		最大值	9.0	9.0	9.0	9.0	9.0	9.0	16.0	17.0	17.0	17.0
		最小值	0.1	0.2	0.1	0.5	0.5	0.5	1.0	1.0	1.0	0.1
		中位值	3.5	3.5	3.5	6.0	6.0	6.0	9.0	9.0	9.0	5.0
休息日	室内	平均值	15.9	17.0	16.4	16.3	17.8	17.5	13.5	14.5	13.9	16.1
		最大值	23.0	23.5	23.5	23.0	23.5	23.5	23.0	23.0	23.0	23.5
		最小值	7.0	7.0	7.0	8.0	6.0	6.0	8.0	7.0	7.0	6.0
		中位值	16.0	18.0	17.0	16.0	19.0	17.0	13.0	14.0	13.5	17.0
	室外	平均值	8.1	7.0	7.6	7.7	6.2	6.5	10.5	9.5	10.1	7.9
		最大值	9.0	9.0	9.0	9.0	9.0	9.0	16.0	17.0	17.0	17.0
		最小值	0.2	0.3	0.2	0.5	0.5	0.5	1.0	1.0	1.0	0.2
		中位值	3.0	3.0	3.0	6.0	6.0	6.0	9.0	9.0	9.0	3.0

注：城市（无职业）包括家庭主妇、离/退休人员或下岗职工。

由表 7-15 可知，太原成人工作日室内外的活动时间分别为 18.4h 和 5.6h，休息日室内外的活动时间分别为 16.1h 和 7.9h。从表 7-15 还可以看出，不同职业、不同性别居民工作日和休息日在室内外活动时间有显著差异。城市（有职业）居民工作日室内活动时间为 20.0h，较城市（无职业）居民高 2.5h，较农村居民高 6.1h。城市（无职业）居民和农村居民工作日和休息日室内外活动时间相同。城市（有职业）居民工作日室内活动时间较休息日高 3.6h，男性平均室内活动时间均低于女性。

这种差异主要是因为城市居民的工作环境一般是在室内，城市居民的生活范围相对较小，且大部分娱乐活动场所也主要设在室内；而农民一年四季从事田地劳作，主要在室外工作，所以城市居民的室内活动时间要远高于农民。同时城市有职业居民的生活作息较无职业居民规律，是促使有职业居民室内活动时间高于无职业居民的一个重要原因。在我国由于家务劳动（如做饭、整理房间等）主要由女性担当，再加上性格等原因，导致男性室内活动时间较女性低。

根据 USEPA 调查结果（USEPA，2009），美国居民日平均室内外活动时间分别为 20.9h 和 3.1h。在对太原居民进行环境健康风险评价时，如果不考虑东西方生活习惯的差异，摒弃太原居民的实际情况，一概引用美国的参数，将会造成 5%～45% 的偏差。

（三）不同活动场所的活动时间

在表 7-15 的调查基础上，对太原居民的时间-行为活动进行更进一步的调查研究，得到不同职业居民在不同活动场所的日平均活动时间，具体情况如表 7-16 所示。

表 7-16 太原居民在不同活动场所的日平均活动时间 （单位：h）

项目	场所	城市（有职业）			城市（无职业）			农村			成人
		男	女	平均值	男	女	平均值	男	女	平均值	
工作日	家	12.2	12.8	12.5	16.5	17.6	17.4	13.5	14.5	14	13.7
	工作单位	8.9	8.9	8.9	0.0	0.0	0.0	0.0	0.0	0.0	5.6
	其他室内场所	0.6	1.0	0.8	1.7	2.2	2.1	0.5	0.5	0.5	1.0
	途中	0.7	0.7	0.7	0.0	0.0	0.0	0.0	0.0	0.0	0.4
	其他室外场所	1.6	0.6	1.1	5.0	4.3	4.5	10.0	9.0	9.6	3.3
休息日	家	18.9	19.8	19.3	16.5	17.6	17.4	13.5	14.5	14	17.9
	其他室内场所	1.5	2.5	2.0	1.7	2.2	2.1	0.5	0.5	0.5	1.7
	室外场所	3.6	1.7	2.7	5.0	4.3	4.5	10.0	9.0	9.6	4.4

从表 7-18 可以看出，太原成人工作日在家、工作单位、其他室内场所、途中和其他室外场所的活动时间分别为 13.7h、5.6h、1.0h、0.4h 和 3.3h，休息日在家、其他室内场所和室外场所的活动时间分别为 17.9h、1.7h 和 4.4h。其中，不同职业、不同性别居民工作日和休息日在不同场所的活动时间有显著差异。工作日城市（有职业）居民在家活动时间和在其他室外场所活动的时间最短，平均值分别为 12.5h 和 1.1h，较城市（无职业）居民低 4.9h 和 3.4h，较农村居民低 1.5h 和 8.5h；城市（无职业）居民在其他室内场所的活动时间最高，平均值为 2.1h，较城市（有职业）居民高 1.3h，较农村居民高 1.6h；城市（有职业）居民休息日在家时间，在其他室内外场所的活动时间显著大于工作日，分别较工作日高出 6.8h、1.2h 和 1.6h；城市（无职业）居民和农村居民工作日和休息日在各个场所的活动时间一致；男性日平均在家和其他室内场所的活动时间要低于女性，室外场所的活动时间较女性高。

根据 USEPA 数据，将太原成人在不同场所的活动时间与美国成人相比，结果如图 7-1 所示。从图中可以看出，太原成人日平均在家、工作单位、其他室内场所和途中的时间分别较美国成人低 8%、18%，29% 和 78%，其他室外场所活动时间为美国成人的 6.6 倍。

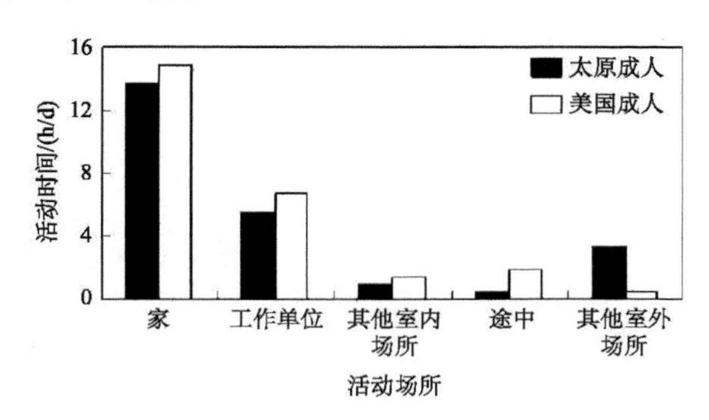

图 7-1　太原成人和美国成人在不同场所的日平均活动时间

太原城市（有职业）居民日平均使用各种交通工具的时间情况如表 7-17 所示。太原居民平均每天往返家与工作单位 2 次，表 7-17 中表示的时间为 4 次单程的总时间。从表 7-17 可以看出，太原居民平均每天每人使用私家车、公交车、自行车和步行的时间分别为 0.1h、0.2h、0.3h 和 0.2h，单程乘坐以上交通工具的时间分别为 0.025h、0.05h、0.074h 和 0.05h。

表 7-17　太原城市（有职业）居民日平均使用各种交通工具的时间

项目	使用各种交通工具的时间/（h/d）			
	私家车	公交车	自行车	步行
最大值	4.0	4.0	5.0	5.0
最小值	0.0	0.0	0.0	0.0
中位值	0.1	0.2	0.3	0.2

图 7-2 为太原居民日平均使用各种交通工具的频率。从图 7-2 可以看出，该市居民上下班主要依靠步行和自行车，少部分人乘坐公交车或开私家车出行，这与太原区面积不大、大部分居民住处离工作地点较近有很大的关系。

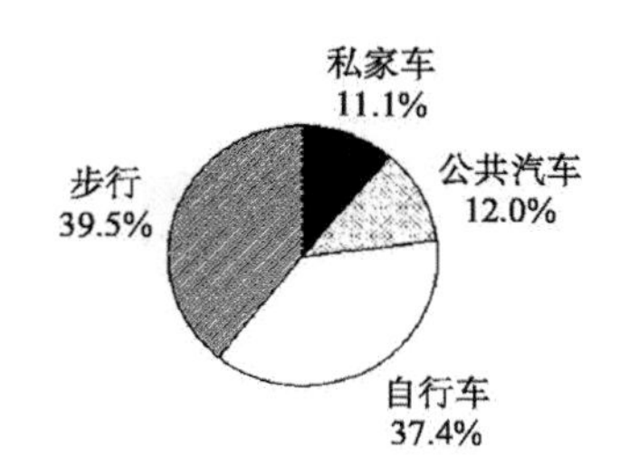

图 7-2　太原城市（有职业）居民日平均使用各种交通工具的频率

（四）活动强度

活动强度水平与呼吸暴露参数中的呼吸速率有着很大的关系，它直接影响人体对污染物的吸入量（狄玉峰等，2006；张春华等，2007）。根据统计分析，太原不同职业居民在不同活动强度下的活动时间见表 7-18。

表 7-18 太原居民日平均从事不同强度活动的时间 （单位：h）

项目		城市（有职业）			城市（无职业）			农村			成人
		男	女	平均值	男	女	平均值	男	女	平均值	
工作日	睡眠	8.1	8.2	8.1	8.5	8.3	8.4	8.4	8.4	8.4	8.2
	轻度运动	15.1	15.3	15.2	14.8	15.2	15.1	5.0	6.2	5.8	13.5
	中度运动	0.6	0.4	0.5	0.5	0.4	0.4	7.1	5.9	6.8	1.6
	重度运动	0.2	0.1	0.2	0.2	0.1	0.1	3.5	1.9	3.0	0.7
休息日	睡眠	8.7	8.9	8.8	8.5	8.3	8.4	8.4	8.4	8.4	8.7
	轻度运动	9.4	10.9	9.6	14.8	15.2	15.1	5.0	6.2	5.8	9.9
	中度运动	5.7	4.1	5.5	0.5	0.4	0.4	7.1	5.9	6.8	4.8
	重度运动	0.2	0.1	0.1	0.2	0.1	0.1	3.5	1.9	3.0	0.6

由表 7-18 可以看出，太原成人工作日睡眠以及从事轻度运动、中度运动和重度运动的时间分别为 8.2h、13.5h、1.6h 和 0.7h，休息日分别为 8.7h、9.9h、4.8h 和 0.6h。各职业居民睡眠时间无显著差异，均为 8.1～8.7h；城市（有职业）居民和城市（无职业）居民从事轻度运动、中度运动和重度运动的时间分别为 15.1～15.2h、0.4～0.5h 和 0.1～0.2h；农村居民从事中度运动和重度运动的时间显著高于城市居民，分别是城市居民的 13.6 倍和 15.0 倍。城市（有职业）居民休息日睡眠的时间较工作日多 0.7h，从事轻度运动的时间较工作日少 5.6h，从事中度运动的时间较工作日高 5h；男性居民从事中度运动和重度运动的时间普遍较女性多，从事轻度运动的时间较女性低。例如，农村男性居民日平均从事中度运动时间较女性多 1.2h，从事重度运动时间为女性的 2 倍，从

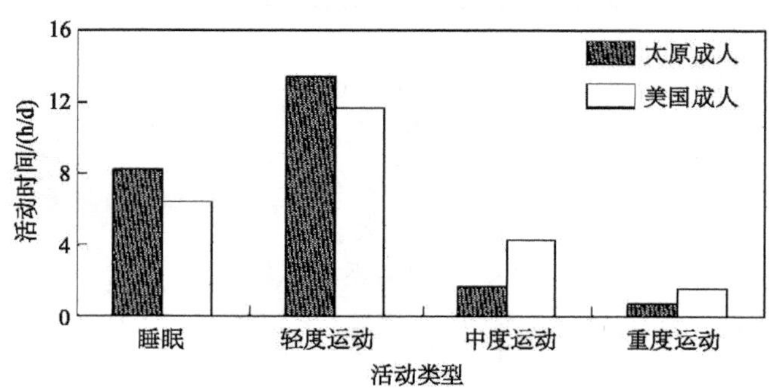

图 7-3 太原成人和美国成人从事不同活动类型活动的时间

事轻度运动的时间较女性少 1.2h。由图 7-3 可见，太原成年人每天用于睡眠及轻度运动的活动时间超过了美国成人，而中度运动及重度运动的时间前者比后者少。

三、研究小结与不足

（1）太原城市居民工作日室内外的活动时间分别为 18.4h 和 5.6h，具体在家、工作单位、其他室内场所、途中和其他室外场所的活动时间分别为 13.7h、5.6h、1.0h、0.4h 和 3.3h；休息日室内外的活动时间分别为 16.1h 和 7.9h，具体在家、其他室内场所和室外场所的活动时间分别为 17.9h、1.7h 和 4.4h。

（2）太原成人工作日睡眠以及从事轻度运动、中度运动和重度运动的时间分别为 8.2h、13.5h、1.6h 和 0.7h，休息日分别为 8.7h、9.9h、4.8h 和 0.6h。

（3）该研究也存在着很多的不足，一方面由于调查的样本量有限，代表性相对较差；另一方面，由于调查的地区仅限于太原，而我国是一个多文化、多民族的国家，各地区差异较大，所获得的数据只能在一定程度上代表部分北方中型城市，建议开展全国范围的此类研究。

本章参考文献

白志鹏．1995．空气污染化学中两个重要方面问题的研究．天津：南开大学博士学位论文．

崔九思，宋瑞金，曹兆进，等．1994．人对空气污染物个体接触量的监测．中国环境监测，10（4）：17-21

狄玉峰，李艳平，赵斌，等．2006．北京市城区不同体质量人群能量消耗和体力活动水平比较．中国临床康复，(24)：1-3．

李湉湉，严敏，刘金凤，等．2008．北京市公共交通工具微环境空气质量综合评价，环境与健康杂志，(06)：514-516．

王贝贝，段小丽，蒋秋静．2010．我国北方典型地区居民呼吸暴露参数研究．环境科学研究，2010，23（11）：1421-1427．

吴鹏章，张晓山，牟玉静．2003．室内外空气污染暴露评价，上海环境科学，22（8）：573-579，588．

张春华，申醒，梁亚东，等．1997．散手运动员不同运动负荷与血乳酸及心率的相关研究．武汉体育学院学报，(2)：60-63．

Akland G G，Hartwell T D，Johnson T R，et al．1985．Measuring human exposure to carbon monoxide in Washington，DC and Denver，Colorado during the winter of 1982-1983．Env Sci Technol，19：911-918．

Jang J Y，Jo S N，Kim S，et al．2007．Korean Exposure Factors Handbook，Ministry of Environment，Seoul，Korea．

Jenkins P L，Phillips T J，Mulberg E J，et al．1992．Activity patterns of Californians：use of and proximity to indoor pollutant sources．Atmos Environ：26A：2141-2148．

Jenkins P L，Phillips T J，Mulberg E J，et al．1992．Activity patterns of Californians：use of and proximity to indoor pollutant sources．Atmos．Environ．：26A：2141-2148．

Johnson T，Capel J．1992．A Monte Carlo approach to simulating residential occupancy periods and its application to the general U. S. population. U. S. Environmental Protection Agency, Office of Air Quality and Standards, Research Triangle Park, NC.

Klepeis N E, Ott W, Switzer P, et al. 1994. A total human exposure model (THEM) for respirable suspended particles (RSP). Paper No. A261 presented at the 87th Annual Meeting of the Air and Waste Management Association: Cincinnati, OH.

Lebowitz M D, Quackenboss J J, Soczek M L, et al. 1989. The new standard environmental inventory questionnaire for estimation of indoor concentrations. J Air Pollut Cont Assoc, 39: 1411-1419.

Leech J A, Wilby K, McMullen E, et al. 1996. The Canadian human activity pattern survey: a report of methods and population surveyed. Chronic Diseases in Canada, 17 (3-4): 118-123.

Leech J A, Wilby K, McMullen E. 1999. Environmental tobacco smoke exposure patterns: a subanalysis of the Canadian time-activity pattern survey. Can J Pub Health, 90 (4): 244-249.

Miller S L, Branoff S, Lim Y, et al. 1998a. Assessing exposure to air toxicants from environmental tobacco smoke. Final Report, Contract Number 94-344, California Air Resources Board: Sacramento, CA.

Miller S L, Branoff S, Nazaroff W W. 1998b. Exposure to toxic air contaminants in environmental tobacco smoke: an assessment for California based on personal monitoring data. J. Expos. Anal. Environ. Epidemiol: 8 (3): 287-311.

NIAIST. 2007. Japanese exposure factors handbook. http: //unit. aist. go. jp/riss/crm/exposurefactors/english_summary. html. 2011-10-12.

Ott W R, Switzer P, Robinson J P. 1994. Exposures of Californians to environmental tobacco smoke (ETS) by time-of-day: a computer methodology for analyzing activity pattern data. Report No. 4 for the California Activity Pattern Survey, Department of Statistics, Stanford University: Stanford, CA.

Phillips T J, Jenkins P L, Mulberg E J. 1991. Children in California: activity patterns and presence of pollutant sources. Paper No. 91-172. 5 presented at the 84th Annual Meeting and Exhibition of the Air and Waste Management Association: Vancouver, BC.

Phillips T J, Mulberg E J, Jenkins P L. 1990. Activity patterns of California adults and adolescents: appliance use, ventilation practices, and building occupancy. Paper presented at the 1990 Summer Study on Energy Efficiency in buildings, American Council for an Energy-Efficient Economy (ACEEE), Vol. 4, Environment: Washington, DC.

R Robinson J P, Switzer P, Ott W R. 1996. Daily exposure to environmental tobacco smoke: smokers vs nonsmokers in California. Am J Public Health, 86 (9): 1303-1305.

Robinson J P, Silvers A. 2000. Measuring potential exposure to environmental pollutants: time spent with soil and time spent outdoors. J Expos Anal Environ Epidemiol, 10 (4): 341-354.

Robinson J P, Switzer P, Ott W. 1993. Smoking activities and exposure to environmental tobacco smoke (ETS) in California: a multivariate analysis. Report No. 1 for the California Activity Pattern Survey, Department of Statistics, Stanford University: Stanford, CA.

Robinson J P, Switzer P, Ott W. 1994a. Exposure to environmental tobacco smoke (ETS) among smokers and nonsmokers. Report No. 2 for the California Activity Pattern Survey, Department of Statistics, Stanford University: Stanford, CA.

Robinson J P, Switzer P, Ott W. 1994b. Microenvironmental factors related to Californians' potential exposures to environmental tobacco smoke (ETS). Report No. 3 for the California Activity Pattern Survey, Department of Statistics, Stanford University: Stanford, CA.

Robinson J P, Thomas J. 1991. Time spent in activities, locations, and microenvironments: a California national comparison. EPA/600/4-91/006, Final EPA Report: Washington, DC.

Robinson J P. 1991. Estimating activity and location time expenditures from human activity data: comparison of Denver-Washington TEAM activity data with the 1987-88 California and 1985 national data. Survey Research Center, Draft Report, University of Maryland: College Park, Maryland.

USEPA. 1996. Descriptive statistics tables from a detailed analysis of the National Human Activity Pattern Survey (NHAPS) data. Washington DC: Office of Research and Development. EPA/600/R-96/148.

USEPA. 1997. Exposure factors handbook. Washington DC: EPA/600/P-95/002Fa.

USEPA. 2009. Exposure factors handbook. Washington DC: EPA/600/R-09/052A

Wallace L A, Nelson W, Ziegenfus R, et al. 1991. The Los Angeles TEAM study: personal exposures, indoor-outdoor air concentrations, and breath concentrations of 25 volatile organic compounds. J Expos Anal Environ Epidemiol, 1: 157-192.

Wallace L A, Nelson W, Ziegenfus R, et al. 1991. The Los Angeles TEAM study: personal exposures, indoor-outdoor air concentrations, and breath concentrations of 25 volatile organic compounds. J Expos Anal Environ Epidemiol, 1: 157-192.

Wiley J, Robinson J P, Piazza T, et al. 1991a. Activity patterns of California residents. Final Report under Contract No A7-177-33, California Air Resources Board: Sacramento, CA.

Wiley J, Robinson J P, Piazza T, et al. 1991b. Study of children's activity patterns. Sacrammento, CA: California Environmental protection Agency, Air Resources Board Research.

第八章　基本暴露参数

体重和期望寿命是最基本的暴露参数，无论经呼吸、饮水、饮食，还是经皮肤的暴露评价，都需要用到这两类参数。

第一节　体　　重

一、定义

体重是指身体所有器官重量的总和，会直接反映身体长期的热量平衡状态。

一些国际组织对平均体重也有过报道和研究，国际辐射防护（ICRP）公布的“标准人”的数据成年男性为70kg，成年女性为58kg，世界卫生组织（WHO）推荐的男女平均体重为60kg。表8-1是正常人标准体重对照表。

表8-1　正常人标准体重对照表

体重 身高/cm 年龄	男性体重/kg							女性体重/kg						
	160	164	172	176	180	184	188	152	156	160	164	168	172	176
19岁	52	54	58	61	64	67	70	46	47	49	51	54	57	60
27岁	55	57	61	64	67	71	74	47	48	50	52	55	58	61
31岁	56	58	62	65	68	72	75	48	49	51	53	56	59	62
35岁	57	59	63	66	69	73	76	49	50	52	53	57	60	63
41岁	58	60	64	67	70	74	77	51	52	54	55	59	62	65
45岁	59	60	64	67	70	74	77	52	53	55	57	60	63	66
51岁	59	61	65	68	71	75	78	52	54	56	57	61	63	67
55岁	59	61	65	68	71	75	78	53	54	56	58	61	64	67
61岁	58	60	64	67	70	74	77	53	54	56	57	61	64	67
65岁	58	60	64	67	70	74	77	52	54	55	57	61	63	66
69岁	58	60	64	67	70	74	77	52	54	55	57	61	63	66

二、影响因素

影响体重的因素很多，主要有以下几点。

（1）遗传因素：新陈代谢决定着身体每分钟需要的能量，大约70%的基础代谢受遗传控制。遗传因素通过影响基础代谢而影响人体的能量消耗，按平均来说，遗传对体重的影响约占33%，但对某些人来说影响可能大于或小于33%。

（2）性别差异：由于性别差异，男性比女性平均体重大。

（3）人种差异：亚洲人身体特征与欧美人相比存在很大差异，因此体重也有区别。

（4）社会因素：对体重有很重要的影响，特别是妇女。推崇减肥的风气确实是随社会地位升高而增加。社会经济地位较高的妇女有时间和财力讲究饮食及锻炼身体，使自己能符合这些社会时尚。

（5）生长因素：脂肪细胞的数量或体积增加或数量和体积都增加，导致身体储存的脂肪量增多。肥胖人，特别是在儿童时已经开始肥胖的人，脂肪细胞的数量可能比正常体重的人多4倍，由于细胞数量无法减少，减轻重量只能减少每个细胞的脂肪含量。

（6）体力活动：体力活动减少可能是富裕社会中肥胖人增多的主要原因之一。经常坐着的人需要的热量较少。体力活动增加，体重正常的人可能会增加摄入量，而肥胖人的摄入量不一定增加。

三、调查研究方法

各国体重的研究方法主要靠调查并进行信息统计。《美国暴露参数手册》中列出了美国不同年龄性别人群的体重，其数据主要来自于美国疾控中心（Center for Disease Control，CDC）和国家卫生统计署（National Center of Health Statistics，NCHS）于1999～2006年开展的国家卫生与营养状况调查（National Health and Nutrition Examination Survey，NHANES）。此次调查在全美范围内选取约40 000名受试者，其中包括20 000名儿童。《韩国暴露参数手册》指出韩国以5～6年为一个周期，直接测量0～90岁的调查对象约16 200人，范围遍及全国3个圈域、6个地域、46个市（郡和区）。

四、各国居民的体重数值

（一）美国

表8-2所示为美国各年龄段人群的平均体重，美国成年男性平均体重为80kg，成年女性平均体重为67kg（U. S. Census Bureau，2008；2009）。

表 8-2 《美国暴露参数手册》中的体重推荐值

年龄	体重/kg		年龄	体重/kg		年龄	体重/kg	
	男	女		男	女		男	女
6～11 月	9.4	8.8	9 岁	31.1	31.9	18 岁	71.1	59
1 岁	11.8	10.8	10 岁	36.4	36.1	18～25	73.8	60.6
2 岁	13.6	13	11 岁	40.3	41.8	25～35	78.7	64.2
3 岁	15.7	14.9	12 岁	44.2	46.4	35～45	80.9	67.1
4 岁	17.8	17	13 岁	49.9	50.9	45～55	80.9	68
5 岁	19.8	19.6	14 岁	57.1	54.8	55～65	78.8	67.9
6 岁	23	22.1	15 岁	61	55.1	65～75	74.8	66.6
7 岁	25.1	24.7	16 岁	67.1	58.1	18～75	78.1	65.4
8 岁	28.2	27.9	17 岁	66.7	59.6			

（二）欧洲

欧盟国家在发布暴露参数数据时，同时报道了各国人群的平均体重，其中2005 年瑞典 16～84 岁成年男性的平均体重为 82.5kg，女性为 67.7kg；表 8-3 列出了欧洲暴露参数数据库中公布的英国、德国、芬兰等国各年龄段人群体重的推荐值（ECJRC，2006）。

表 8-3 欧洲国家不同年龄性别人群平均体重

调查年份	国家	年龄/岁	性别			
			男性		女性	
			均值/kg	中位值/kg	均值/kg	中位值/kg
1998	英国	2	14	14	14	14
1998	英国	3	16.4	16	15.9	16
1998	英国	4	18.5	18	18.6	18
1998	英国	5	20.5	20	20.3	20
1998	英国	6	22.9	22	22.7	22
1998	英国	7	25.9	25	26	26
1998	英国	8	29	28	28.9	28
1998	英国	9	31.6	31	33.7	32
1998	英国	10	36.5	34	36.5	36
1998	英国	11	40.5	38	43.6	41

续表

调查年份	国家	年龄/岁	性别			
			男性		女性	
			均值/kg	中位值/kg	均值/kg	中位值/kg
1998	英国	12	44.6	43	48.5	47
1998	英国	13	51.7	50	53.4	51
1998	英国	14	56.5	55	56.2	56
1998	英国	15	62.2	62	60	58
2010	瑞典	3～6	18.7	18.3	18.2	17.8
2010	瑞典	9～11	39.3	37.5	38.6	36.7
2005	瑞典	16～84	82.5	81	67.7	65
2002	芬兰	16～19	69.31	68	56.63	56
2002	芬兰	20～24	77.41	75	62.32	60
2002	芬兰	26～29	78.94	78	63.59	60
2002	芬兰	30～34	83.76	81	66.76	65
2002	芬兰	36～39	83.81	81	66.86	65
2002	芬兰	40～44	83.81	83	68.7	67
2002	芬兰	46～49	81.48	80	65.37	64
2002	芬兰	50～54	85.01	84	70.62	68
2002	芬兰	56～59	84.83	83.5	71.26	70
2002	芬兰	60～64	83.38	82	71.7	70
1999	德国	3	14.5	14.5	14.3	14
1999	德国	4	16.78	16.6	16.53	16.2
1999	德国	5	18.78	18.5	18.93	18.5
1999	德国	6	21.11	21	21.2	20.9
1999	德国	7	24.26	23.8	23.56	23.27
1999	德国	8	26.69	26.1	26.23	25.5
1999	德国	9	29.8	29	30.02	29
1999	德国	10	32.87	32	33.12	32.25
1999	德国	11	36.38	35.1	36.76	35.6
1999	德国	12	40.61	39.8	42.4	41
1999	德国	13	45.99	45	47.83	46.5
1999	德国	14	52.45	51.5	51.94	50.9
1999	德国	15	58.47	58	54.72	54

续表

调查年份	国家	年龄/岁	性别			
			男性		女性	
			均值/kg	中位值/kg	均值/kg	中位值/kg
1999	德国	16	63.42	62	57.02	55.3
1999	德国	17	65.87	64.95	58.17	57
1999	德国	18	67.94	66.9	58.83	57.5
1999	德国	19	68.6	68	58.51	58
1999	德国	20～25	72.42	70.6	58.87	58
1999	德国	26～30	75.9	75.45	60.66	59
1999	德国	30～35	76.91	74.5	62.7	61
1999	德国	36～40	77.64	76.6	63.2	60.8
1999	德国	40～45	79.29	79	65.1	63.65
1999	德国	46～50	79.47	78.5	66.83	66.5
1999	德国	50～55	78.56	78	69.58	69
1999	德国	56～60	76.63	76	68.4	67.5
1999～2000	意大利	3	16.6	16	16.3	16
1999～2000	意大利	4	19.1	19	18.5	18
1999～2000	意大利	5	21.6	21	20.9	21
1999～2000	意大利	6	24.2	24	23.3	22
1999～2000	意大利	7	26.9	26	27.1	26
1999～2000	意大利	8	31.2	30	30.3	30
1999～2000	意大利	9	35	35	33.7	34
1999～2000	意大利	10	38.1	37	37.9	37
1999～2000	意大利	11	43.1	42	41.9	40
1999～2000	意大利	12	47.2	46	46.4	45
1999～2000	意大利	13	52.6	50	49.8	50
1999～2000	意大利	14	58.4	58	52.5	51
1999～2000	意大利	15	62.7	62	55.3	54
1999～2000	意大利	16	65.2	65	55	54
1999～2000	意大利	17	68	68	56.2	55
1999～2000	意大利	18	69.7	70	56	55
1999～2000	意大利	19	69.8	70	56.4	55
1999～2000	意大利	20～24	72	70	57.5	55

续表

调查年份	国家	年龄/岁	性别			
			男性		女性	
			均值/kg	中位值/kg	均值/kg	中位值/kg
1999～2000	意大利	26～29	74.4	74	58.3	56
1999～2000	意大利	30～34	76.6	75	59.6	58
1999～2000	意大利	36～39	77.6	76	60.8	60
1999～2000	意大利	40～44	78.7	78	61.9	60
1999～2000	意大利	46～49	78.3	78	63.5	62
1999～2000	意大利	50～54	78.1	78	65.6	65
1999～2000	意大利	56～59	77.6	77	66.5	65
1999～2000	意大利	60～64	77.4	76	66.8	65

（三）日本

日本2007年在其暴露参数手册中公布的该国成年男性平均体重为64.0kg，成年女性为52.7kg；上小学的儿童男性36.9kg，女性37.0kg（NIAIST，2007）。

（四）韩国

《韩国暴露参数手册》中的平均体重推荐值为62.8kg（Jang et al.，2007）。韩国成人平均体重为62.8kg。成年男性平均体重为69.2kg，女性为56.4kg（表8-4）。

表8-4　韩国不同年龄性别人群平均体重

年龄	体重/kg		年龄	体重/kg		年龄	体重/kg	
	男	女		男	女		男	女
6～9月	8.9	8.3	9岁	32.2	29.9	18～24岁	68.5	53.9
12～18月	10.9	10.0	10岁	35.3	34.4	25～34岁	70.8	54.9
2岁	13.2	12.5	11岁	41.5	37.7	35～44岁	71.8	57.0
3岁	14.7	14.3	12岁	45.1	43.5	45～54岁	69.6	59.2
4岁	16.7	16.1	13岁	51.0	47.9	55～64岁	67.5	59.6
5岁	19.0	18.2	14岁	57.1	51.0	65～74岁	64.3	57.1
6岁	21.4	20.9	15岁	61.6	52.7			
7岁	24.8	23.3	16岁	63.3	53.7			
8岁	28.4	26.5	17岁	65.1	54.2			

五、我国居民的体重

（一）中国居民营养与健康状况调查数据

2002 年由我国卫生部、科学技术部与国家统计局在全国 31 个省（自治区、直辖市）的 270 000 余名受试者中组织开展了“中国居民营养与健康状况调查”。中国疾病预防控制中心于 1959～2004 年对黑龙江、江苏、河南、广西、贵州等九个省（自治区）的 20 000 人的膳食和营养状况进行调查，根据调查所得数据进行整理后，我国居民的体重见表 8-5 和表 8-6。我国成年男性平均体重为 62.7kg，成年女性平均体重为 54.4kg（国家卫生部，2007；国家统计局，2007）。

表 8-5 我国居民的体重值

年龄	体重/kg		年龄	体重/kg		年龄	体重/kg	
	男	女		男	女		男	女
1 月	5.35	5.25	3 岁	15.15	14.6	16 岁	55.1	50.7
2 月	6.25	5.8	4 岁	16.9	16.25	17 岁	56.8	51.55
3 月	7	6.55	5 岁	18.7	18.05	18 岁	58.85	51.8
4 月	7.55	7.05	6 岁	20.8	19.9	19 岁	60	52.05
5 月	8.15	7.5	7 岁	23.25	21.9	20 岁	63.75	53.2
6 月	8.65	8.2	8 岁	25.55	24.45	30 岁	65.35	55.7
8 月	9.35	8.85	9 岁	28.25	27	40 岁	65	57.6
10 月	9.85	9	10 岁	31.2	30.5	50 岁	63.85	57.6
12 月	10.15	9.75	11 岁	34.65	34.25	60 岁	62.4	55.2
15 月	10.65	9.95	12 岁	37.95	38.15	70 岁	59.5	51.8
18 月	11.35	10.7	13 岁	42.1	42.5	80 岁	56.45	47.45
21 月	12.05	11.35	14 岁	47.25	45.65	成人平均	62.7	54.4
2 岁	13.15	12.3	15 岁	51.9	48.75			

图 8-1 是中国与美国 2 岁及以上年龄居民体重对比情况，可以看出，随着年龄的增长，两国居民体重的差异持续变大，成年人的差别最大。中国成年男性和女性的体重分别约是美国的 78.4% 和 81.2% 。可见，在研究我国居民的人体暴露风险时，若引用美国的数据，就体重而言，将造成 5% ～20% 的偏差，导致不确定性增大。

表 8-6　我国城乡各类人群体重分布

年龄	体重/kg				年龄	体重/kg			
	城男	城女	乡男	乡女		城男	城女	乡男	乡女
1 月	5.3	5.3	5.4	5.2	9 岁	30.4	28.6	26.1	25.4
2 月	6.3	6	6.2	5.6	10 岁	33.8	32.8	28.6	28.2
3 月	7.1	6.8	6.9	6.3	11 岁	37.4	36.7	31.9	31.8
4 月	7.6	6.8	7.5	7.3	12 岁	40.5	40.5	35.4	35.8
5 月	8.3	7.6	8	7.4	13 岁	44.9	44.5	39.3	40.5
6 月	8.7	8.3	8.6	8.1	14 岁	49.4	47.2	45.1	44.1
8 月	9.5	9	9.2	8.7	15 岁	55.2	50.8	48.6	46.7
10 月	10.2	9.1	9.5	8.9	16 岁	57.2	52.2	53	49.2
12 月	10.4	9.9	9.9	9.6	17 岁	58.7	51.9	54.9	51.2
15 月	10.8	10.1	10.5	9.8	18 岁	60.9	51.9	56.8	51.7
18 月	11.7	11	11	10.4	19 岁	61.2	51.8	58.8	52.3
21 月	12.4	11.6	11.7	11.1	20 岁	65.7	53.7	61.8	52.7
2 岁	13.5	12.7	12.8	11.9	30 岁	67.5	56.7	63.2	54.7
3 岁	16	15.4	14.3	13.8	40 岁	67.9	59.2	62.1	56
4 岁	17.8	17	16	15.5	50 岁	67.2	60.2	60.5	55
5 岁	19.7	19	17.7	17.1	60 岁	66.6	59	58.2	51.4
6 岁	22.2	21.1	19.4	18.7	70 岁	63.5	55	55.5	48.6
7 岁	24.8	23.2	21.7	20.6	80 岁	59.4	48.8	53.5	46.1
8 岁	27.2	26	23.9	22.9					

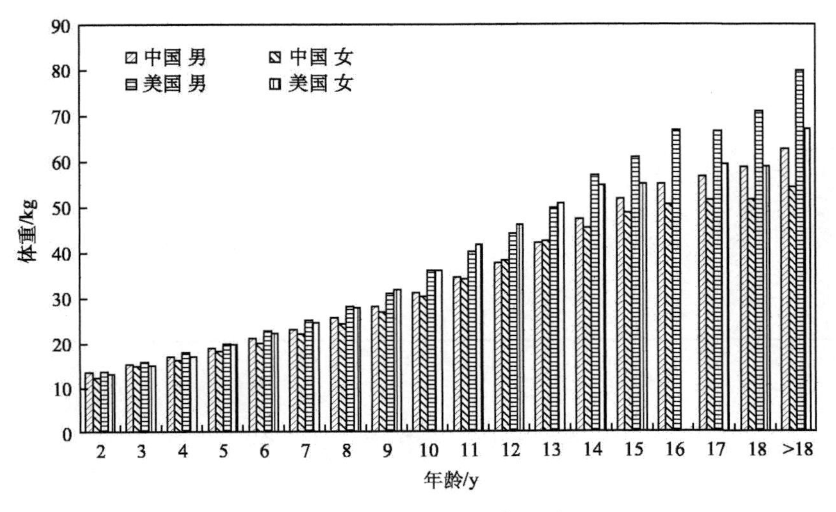

图 8-1　中国与美国居民体重对比

（二）国民体质监测数据

从2000年开始，我国国民体质监测每五年进行一次，2010年，国家体育总局、教育部、科技部、国家民委、民政部、财政部、农业部、卫生部、国家统计局、全国总工会10个部门联合在全国31个省（自治区、直辖市）进行了第三次国民体质监测工作（国家体育总局，2010）。2010年我国国民体质监测的对象为全国31个省（自治区、直辖市）的3～69岁中国公民。监测指标包含身体形态、身体机能和身体素质三个方面。监测对象为3～69周岁的中国国民。采用分层随机整群的抽样原则，从全国31个省（自治区、直辖市）的2874个机关单位、企事业、学校、幼儿园、行政村中抽取了459 184人，其中，3～6岁幼儿51 159人；7～19岁儿童青少年（学生）227 259人；20～59岁成年人155 054人；60～69岁老年人25 712人。表8-7是2010年我国国民体重均值。

表8-7　2010年我国国民体重均值　　（单位：kg）

年龄	体重平均值		年龄	体重平均值	
	男	女		男	女
3岁	16.4	15.7	17岁	61	51.7
4岁	18.1	17.4	18岁	61.5	51.7
5岁	20.5	19.5	19岁	62.6	51.9
6岁	22.5	21.1	20～24岁	65.6	53
7岁	25.5	23.8	25～29岁	68.7	54.6
8岁	28.5	26.5	30～34岁	69.8	56.1
9岁	31.8	29.7	35～39岁	69.7	56.9
10岁	35.5	33.8	40～44岁	70	58.4
11岁	39.6	38.2	45～49岁	69.9	59.8
12岁	44	42.3	50～54岁	69	59.8
13岁	49.4	46.2	55～59岁	68.5	59.7
14岁	53.8	48.6	60～64岁	66.6	59.2
15岁	57.2	50.1	65～69岁	65.3	57.7
16岁	59.2	51.1			

第二节　期望寿命

在进行健康风险评价时，对于非致癌性污染物，其暴露时间通常为实际的暴露时间，一般可以用期望寿命减去暴露开始时的年龄；而对于致癌性污染物，通常为终生暴露时间。因此在对人群进行致癌风险评价时，需要知道该类人群的期望寿命。

一、定义

期望寿命（life expectancy）又称平均期望寿命，指 0 岁时的预期寿命，一般用“岁”表示，即在某一死亡水平下，已经活到 x 岁年龄的人们平均还有可能继续存活的年岁数。

二、影响因素

人均期望寿命可以反映出一个社会生活质量的高低。寿命的长短受两个方面的制约。一方面，社会经济条件、卫生医疗水平限制着人们的寿命，所以不同的社会、不同的时期，人类寿命的长短有着很大的差别；另一方面，由于体质、遗传因素、生活条件等个人差异，也使每个人的寿命长短相差悬殊。因此，虽然难以预测具体某个人的寿命有多长，但可以通过科学的方法计算并告知在一定的死亡水平下，预期每个人出生时平均可存活的年数。这就是人口平均预期寿命。所以，人口平均期望寿命和人的实际寿命不同，它是根据婴儿和各年龄段人口死亡的情况计算后得出的，是指在现阶段每个人如果没有意外，应该活到这个年龄。

三、调查研究方法

各国人均期望寿命研究方法主要依靠全国性调查和信息统计。例如，韩国的平均寿命资料由本国的统计厅发布。2001 年以前隔年发布一次，从 2002 年开始每年发布一次。通过 2005 年最新发布的资料计算加权值。

四、各国居民的期望寿命

各国居民的期望寿命见表 8-8。

表 8-8 各国居民的期望寿命 （单位：岁）

国家	1990 年期望寿命			2008 年期望寿命		
	总人口	男	女	总人口	男	女
1 阿富汗	42	41	42	42	40	44
2 阿尔巴尼亚	67	65	70	73	71	74
3 阿尔及利亚	66	65	68	71	70	72
4 安道尔	77	74	81	82	79	85
5 安哥拉	42	40	44	46	45	48

续表

国家	1990 年期望寿命			2008 年期望寿命		
	总人口	男	女	总人口	男	女
6 安提瓜和巴布达	70	68	73	74	73	75
7 阿根廷	72	69	76	76	72	79
8 亚美尼亚	65	61	69	70	66	73
9 澳大利亚	77	74	80	82	79	84
10 奥地利	76	72	79	80	78	83
11 阿塞拜疆	62	59	65	68	66	70
12 巴哈马群岛	70	67	74	75	72	78
13 巴林群岛	73	73	74	75	74	76
14 孟加拉国	55	55	54	65	64	65
15 巴巴多斯岛	74	70	77	74	71	77
16 巴拉若斯	71	66	76	70	64	76
17 比利时	76	73	79	80	77	82
18 伯利兹	74	72	76	72	69	76
19 贝宁湾	51	50	51	57	57	58
20 不丹	53	51	55	63	61	65
21 玻利维亚	58	57	59	67	65	68
22 波黑	72	69	75	75	73	78
23 博茨瓦纳	66	64	68	61	60	62
24 巴西	67	63	70	73	70	77
25 文莱	72	71	73	76	75	77
26 保加利亚	71	68	75	73	70	77
27 布基纳法索	48	47	49	51	51	52
28 布隆迪	50	49	51	50	49	51
29 柬埔寨	59	56	61	62	59	64
30 喀麦隆	56	55	58	53	53	53
31 加拿大	77	74	80	81	79	83
32 佛得角	67	65	68	71	66	74
33 中非	52	52	53	48	49	48
34 乍得	49	48	50	46	46	47
35 智利	72	69	76	78	75	82
36 中国	68	68	69	74	72	76

续表

国家	1990年期望寿命			2008年期望寿命		
	总人口	男	女	总人口	男	女
37 哥伦比亚	68	65	71	75	72	79
38 科摩罗	58	56	61	60	58	62
39 刚果	60	58	62	54	54	55
40 库克岛	68	66	70	74	72	76
41 哥斯达黎加	76	74	78	78	76	81
42 科特迪瓦	54	51	58	56	55	56
43 克罗地亚	72	69	76	76	72	79
44 古巴	74	72	76	77	76	79
45 塞浦路斯	76	74	78	80	78	82
46 捷克	71	68	75	77	74	80
47 朝鲜	67	64	68	67	65	69
48 刚果	48	47	50	48	47	50
49 丹麦	75	72	78	79	77	81
50 吉布提	52	49	56	59	57	61
51 多米尼加	73	71	75	74	72	77
52 多米尼加共和国	65	63	69	73	71	74
53 厄瓜多尔	67	64	69	73	70	76
54 埃及	62	60	63	69	68	71
55 萨尔瓦多	65	61	69	72	68	76
56 赤道几内亚	52	51	54	53	53	54
57 厄立特里亚	55	53	58	65	63	67
58 爱沙尼亚	70	65	75	74	69	79
59 埃塞俄比亚	49	46	51	58	57	60
60 斐济	66	63	69	70	67	73
61 芬兰	75	71	79	80	76	83
62 法国	77	73	81	81	78	85
63 加蓬	62	59	65	60	58	62
64 冈比亚	55	53	57	59	58	61
65 乔治亚	68	64	71	72	67	76
66 德国	75	72	78	80	77	83
67 加纳	58	57	60	62	60	64

续表

国家	1990 年期望寿命			2008 年期望寿命		
	总人口	男	女	总人口	男	女
68 希腊	77	75	79	80	78	83
69 格林纳达	65	64	66	69	67	70
70 危地马拉	63	61	65	69	65	72
71 几内亚	45	43	47	54	53	55
72 几内亚比绍	44	41	48	49	47	51
73 圭亚那	59	56	61	65	62	68
74 海地	55	53	56	62	60	64
75 洪都拉斯	66	64	68	70	67	73
76 匈牙利	69	65	74	74	70	78
77 冰岛	78	75	81	82	80	83
78 印度	58	58	58	64	63	66
79 印度尼西亚	60	59	61	67	66	69
80 伊朗	63	61	65	72	70	75
81 伊拉克	67	64	69	63	59	69
82 爱尔兰	75	72	78	80	78	82
83 以色列	77	75	78	81	79	83
84 意大利	77	74	80	82	79	84
85 牙买加	70	69	71	72	69	74
86 日本	79	76	82	83	79	86
87 约旦	67	65	70	72	70	74
88 哈萨克斯坦	65	61	70	64	59	70
89 肯尼亚	61	58	63	54	53	55
90 基里巴斯	61	61	62	67	65	70
91 科威特	73	72	75	78	78	79
92 吉尔吉斯	65	61	68	66	62	69
93 老挝	52	51	53	62	61	63
94 拉脱维亚	70	64	75	71	66	77
95 黎巴嫩	67	65	69	72	70	74
96 莱索托	61	59	63	47	44	49
97 利比里亚	45	43	47	54	53	55
98 利比亚	68	67	70	73	71	76

续表

国家	1990 年期望寿命			2008 年期望寿命		
	总人口	男	女	总人口	男	女
99 立陶宛	71	66	76	72	66	78
100 卢森堡	75	72	79	80	77	83
101 马达加斯加	53	51	54	60	58	61
102 马拉维	47	45	48	53	52	54
103 马来西亚	70	68	73	73	71	76
104 马尔代夫	58	58	56	74	73	75
105 马里	43	42	45	49	48	50
106 马耳他	76	74	78	80	78	82
107 马歇尔群岛	55	54	57	59	58	60
108 毛利塔尼亚	57	55	59	58	56	59
109 毛里求斯	69	66	73	73	69	77
110 墨西哥	70	67	74	76	73	78
111 密克罗尼西亚	66	65	67	69	68	70
112 摩纳哥	78	74	81	82	78	85
113 蒙古	62	59	65	68	64	73
114 黑山	76	73	79	74	72	76
115 摩洛哥	65	63	68	72	70	75
116 莫桑比克	45	44	45	51	51	51
117 缅甸	57	55	60	54	53	56
118 纳米比亚	63	60	65	63	61	66
119 瑙鲁	57	55	61	60	57	63
120 尼泊尔	54	54	54	63	63	64
121 荷兰	77	74	80	80	78	82
122 新西兰	75	72	78	81	78	83
123 尼加拉瓜	67	63	71	74	71	77
124 尼日尔	34	34	35	52	51	53
125 尼日利亚	46	45	46	49	49	49
126 纽埃岛	70	67	74	71	64	79
127 挪威	77	73	80	81	78	83
128 阿曼	70	68	72	74	72	77
129 巴基斯坦	58	58	59	63	63	64

续表

国家	1990年期望寿命			2008年期望寿命		
	总人口	男	女	总人口	男	女
130 帕劳群岛	69	64	76	72	68	77
131 巴拿马	73	71	75	76	74	79
132 巴布亚新几内亚	58	57	60	62	61	64
133 巴拉圭	73	71	75	74	71	77
134 秘鲁	67	65	69	76	74	77
135 菲律宾	65	61	68	70	67	74
136 波兰	71	67	75	76	71	80
137 葡萄牙	74	71	77	79	76	83
138 卡塔尔	75	75	75	76	76	76
139 韩国	72	68	76	80	76	83
140 摩尔多瓦	68	64	71	69	65	73
141 罗马尼亚	70	67	73	73	70	77
142 俄罗斯	69	64	74	68	62	74
143 卢旺达	50	49	52	58	56	59
144 圣基茨和尼维斯	67	64	71	73	70	76
145 圣卢西亚岛	71	69	73	75	71	78
146 圣文森特和格林纳丁斯	71	68	74	71	66	76
147 萨摩亚群岛	63	62	64	68	66	70
148 圣马力诺	79	76	82	83	81	84
149 圣多美和普林西比	61	59	63	61	60	62
150 沙特阿拉伯	68	66	70	72	69	75
151 塞内加尔	55	53	57	59	58	61
152 塞黑	72	69	74	74	71	76
153 塞舌尔	69	64	75	72	68	76
154 塞拉利昂	38	37	41	49	48	50
155 新加坡	75	73	77	81	79	83
156 斯洛伐克	71	67	76	75	71	79
157 斯洛文尼亚	74	70	78	79	75	82
158 所罗门群岛	61	60	62	70	68	71
159 索马里	49	49	49	48	47	49

续表

国家	1990年期望寿命			2008年期望寿命		
	总人口	男	女	总人口	男	女
160 南非	63	59	67	53	52	55
161 西班牙	77	73	80	81	78	84
162 斯里兰卡	67	63	72	69	63	76
163 苏丹	58	58	59	57	57	58
164 苏里南	66	63	69	71	68	75
165 斯威士兰	60	58	62	48	48	48
166 瑞典	70	68	72	81	79	83
167 瑞士	77	74	81	82	80	84
168 叙利亚	67	65	70	72	70	75
169 塔吉克斯坦	60	57	63	67	66	69
170 泰国	69	66	72	70	66	74
171 马其顿	72	70	74	74	72	76
172 东帝汶	51	48	55	62	59	64
173 多哥	55	52	59	59	56	61
174 汤加	67	66	68	71	71	70
175 特立尼达和多巴哥	69	66	71	70	66	73
176 突尼斯	67	65	70	75	73	77
177 土耳其	65	63	67	74	72	77
178 土库曼斯坦	62	58	65	63	60	67
179 图瓦卢	60	60	61	64	64	63
180 乌干达	50	48	52	52	51	53
181 乌克兰	70	65	74	68	62	74
182 阿联酋	73	72	75	78	77	80
183 英国	76	73	78	80	78	82
184 坦桑尼亚	51	50	52	53	52	53
185 美国	75	72	79	78	76	81
186 乌拉圭	72	69	76	75	72	79
187 乌兹别克斯坦	66	63	70	68	66	71
188 瓦努阿图	63	63	65	69	68	70
189 委内瑞拉	72	70	74	75	71	78
190 越南	66	65	69	73	70	75
191 也门	56	55	58	64	63	66
192 赞比亚	52	50	53	48	47	49
193 津巴布韦	62	58	65	42	42	42

(一）美国

《美国暴露参数手册》中公布了美国 1975～2005 年新生儿的期望寿命推荐值（USEPA，2005）。2005 年新生儿预期寿命推荐值为 77.8 岁，可将美国人口的期望寿命估计为 78 岁，其中男性 75 岁，女性 80 岁（表 8-9）。

表 8-9 美国 1975～2005 年出生人口期望寿命

出生年份	期望寿命均值/岁			出生年份	期望寿命均值/岁		
	总平均	男性	女性		总平均	男性	女性
1975	72.6	68.8	76.6	1993	75.5	72.2	78.8
1980	73.7	70	77.4	1994	75.7	72.4	79
1982	74.5	70.8	78.1	1995	75.8	72.5	78.9
1983	74.6	71	78.1	1996	76.1	73.1	79.1
1984	74.7	71.1	78.2	1997	76.5	73.6	79.4
1985	74.7	71.1	78.2	1998	76.7	73.8	79.5
1986	74.7	71.2	78.2	1999	76.7	73.9	79.4
1987	74.9	71.4	78.3	2000	77	74.3	79.7
1988	74.9	71.4	78.3	2001	77.2	74.4	79.8
1989	75.1	71.7	78.5	2002	77.3	74.5	79.9
1990	75.4	71.8	78.8	2003	77.4	74.7	80
1991	75.5	72	78.9	2004	77.8	75.2	80.4
1992	75.8	72.3	79.1	2005	77.8	75.2	80.4

(二）欧洲

表 8-10 为欧盟暴露参数数据库公布的欧洲各国 2000～2001 年新生儿期望寿命推荐值（ECJRC，2006）。由表可见，欧洲各国 2000～2001 年出生人口的期望寿命平均值为70～80 岁，和美国同时期相差不大。

表 8-10 欧洲各国 2000～2001 年出生人口期望寿命 （单位：岁）

国家	性别			国家	性别		
	男	女	平均		男	女	平均
澳大利亚	74.88	81.36	78.12	意大利	75.95	82.36	79.155
比利时	74.56	80.92	77.74	拉脱维亚	64.19	75.54	69.865
保加利亚	67.35	74.91	71.13	立陶宛	66.85	77.23	72.04

续表

国家	性别			国家	性别		
	男	女	平均		男	女	平均
塞浦路斯	74.79	78.95	76.87	马耳他	75.38	80.75	78.065
丹麦	74.22	78.51	76.365	荷兰	75.43	80.96	78.195
爱沙尼亚	65.43	76.46	70.945	挪威	75.71	81.37	78.54
芬兰	73.7	80.92	77.31	波兰	69.23	77.67	73.45
法国	75.18	83.09	79.135	葡萄牙	71.74	79.28	75.51
德国	74.3	80.64	77.47	罗马尼亚	66.25	73.46	69.855
希腊	75.39	80.75	78.07	西班牙	75.35	82.34	78.845
匈牙利	66.3	75.17	70.735	瑞士	76.69	82.5	79.595
冰岛	77.12	81.83	79.475	瑞典	77.34	81.96	79.65
爱尔兰	74.06	79.66	76.86	英国	74.84	79.89	77.365

（三）日本

《日本暴露参数手册》中公布的男女性人口期望寿命分别为 77.72 岁和 84.60 岁（表 8-11）（NIAIST，2007）。

表 8-11　日本 1975～2008 年出生人口期望寿命

出生年份	期望寿命均值/岁			出生年份	期望寿命均值/岁		
	总平均	男性	女性		总平均	男性	女性
1975	73.5	71	76	1990	79	76	82
1980	75.5	73	78	2000	81	78	85
1983	76.5	74	79	2004	82.5	79	86
1985	76.5	74	79	2006	83	79	86
1987	78	75	81	2007	83	79	86
1988	78.5	76	81	2008	83	79	86
1989	79	76	82				

（四）韩国

《韩国暴露参数手册》报道 2005 年韩国成人平均期望寿命为 78.6 岁，男性 75.1 岁，女性 81.9 岁（表 8-12）（Jang et al.，2007）。

表 8-12 韩国 1975～2005 年出生人口期望寿命

出生年份	期望寿命均值/岁			出生年份	期望寿命均值/岁		
	总平均	男性	女性		总平均	男性	女性
1975	63.82	60.19	67.91	1991	71.72	67.74	75.92
1976	64.17	60.47	68.33	1992	72.21	68.22	76.38
1977	64.51	60.75	68.74	1993	72.81	68.76	76.80
1978	64.84	61.02	69.13	1994	73.17	69.17	77.11
1979	65.17	61.28	69.51	1995	73.53	69.57	77.41
1980	65.69	61.78	70.04	1996	73.96	70.08	77.77
1981	66.19	62.28	70.54	1997	74.39	70.56	78.12
1982	66.67	62.75	71.02	1998	74.82	71.09	78.45
1983	67.14	63.21	71.47	1999	75.55	71.71	79.22
1984	67.81	63.84	72.17	2000	76.02	72.25	79.60
1985	68.44	64.45	72.82	2001	76.53	72.82	80.04
1986	69.11	65.13	73.44	2002	77.02	73.40	80.45
1987	69.76	65.78	74.04	2003	77.44	73.86	80.81
1988	70.30	66.31	74.57	2004	78.04	74.51	81.35
1989	70.82	66.84	75.08	2005	78.63	75.14	81.89
1990	71.28	67.29	75.51				

五、我国居民的期望寿命

根据近年来的相关统计资料，我国人口的平均寿命为 71.4 岁，约为美国居民平均期望寿命的 94.2%。其中男性 69.6 岁，女性 73.3 岁。全国各地区的平均期望寿命为 64.38～78.14 岁（表 8-13），无论男性还是女性，中国的西南、西北 10 省（自治区）的居民都在全国平均期望寿命以下，总体上居民寿命呈现出东部地区 > 中部地区 > 西部地区的区域差异性，这可能与不同地区经济发展水平和人民的营养状况有关。

表 8-13 我国各地区居民期望寿命 （单位：岁）

地区	平均	男	女	地区	平均	男	女
全国	71.4	69.63	73.33	浙江	74.7	72.5	77.21
北京	76.1	74.33	78.01	安徽	71.85	70.18	73.59
天津	74.91	73.31	76.63	福建	72.55	70.3	75.07

续表

地区	平均	男	女	地区	平均	男	女
河北	72.54	70.68	74.57	江西	68.95	68.37	69.32
山西	71.65	69.96	73.57	山东	73.92	71.7	76.26
内蒙古	69.87	68.29	71.79	河南	71.54	69.67	73.41
辽宁	73.34	71.51	75.36	湖北	71.08	69.31	73.02
吉林	73.1	71.38	75.04	湖南	70.66	69.05	72.47
黑龙江	72.37	70.39	74.66	广东	73.27	70.79	75.93
上海	78.14	76.22	80.04	广西	71.29	69.07	73.75
江苏	73.91	71.69	76.23	海南	72.92	70.66	75.26
青海	66.03	64.55	67.7	西藏	64.37	62.52	66.15
宁夏	70.17	68.71	71.84	陕西	70.07	68.92	71.3
新疆	67.41	65.98	69.14	甘肃	67.47	66.77	68.26
重庆	71.73	69.84	73.89	贵州	65.96	64.54	67.57
四川	71.2	69.25	73.39	云南	65.49	64.24	66.89

本章参考文献

国家体育总局. 2011. 2010 年国民体质监测公报. http://www.sport.gov.cn/n16/n1077/n297454/2052709.html. 2011-11-11.

国家统计局. 2007. 中国统计年鉴 2007. 北京：中国统计出版社.

国家卫生部. 2007. 中国卫生统计年鉴 2007 年. 北京：人民卫生出版社.

ECJRC. 2006. Exposure factors sourcebook for Europe. http://cem.jrc.it/expofacts/. 2011-11-5.

Jang J Y, Jo S N, Kim S, et al. 2007. Korean Exposure Factors Handbook, Ministry of Environment, Seoul, Korea.

Kim S, Cheong H K, Choi K, et al. 2006. Development of Korean exposure factors handbook for exposure assessment. Epidemiology, 17: 460.

NIAIST. 2007. Japanese exposure factors handbook. http://unit.aist.go.jp/riss/crm/exposurefactors/english_summary.html. 2011-10-12.

U.S. Census Bureau. 2008. National Population Projections. Available on line at http://www.census.gov/population/www/projections/summarytables.html. 2011-11-1.

U.S. Census Bureau. 2009. The 2009 Statistical Abstract. Available on line at http://www.census.gov/compendia/statab/cats/births_deaths_marriages_divorces.html. 2011-10-3.

USEPA. 2005. Guidance on selecting age groups for monitoring and assessing childhood exposures to environmental contaminants. Washington D C: U.S. Environmental Protection Agency, EPA/630/P-03/003F.

第九章　暴露参数的应用实例

暴露参数可以用来定量地计算人体经呼吸、经口、经皮肤对外界的空气、水、食物、土壤、沉积物等环境介质中的污染物的暴露剂量和暴露风险，为环境管理和决策提供科学依据。暴露参数在化学品环境健康风险评价、重金属污染的暴露和健康风险评价、突发事件环境健康风险评价、区域或流域污染物健康风险评价、污染场地健康风险评价、建设项目或规划环评中的健康风险评价中具有重要的作用，同时也可以应用暴露参数评价现行环境标准和健康标准的合理性，以及环境标准与健康标准之间的兼容性。因为篇幅有限，本章中仅以通过饮用和皮肤接触暴露水中重金属、硝基苯的健康风险、现有环境健康标准的评价，以及对污染场地土壤暴露的健康风险评价为例。

第一节　在重金属饮水和皮肤暴露健康风险评价中的应用实例

我国水污染形势严峻，饮用水安全亟待关注。开展人体对水污染物暴露的健康风险评价研究对于科学制定水污染防治及管理相关的法律、法规、政策和标准都具有十分重要的作用。虽然近年来我国已经有一些关于暴露和健康风险研究的报道，但由于当前我国尚未发布各类人群对水介质的暴露参数，尤其是饮水率、皮肤暴露面积、暴露时间等，通常在这些研究中都只是直接引用美国等已经发布的暴露参数手册中的数据，考虑到中国人群在人种、生活习惯、社会经济水平等方面都与国外人群有较大差异，暴露参数存在很大不同，基于国外参数的暴露和健康风险评价的结果存在较大的不确定性。段小丽等（段小丽等，2011）以河南泌阳为例，探讨了基于参数实测的人体暴露水中重金属的健康风险评价方法，并比较了参数实测和参数引用健康风险评价结果的差异性。

一、研究方法

以位于长江和淮河流域交界处的河南泌阳县为研究区，抽样选取 2500 名城镇和农村不同性别和年龄的受试者作为研究对象，详细记录受试者 3 天内的饮水和皮肤接触水的活动频率，并对有关饮水和皮肤暴露参数进行了测量，最后用暴露和健康风险模型计算了城镇和农村居民对 14 种重金属的经口饮水暴露和经皮肤暴露的健康风险，比较了参数引用和参数实测的健康风险评价结果的差异性。

（一）调查地点

河南省泌阳县位于河南省的中南部，南阳盆地东缘，辖区内水系分属于长江与淮河两大流域；根据 2000 年人口普查资料，全县人口 96 万人，以农业人口为主，城镇人口仅为总人口的 8.5%；全县以汉族为主，少数民族仅占全县人口的 0.69%；全县居民以小麦面粉为主食，生活习惯较为一致。选择泌阳县的城关镇和杨家集乡、官庄乡、太山乡、双庙乡、花园乡、赊湾乡、盘古乡、王店乡、贾楼乡作为调查现场。其中城关镇为县城，饮水类型为市政供水，其余 9 个乡为农村，饮用水为地下水。河南省地处中原地区，其生活习惯与邻近的山东省西部、安徽省北部、陕西省东南部等约 2 亿左右以面食为主的居民相近，农村生活习惯和农田耕作模式相似，社会经济水平相差不大，可以在一定程度上反映我国中原地区约 1/6 人口对饮水的暴露情况。

（二）受试者描述

本研究对泌阳县的 2500 名居民进行了调查。根据泌阳县 2000 年各年龄段人口、城镇人口、非城镇人口在总人口中的比例确定城镇和农村各年龄段的调查对象数量，然后按照男女各半确定男女调查对象的数量，其中城镇调查主要在城关镇开展，农村调查主要在上述杨家集乡等 9 个乡开展，被调查对象分布见表 9-1。

表 9-1　调查样本的分布

年龄段	0～4 岁	5～14 岁	15～19 岁	20～39 岁	40～59 岁	60 岁及以上	合计
占总人口的比例/%	5	18	10	33	22	12	100
总样本量 n（%）	125（5）	450（18）	250（10）	825（33）	550（22）	300（12）	2500
农村样本量 n（%）	115（5）	414（18）	230（10）	759（33）	506（22）	276（12）	2300
城镇样本量 n（%）	10（0.4）	36（1.6）	20（0.9）	66（2.9）	44（1.9）	24（1.0）	200
男性数量 n（%）	63（5）	225（18）	125（10）	412（33）	275（22）	150（12）	1250
女性数量 n（%）	62（5）	225（18）	125（10）	413（33）	275（22）	150（12）	1250

为了获得该地区居民夏秋季节的日常饮水率，于 2008 年 8～10 月期间，连续 3 天对 2500 名受试者一日三餐及三餐之间的直接饮水和间接饮水情况进行了入户调查。

（三）暴露参数的获取方法

暴露参数的获取采取调查问卷和实际测量相结合的方法。

调查问卷主要分基本信息、饮水暴露参数、皮肤暴露活动模式三部分。为了获得准确的调查结果，调查时必须对每个被调查对象的直接饮水率和间接饮水率进行测量，二者之和即为日均饮水率（IR），测量方法主要如下。

（1）直接饮水率的测量：调查员采用规格为500mL的玻璃量筒对每位被调查者日常饮水容器如杯子、碗等的容量进行直接测量，并询问被调查者两日内每天的饮用数量，如多少杯水、多少碗水等，据此估算直接饮水率。

（2）间接饮水率的测量：根据当地的生活习惯及具有代表性的各类馒头、熟米饭、汤面条、汤、粥等日常饮食的含水率实验，确定各类饮食的含水率。调查时，调查员询问被调查者两日内的饮食种类和数量（不包括蔬菜、水果、商售食物、饮料、啤酒等），并称量每类饮食单位质量，据此估算间接饮水率。

（3）皮肤暴露时间长度：包括日常洗漱、洗衣、洗浴、游泳、洗菜、洗碗、洗澡等活动类型的时间长度。

（四）饮用水样品的采集和分析方法

在每个乡镇采集2个饮用水样品，则农村样本18个和城镇饮用水样本2个，采用美国Agilent公司Agilent 7500a型电感耦合等离子体质谱（ICP/MS）对水中14种重金属和部分无机非金属元素的含量进行了测量，方法性能见表9-2。

表9-2 ICP/MS方法性能

序号	元素	质量数	线性相关系数（r）	检出限/(mg/L)	序号	元素	质量数	线性相关系数（r）	检出限/(mg/L)
1	As	75	1	0.000 08	8	Ni	60	0.999 9	0.000 08
2	B	11	0.999 1	0.000 25	9	Pb	208	0.999 2	0.000 12
3	Ba	137	0.998 9	0.000 02	10	Se	82	1	0.000 12
4	Cr	53	1	0.000 02	11	Sr	88	0.997 8	0.000 02
5	Cu	63	1	0.000 02	12	U	238	0.999 9	0.000 02
6	Mn	55	0.999 7	0.000 03	13	V	51	1	0.000 01
7	Mo	95	0.999 8	0.000 03	14	Zn	66	0.999 6	0.000 64

（五）暴露剂量计算方法

经水暴露主要是通过饮水和皮肤暴露两种途径，暴露剂量分别按照式（9-1）和式（9-2）进行计算。

$$ADD_{\text{dietary}} = \frac{CW \times IR \times EF \times ED}{BW \times AT} \tag{9-1}$$

式中，ADD_{dietary}指经口暴露剂量［mg/(kg · d)］；CW为水中污染物浓度（mg/

L)；IR 为饮水摄入率（L/d）；EF 为暴露频率（d/y）；ED 为暴露持续时间（y）；BW 为体重（kg）；AT 为平均时间（d）。

$$ADD_{dermal} = \frac{CW \times SA \times PC \times ET \times EF \times ED \times CF}{BW \times AT} \tag{9-2}$$

式中，ADD_{dermal} 指皮肤吸收剂量 [mg/(kg · d)]；CW、IR、EF、ED、BW、AT 同式（9-1）；SA 为皮肤接触表面积（cm^2）；PC 为化学物质皮肤渗透常数（cm/h）；ET 为暴露时间（h/d）；CF 为体积转换因子（$1L/1000cm^3$）。

在本研究中，根据直接和间接饮水量的调查结果，通过计算即可得出每名受试者的饮水摄入率（IR）。通过受试者的身高和体重（BW）的调查值根据计算公式可以得到当地人群的体表面积（即全身暴露面积）（SA）的值；受试者身体某一部位的面积可通过体表面积乘以一定的比例系数得到，其中手部暴露面积占全身面积的 5.2%。待评化合物的渗透系数（PC）通过查阅手册可得到，见表 9-3。由于本研究中受试者饮水和皮肤暴露是每天都要发生的，所以选择 ET 为 360d/y，ED 为 70y，AT 为 70 年暴露的时间，共 25 200d。

表 9-3 非致癌物的经口和经皮肤参考剂量（RfD）和皮肤渗透系数（PC）

序号	名称	PC /(cm/h)	RfD [mg/(kg · d)]		序号	名称	PC /(cm/h)	RfD [mg/(kg · d)]	
			经口	经皮肤				经口	经皮肤
1	砷	0.001 8	0.000 3	0.000 123	8	镍	0.000 1	0.02	0.005 4
2	硼	0.5*	0.2	0.2**	9	铅	0.000 004	0.001 4	0.001 4**
3	钡	0.000 004	0.2	0.014	10	硒	0.001 8	0.005	0.002 2
4	铬	0.002	0.003	0.003**	11	锶	0.000 6	0.6	0.6**
5	铜	0.000 6	0.04	0.012	12	铀	0.000 004*	0.003	0.003**
6	锰	0.000 1	0.046	0.001 8	13	钒	0.002*	0.007	0.000 07
7	钼	0.002	0.005	0.001 9	14	锌	0.000 6	0.3	0.01

注：表中 PC 指皮肤渗透系数；RfD 为待评物质的参考剂量；* 为未查到 K_p 的物质按元素周期表就近原则选取其余物质的 K_p 来参考；** 为暂无经皮肤暴露的数值，所以用经口暴露的替代。

（六）健康风险评价方法

将地下水中检测到的污染物分为有阈（即非致癌性物质）和无阈（即致癌性物质）两类，其健康危险分别按照式（9-3）和式（9-4）计算。

$$R_i^n = \frac{ADD_i}{RfD_i} \times 10^{-6} \tag{9-3}$$

式中，R_i^n 为发生某种特定有害健康效应而造成等效死亡的危险度；ADD 为有阈化学污染物的日均暴露剂量 [mg/(kg · d)]，见式（9-3）和式（9-4）；RfD 为化学污染物的某种暴露途径下的参考剂量［mg/(kg·d)］；10^{-6}为与 RfD 相对应的假设可接受的危险度水平。

$$R_i^c = q \times \text{LADD}_i \tag{9-4}$$

式中，R_i^c为人群终身超额危险度，无量纲，人群的期望寿命按 70 年算；LADD 为有阈化学污染物的日均暴露剂量［mg/(kg·d)］，计算方法同 ADD，见式（9-3）和式（9-4）；q为由动物推算出来人的致癌强度系数［mg/(kg·d)］$^{-1}$。

式（9-3）中非致癌物经口和经皮肤暴的参考剂量（RfD）见表 9-3。本实验中的致癌物只有砷，式（9-5）中砷经口和经皮肤暴露的致癌强度系数（q）分别为 1.5［mg/(kg·d)］$^{-1}$和 3.66［mg/(kg·d)］$^{-1}$。根据每名受试者的 ADD 和 LADD，以及每种待评物质的 RfD 和 q 可以分别计算得出每名受试者对每种物质暴露的风险 R_i^n 和 R_i^c。按照式（9-3）可计算每名受试者所有待评物质暴露的总健康风险。

$$R_T = \sum_{i=1}^{k} R_i^c + \sum_{i=1}^{j} R_i^n \tag{9-5}$$

式中，R_T为所有污染物暴露的总风险；$\sum_{i=1}^{k} R_i^c$ 为 k 种致癌物暴露的风险；$\sum_{i=1}^{j} R_i^n$ 为 j 种非致癌物暴露的风险。

为了探讨不同来源参数对评价结果的影响，将本研究所得的基于参数实测的风险评价结果与基于暴露参数手册中参数风险评价的结果进行比较分析，讨论方法的差异性。用 Crystal ball 对本研究中的参数进行敏感性分析，并对结果进行蒙特-卡罗不确定性分析。

二、经口暴露的健康风险

县城和农村不同性别和年龄的经口饮水和经皮肤暴露的健康风险见表 9-4 和表 9-5，表中为算术均值；图 9-1 和图 9-2 分别为农村成年男性饮水和皮肤暴露砷的癌症风险及非致癌风险分布。

从表 9-4 和图 9-1 可以看出，首先具有致癌性的砷的风险度无论城市还是农村，都在 $2.5\times10^{-6}\sim5.2\times10^{-6}$，而且随着年龄的增加，致癌风险度逐渐降低，儿童的风险度最高，城市和农村分别平均达到 3.9×10^{-6} 和 5.2×10^{-6}，农村的风险度略高于城市，这一方面与饮水摄入率有关，另一方面与砷在城市和农村饮用水中的浓度水平有关；而且致癌风险基本上呈正态分布，其中农村成年男性饮水暴露砷的癌症风险平均值为 4.33×10^{-5}，中值为 4.15×10^{-5}，第 25 和 75 百分位分别为 3.39×10^{-5} 和 5.05×10^{-5}。其次，非致癌物的总风险农村和城市分别在 $2.1\times10^{-7}\sim3.4\times10^{-7}$ 和 $1.3\times10^{-6}\sim1.7\times10^{-6}$，城市居民潜在健康风险不明显，而农村居民的健康风险度略高于可接受风险水平 10^{-6}，各年龄段人群是

表 9-4 饮水暴露的健康风险

类别	名称	县城						农村					
		男			女			男			女		
		0~5 岁	6~17 岁	18 岁以上	0~5 岁	6~17 岁	18 岁以上	0~5 岁	6~17 岁	18 岁以上	0~5 岁	6~17 岁	18 岁以上
致癌砷		4.1×10^{-6}	2.5×10^{-6}	2.6×10^{-6}	3.7×10^{-6}	3.5×10^{-6}	3.1×10^{-6}	5.2×10^{-6}	4.9×10^{-6}	4.2×10^{-6}	5.2×10^{-6}	4.9×10^{-6}	4.1×10^{-6}
非致癌	砷	9.2×10^{-8}	5.6×10^{-8}	5.9×10^{-8}	8.2×10^{-8}	7.7×10^{-8}	6.9×10^{-8}	1.1×10^{-7}	1.1×10^{-7}	9.3×10^{-8}	1.2×10^{-7}	1.1×10^{-7}	9.2×10^{-8}
	硼	9.0×10^{-10}	5.5×10^{-10}	5.7×10^{-10}	8.0×10^{-10}	7.5×10^{-10}	6.8×10^{-10}	2.4×10^{-9}	2.3×10^{-9}	1.9×10^{-9}	2.4×10^{-9}	2.3×10^{-9}	1.9×10^{-9}
	钡	1.2×10^{-8}	7.2×10^{-9}	7.5×10^{-9}	1.0×10^{-8}	9.8×10^{-9}	8.8×10^{-9}	5.1×10^{-8}	4.8×10^{-8}	4.1×10^{-8}	5.1×10^{-8}	4.8×10^{-8}	4.1×10^{-8}
	铬	5.3×10^{-9}	3.2×10^{-9}	3.4×10^{-9}	4.7×10^{-9}	4.4×10^{-9}	4.0×10^{-9}	7.7×10^{-9}	7.3×10^{-9}	6.2×10^{-9}	7.7×10^{-9}	7.3×10^{-9}	6.1×10^{-9}
	铜	1.4×10^{-9}	8.8×10^{-10}	9.1×10^{-10}	1.3×10^{-9}	1.2×10^{-9}	1.1×10^{-9}	4.4×10^{-9}	4.1×10^{-9}	3.5×10^{-9}	4.4×10^{-9}	4.1×10^{-9}	3.5×10^{-9}
	锰	3.7×10^{-9}	2.2×10^{-9}	2.3×10^{-9}	3.3×10^{-9}	3.1×10^{-9}	2.8×10^{-9}	3.9×10^{-7}	3.7×10^{-7}	3.1×10^{-7}	3.9×10^{-7}	3.7×10^{-7}	3.1×10^{-7}
	钼	1.2×10^{-8}	7.5×10^{-9}	7.8×10^{-9}	1.1×10^{-8}	1.0×10^{-8}	9.2×10^{-9}	5.3×10^{-9}	5.0×10^{-9}	4.2×10^{-9}	5.3×10^{-9}	5.0×10^{-9}	4.2×10^{-9}
	镍	3.6×10^{-9}	3.7×10^{-9}	3.6×10^{-9}	4.5×10^{-9}	4.0×10^{-9}	3.6×10^{-9}	4.8×10^{-9}	4.5×10^{-9}	4.0×10^{-9}	4.8×10^{-9}	4.6×10^{-9}	4.0×10^{-9}
	铅	2.3×10^{-9}	1.4×10^{-9}	1.4×10^{-9}	2.0×10^{-9}	1.9×10^{-9}	1.7×10^{-9}	2.1×10^{-9}	1.9×10^{-9}	1.7×10^{-9}	2.1×10^{-9}	1.9×10^{-9}	1.6×10^{-9}
	硒	6.4×10^{-10}	3.9×10^{-10}	4.1×10^{-10}	5.7×10^{-10}	5.3×10^{-10}	4.8×10^{-10}	2.0×10^{-8}	1.9×10^{-8}	1.6×10^{-8}	2.0×10^{-8}	1.9×10^{-8}	1.6×10^{-8}
	锶	1.5×10^{-8}	9.3×10^{-9}	9.7×10^{-9}	1.3×10^{-8}	1.3×10^{-8}	1.1×10^{-8}	1.0×10^{-7}	9.7×10^{-8}	8.3×10^{-8}	1.0×10^{-7}	9.7×10^{-8}	8.2×10^{-8}
	铀	9.7×10^{-9}	5.9×10^{-9}	6.2×10^{-9}	8.7×10^{-9}	8.1×10^{-9}	7.3×10^{-9}	1.0×10^{-7}	9.7×10^{-8}	8.3×10^{-8}	1.0×10^{-7}	9.7×10^{-8}	8.2×10^{-8}
	钒	1.6×10^{-7}	9.7×10^{-8}	1.0×10^{-7}	1.4×10^{-7}	1.3×10^{-7}	1.2×10^{-7}	8.6×10^{-7}	8.2×10^{-7}	7.0×10^{-7}	8.6×10^{-7}	8.2×10^{-7}	6.9×10^{-7}
	锌	2.3×10^{-8}	1.4×10^{-8}	1.5×10^{-8}	2.1×10^{-8}	1.9×10^{-8}	1.7×10^{-8}	4.0×10^{-10}	3.8×10^{-10}	3.3×10^{-10}	4.1×10^{-10}	3.8×10^{-10}	3.2×10^{-10}
总计		3.4×10^{-7}	2.1×10^{-7}	2.2×10^{-7}	3.1×10^{-7}	2.9×10^{-7}	2.6×10^{-7}	1.7×10^{-6}	1.6×10^{-6}	1.3×10^{-6}	1.7×10^{-6}	1.6×10^{-6}	1.3×10^{-6}
总风险		4.8×10^{-6}	2.9×10^{-6}	3.1×10^{-6}	4.3×10^{-6}	4.0×10^{-6}	3.6×10^{-6}	8.5×10^{-6}	8.1×10^{-6}	6.9×10^{-6}	8.6×10^{-6}	8.1×10^{-6}	6.8×10^{-6}

表 9-5　各类人群皮肤暴露的健康风险

类别	名称	经皮肤暴露的健康风险											
		县城						农村					
		男			女			男			女		
		0～5岁	6～17岁	18岁以上	0～5岁	6～17岁	18岁以上	0～5岁	6～17岁	18岁以上	0～5岁	6～17岁	18岁以上
致癌砷		1.9×10^{-7}	1.1×10^{-7}	1.6×10^{-7}	2.2×10^{-7}	1.6×10^{-7}	2.3×10^{-7}	1.4×10^{-7}	2.0×10^{-7}	1.6×10^{-7}	1.5×10^{-7}	1.9×10^{-7}	2.1×10^{-7}
非致癌	砷	4.2×10^{-10}	2.4×10^{-10}	3.6×10^{-10}	4.9×10^{-10}	3.6×10^{-10}	5.2×10^{-10}	3.2×10^{-10}	4.4×10^{-10}	3.5×10^{-10}	3.4×10^{-10}	4.2×10^{-10}	4.6×10^{-10}
	硼	4.7×10^{-10}	2.7×10^{-10}	4.0×10^{-10}	5.5×10^{-10}	4.0×10^{-10}	5.8×10^{-10}	7.5×10^{-10}	1.0×10^{-9}	8.2×10^{-10}	8.0×10^{-10}	9.9×10^{-10}	1.1×10^{-9}
	钡	7.1×10^{-13}	3.9×10^{-13}	6.0×10^{-13}	8.1×10^{-13}	6.0×10^{-13}	8.7×10^{-13}	1.8×10^{-12}	2.5×10^{-12}	2.0×10^{-12}	2.0×10^{-12}	2.4×10^{-12}	2.7×10^{-12}
	铬	1.1×10^{-11}	6.2×10^{-12}	9.4×10^{-12}	1.3×10^{-11}	9.5×10^{-12}	1.4×10^{-11}	9.7×10^{-12}	1.3×10^{-11}	1.1×10^{-11}	1.0×10^{-11}	1.3×10^{-11}	1.4×10^{-11}
	铜	3.0×10^{-12}	1.7×10^{-12}	2.6×10^{-12}	3.5×10^{-12}	2.6×10^{-12}	3.7×10^{-12}	5.5×10^{-12}	7.6×10^{-12}	6.1×10^{-12}	5.9×10^{-12}	7.3×10^{-12}	8.0×10^{-12}
	锰	9.9×10^{-12}	5.5×10^{-12}	8.4×10^{-12}	1.1×10^{-11}	8.4×10^{-12}	1.2×10^{-11}	6.3×10^{-10}	8.6×10^{-10}	6.9×10^{-10}	6.7×10^{-10}	8.3×10^{-10}	9.1×10^{-10}
	钼	6.8×10^{-11}	3.8×10^{-11}	5.8×10^{-11}	7.8×10^{-11}	5.8×10^{-11}	8.4×10^{-11}	1.8×10^{-11}	2.4×10^{-11}	1.9×10^{-11}	1.9×10^{-11}	2.3×10^{-11}	2.5×10^{-11}
	镍	3.3×10^{-11}	6.9×10^{-11}	1.0×10^{-10}	3.8×10^{-11}	6.0×10^{-11}	1.9×10^{-10}	5.3×10^{-11}	8.5×10^{-11}	7.5×10^{-11}	5.8×10^{-11}	7.9×10^{-11}	1.0×10^{-10}
	铅	3.4×10^{-12}	1.9×10^{-12}	2.8×10^{-12}	3.9×10^{-12}	2.8×10^{-12}	4.1×10^{-12}	1.8×10^{-12}	2.5×10^{-12}	2.0×10^{-12}	1.9×10^{-12}	2.4×10^{-12}	2.6×10^{-12}
	硒	3.4×10^{-12}	1.9×10^{-12}	2.8×10^{-12}	3.9×10^{-12}	2.8×10^{-12}	4.1×10^{-12}	6.4×10^{-11}	8.7×10^{-11}	7.0×10^{-11}	6.8×10^{-11}	8.4×10^{-11}	9.2×10^{-11}
	锶	9.6×10^{-9}	5.4×10^{-9}	8.1×10^{-9}	1.1×10^{-8}	8.1×10^{-9}	1.2×10^{-8}	3.9×10^{-8}	5.3×10^{-8}	4.3×10^{-8}	4.2×10^{-8}	5.2×10^{-8}	5.6×10^{-8}
	铀	3.1×10^{-11}	1.7×10^{-11}	2.6×10^{-11}	3.5×10^{-11}	2.6×10^{-11}	3.8×10^{-11}	1.9×10^{-10}	2.7×10^{-10}	2.1×10^{-10}	2.1×10^{-10}	2.6×10^{-10}	2.8×10^{-10}
	钒	5.0×10^{-11}	2.8×10^{-11}	4.3×10^{-11}	5.8×10^{-11}	4.3×10^{-11}	6.2×10^{-11}	1.6×10^{-10}	2.2×10^{-10}	1.8×10^{-10}	1.7×10^{-10}	2.2×10^{-10}	2.4×10^{-10}
	锌	7.3×10^{-9}	4.1×10^{-9}	6.2×10^{-9}	8.4×10^{-9}	6.2×10^{-9}	8.9×10^{-9}	7.7×10^{-11}	1.0×10^{-10}	8.4×10^{-11}	8.2×10^{-11}	1.0×10^{-10}	1.1×10^{-10}
总计		1.8×10^{-8}	1.0×10^{-8}	1.5×10^{-8}	2.1×10^{-8}	1.5×10^{-8}	2.2×10^{-8}	4.1×10^{-8}	5.6×10^{-8}	4.5×10^{-8}	4.4×10^{-8}	5.5×10^{-8}	6.0×10^{-8}
总风险		2.3×10^{-7}	1.3×10^{-7}	1.9×10^{-7}	2.6×10^{-7}	1.9×10^{-7}	2.8×10^{-7}	2.3×10^{-7}	3.1×10^{-7}	2.5×10^{-7}	2.4×10^{-7}	3.0×10^{-7}	3.3×10^{-7}

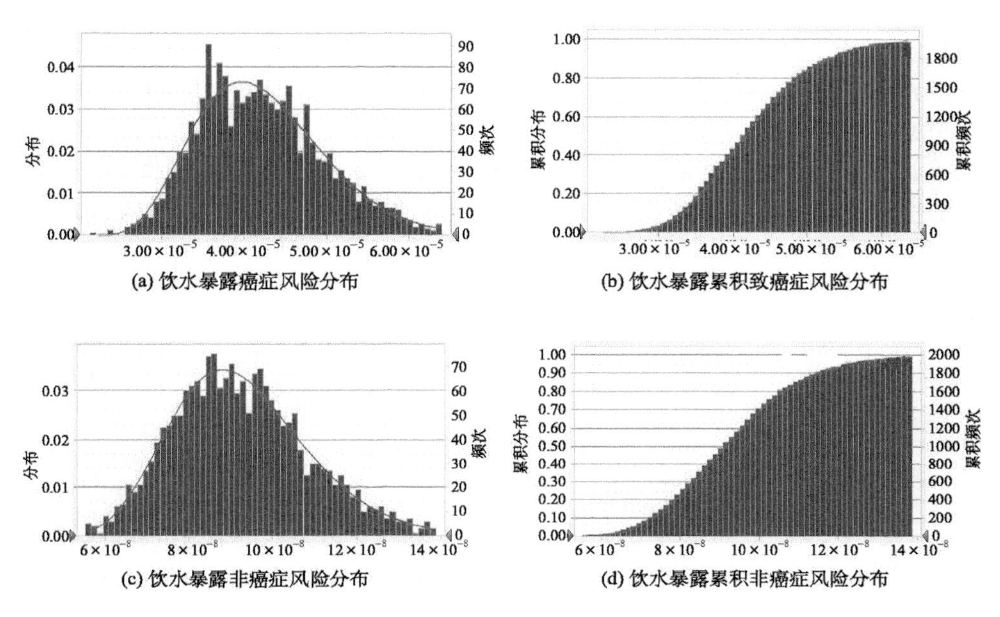

图 9-1　农村成年男性饮水暴露砷的癌症风险分布（蒙特-卡罗模拟方法）

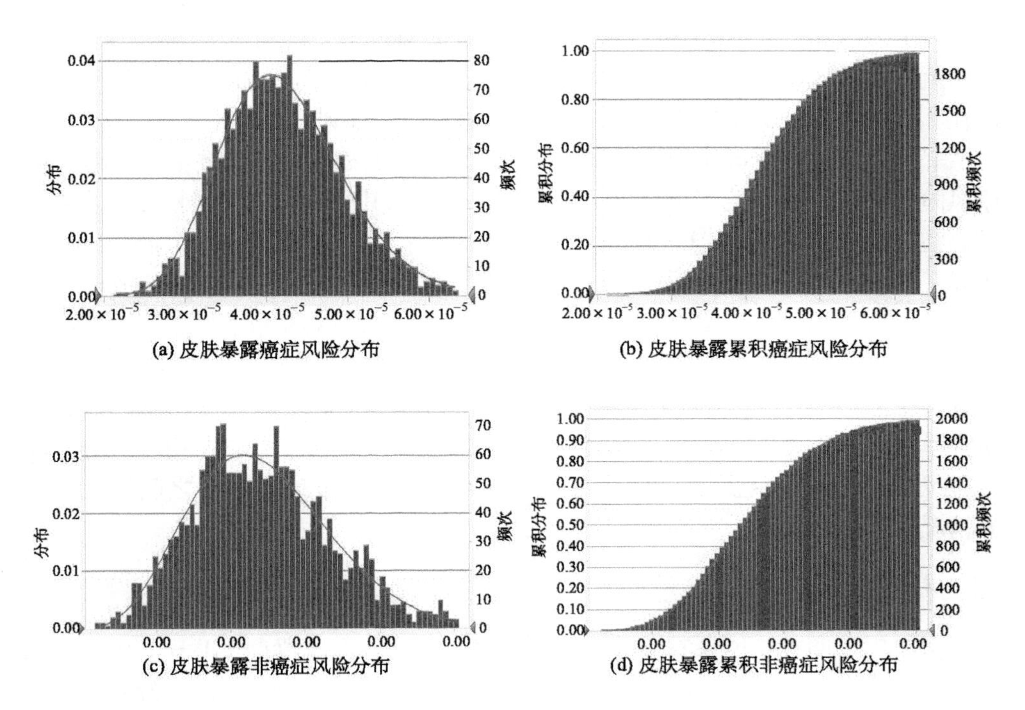

图 9-2　农村成年男性皮肤暴露砷的癌症风险分布（蒙特-卡罗模拟方法）

城市人群的5.0～7.6倍；而且非致癌风险基本上也呈正态分布，其中农村成年男性饮水非致癌风险平均值为1.41×10^{-6}，中值为1.34×10^{-6}，第25和75百分位分别为1.09×10^{-6}和1.64×10^{-6}。在所有的非致癌重金属中人体对钒暴露的健康风险度最高，城市和农村分别为1.0×10^{-7}～1.6×10^{-7}和6.9×10^{-7}～8.6×10^{-7}，而且农村显著高于城市5～8倍。最后，无论致癌还是非致癌物质，城市居民中0～5岁儿童男性比女性的健康风险略高，是其1.1～1.2倍，6岁以上人群中男性的健康风险比女性低，是其71.4%～86.1%；而农村居民无论年龄大小，男性与女性的健康风险基本持平，差异不明显。此外，无论城市、农村还是城市与农村之间的各类人群经口摄入各类重金属的健康风险及总风险之间的健康风险都呈现出了显著的相关性，R^2都在0.8以上，这说明城市和农村之间的经口饮水的暴露风险特征较为相似。

三、经皮肤暴露的健康风险

由表9-5和图9-2可以看出，无论城市还是农村，各类人群通过皮肤暴露砷的致癌风险都在1.1×10^{-7}～2.3×10^{-7}，县城各年龄段女性的致癌风险略高于相应男性的致癌风险，而农村各年龄段女性与相应男性的致癌风险非常接近。致癌风险呈显著正态分布，其中农村成年男性皮肤暴露砷的癌症风险平均值为1.83×10^{-7}，中值为1.71×10^{-7}，第25和75百分位分别为1.31×10^{-7}和2.24×10^{-7}。

就非致癌风险而言，该地区各类人群通过皮肤接触暴露的每种重金属健康风险在3.9×10^{-13}～5.6×10^{-8}，所有重金属的总非致癌风险在1.0×10^{-8}～6.0×10^{-8}，均低于可接受健康风险水平10^{-7}，因此通过皮肤暴露于重金属的潜在健康风险并不显著；非致癌风险也呈显著正态分布，其中农村成年男性皮肤暴露砷的癌症风险平均值为5.21×10^{-8}，中值为4.89×10^{-8}，第25和75百分位分别为3.71×10^{-8}和6.39×10^{-8}。

总体上无论城市还是农村，各年龄段女性的皮肤暴露非致癌健康风险略高于相应男性或几乎相等；同时，农村各类人群的非致癌总健康风险都略高于城市，是其2.1～5.6倍。此外，无论城市还是农村，各类人群之间皮肤暴露的健康风险都呈现出了显著的相关性，R^2都在0.99以上，然而城市与农村相应人群之间健康风险的相关性不显著，R^2都在0.3以下，这说明城市和农村之间的皮肤暴露情况有显著的差异。

四、基于参数实测和参数引用的健康风险评估结果的差异性

由于现场调查获得暴露参数和发达国家发布的暴露参数存在差异，因此依据二者所计算得到的健康风险必然不同，其中非致癌饮水和皮肤暴露总健康风险分别见图9-3和图9-4。

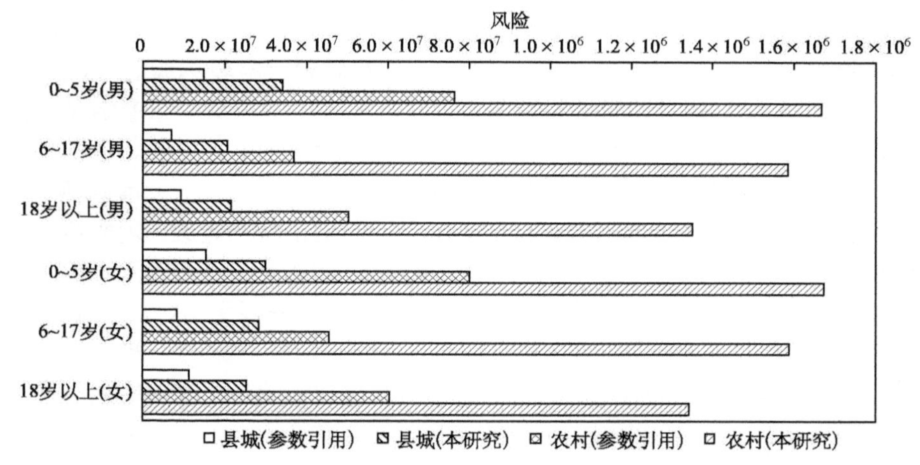

图 9-3　本研究和参数引用的非致癌物饮水暴露健康风险比较

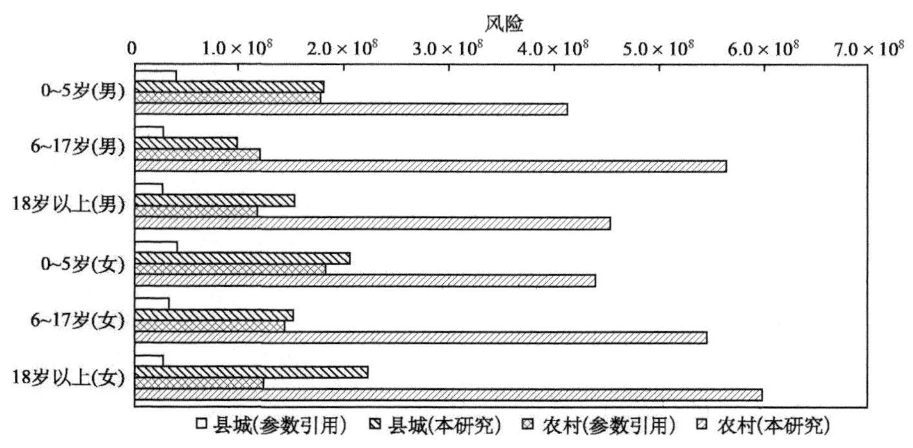

图 9-4　本研究和参数引用的非致癌物经皮肤暴露健康风险比较

可以看出，无论县城还是农村，无论饮水摄入还是皮肤接触的非致癌健康风险，都是本研究中各类人群风险度明显比采用国外发达国家暴露参数计算得到的风险度高，饮水摄入前者是后者的 1.94～4.32 倍，其中农村 6～17 岁男性最大；皮肤接触前者是后者的 2.28～7.33 倍，其中县城 18 岁以上女性差异最大。因此，国内外暴露参数的不同往往造成健康风险评价结果的差异，这种健康风险度的偏差往往造成风险管理和决策失误，造成不必要的损失。

五、暴露参数的敏感性分析

由图 9-5 可以看出，各种因子对健康风险度的敏感性在－38.5%～33.9%，其中体重BW具有负敏感性，而饮水速率IR、皮肤暴露面积SA、皮肤暴露频率EF、污染物浓度C（As）都具有正敏感性，都对健康风险较为敏感，但在每种暴露途径中，C（As）并不是最敏感的，而且除C（As）外，其余暴露参数的绝对敏感性之和平均在71.5%左右，几乎是C（As）敏感性的3倍，可见暴露参数对健康风险评价的结果具有关键性的影响，只有提高暴露参数的准确性，使其具有很强的代表性才能降低风险评价的不确定性。对于致癌健康风险来说，经口饮水和皮肤暴露的各影响因子的敏感性几乎持平，而相对于经口饮水暴露非致癌风险来说，皮肤暴露的影响因子明显增多，SA和EF分担了IR、C（As）的敏感性，使得其绝对敏感性有降低到30%以下，因此影响因素数量越多，单个影响因子的绝对敏感性将会有所降低，但暴露参数绝对敏感性之和将有所提高。

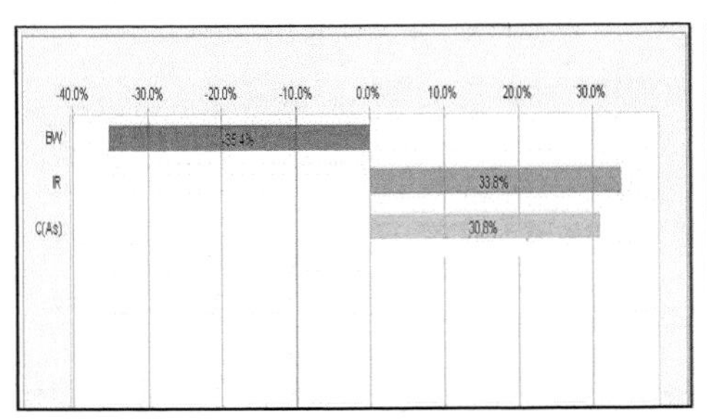

(a) 饮水暴露癌症风险参数敏感性

(b) 皮肤暴露癌症风险参数敏感性

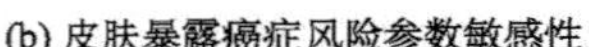

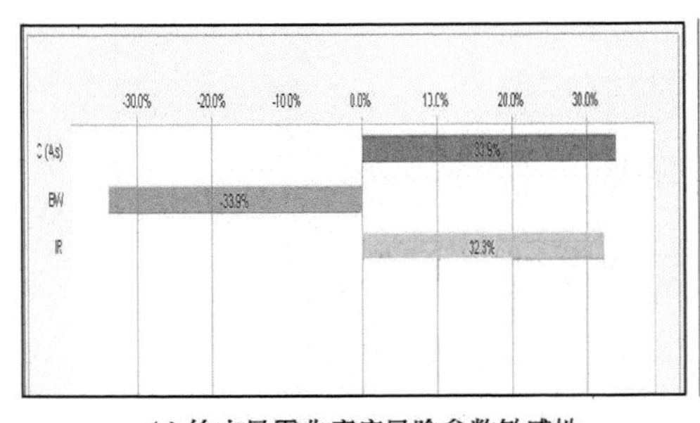

(c) 饮水暴露非癌症风险参数敏感性

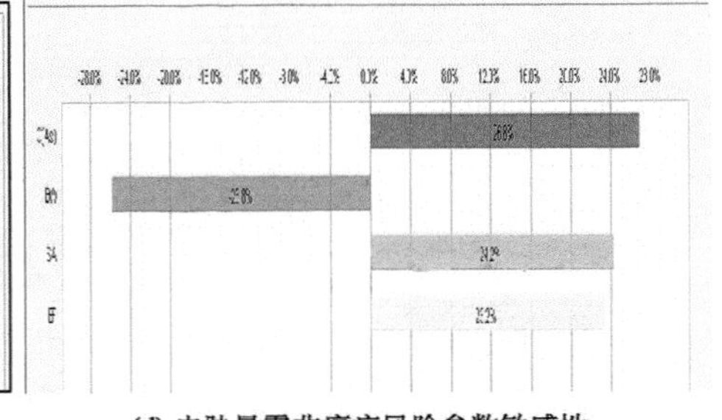

(d) 皮肤暴露非癌症风险参数敏感性

图9-5 农村成年男性饮水和皮肤暴露砷风险的敏感分析

研究表明，暴露参数对健康风险评价的结果具有关键性的影响，因此今后应提高暴露参数的准确性和代表性，降低风险评价不确定性。研究验证了暴露参数的重要性。

1. 浓度不确定性

该地区农村居民饮用水主要来自地下，城市居民生活饮用水主要来自河流市政用水；由于该地区经济以农业为主，工业污染源很少，所以地下水的水质较为稳定，污染物浓度变化不大，对健康风险不确定性的贡献应该较小；同时由于市政用水的水源为季节性河流，夏季径流量非常大，冬季流量较小，春秋居中，所以水中污染物浓度在本次调查的夏季应是最小的，冬季浓度可能最大，所以城市居民生活饮用水中重金属浓度可能会随季节有所变化，并对健康风险带来一定的不确定性。

2. 浓度暴露参数不确定性

本次研究采用现场调查实测方式获得了城市和农村各类人群的经口饮水摄入量、皮肤暴露部位及暴露时间的暴露参数，这将显著降低暴露参数的不确定性。但皮肤暴露面积是采用国外的模型计算的，虽然现场各类人群的身高、体重和年龄是真实的，但由于国内外人种的差异，皮肤暴露面积的模型必定会带来误差，其不确定性难以避免，但具体不确定性的大小仍有待分析。

3. 浓度调查内容不全面引起的不确定性

本次调查间接饮水并没有包括牛奶、饮料、啤酒、蔬菜等内的含水量，而这些日常饮用和食用的饮料和食物中的水绝大部分都是来自当地地下水、土壤水或经过处理的自来水，因此其中的重金属含量并未包括本研究之中，造成健康风险度比实际健康风险度低。

4. 浓度污染物项目引起的不确定性

由于该地区以农业为主，长期大面积喷洒农药如敌敌畏、三九一一、一六零五等剧毒农药，污染物通过迁移进入地表和地下水中，但本次调查研究中仅分析了该地区地下水和生活饮用水中的重金属污染物，但并未分析有机污染物如POP、PAH等，因此这将降低实际健康风险度，增加不确定性，所以应对该地区生活饮用水中的有机污染物进行分析，以最大限度地降低不确定性。

六、小结

城镇和农村男性和女性饮水摄入率分别为742.0～2464.0mL/d和707.0～2265.0mL/d；城镇和农村男性和女性皮肤触水全身暴露时间分别在20.0min/d以上和15.2min/d以下。各类检出的重金属浓度范围为0.000 17～1.286 84mg/L，经口饮水砷的致癌性风险为2.5×10^{-6}～5.2×10^{-6}，高于可接受风险水平10^{-6}，且儿童的风险度最高，城镇和农村平均分别达到3.9×10^{-6}和5.2×10^{-6}；皮肤暴露砷的致癌风险为1.1×10^{-7}～2.3×10^{-7}，在可接受水平范围内．经口饮水非致癌物的总风险为2.1×10^{-7}～1.7×10^{-6}，城镇居民中0～5岁儿童男性比女性的健康风险略高，6岁以上人群则相反；皮肤暴露非致癌总风险为1.0×10^{-8}～6.0×10^{-8}；城镇各年龄段女性的致癌风险略高于相应男性；农村男性与女性两种途径的健康风险非常接近；农村各类人群的非致癌总风险是城镇的2.1～5.6倍。

从该研究中可以看出各种因子对健康风险度的敏感性在−38.5%～33.9%，各暴露参数的绝对敏感性之和平均在71.5%左右，对健康风险评价的结果具有关键性的影响，而且本研究中各类人群风险度明显比采用国外发达国家暴露参数计算得到的风险度高出0.94～6.33倍。因此今后应提高暴露参数的准确性和代表性，降低风险评价的不确定性，提高风险管理的科学性建议有关权威机构能够组织全国范围内的暴露参数调查并尽快发布适合我国人群特征的暴露参数手册。

第二节　在突发水污染事故有机污染物健康风险评价中的应用实例

当前我国水污染事故频发。2005年11月13日，松花江上游吉林市中国石油总公司吉林化学工业公司“双苯”车间发生爆炸事故，造成新苯胺装置、硝基苯和苯储蓄罐报废和内溶物泄露。由于爆炸车间位于松花江边，致使松花江水受到严重污染，沿江群众的生产生活受到严重威胁，并产生了一系列跨省、跨国界的问题。2006年国家环保总局处理污染事故161起，2007年上升到180多起。根据国家环保总局2006年对总投资近10 152亿元的7555个化工石化建设项目的调查显示，其中81%布设在江河水域、人口密集区等环境敏感区域，45%的石化化工项目存在重大环境隐患。随着我国经济持续快速发展，在今后一段时期内仍将继续存在发生突发性环境污染事故的隐患。在突发性环境污染事故中，及时、准确、有效的健康风险评价结果对于有关部门采取应急控制和风险管理对策具有重要意义。然而，目前我国在突发性环境污染事故中健康风险评价方面的相关技术体系还不健全，尚无可以借鉴的步骤、方法、技术导则和相关的标准规范等，给评价工作造成了一定的困难。本文以松花江水污染事故为例，分析事故中沿岸居民对特征污染物的暴露途径和剂量，利用健康风险模型评价此次事故中沿岸居民的健康风险，希望能为同类水污染事故的健康风险评价提供可供借鉴的思路和方法（段小丽等，2008）。

一、研究方法

（一）危害鉴定

松花江水污染事故是由位于吉林省吉林市的中国石油总公司的化学工业公司“双苯”车间于2005年11月13日发生的爆炸事故而引起的。事故发生后，随着“双苯”车间新苯胺装置、硝基苯和苯储蓄罐报废、内溶物的泄露，大量的有机污染物直接或通过消防水等进入水体，其中主要的污染物是苯、硝基苯和苯胺。

由于上游水库来水稀释，加之污染物沉积、降解、挥发等作用，在事故点以下沿程，江中污染物浓度逐渐降低。环境监测结果表明，松花江江水中苯胺和苯浓度分别在吉林九站和哈尔滨苏家屯断面后，持续低于我国地表水环境质量和俄罗斯饮用水源地和生活用水区最高允许浓度（苯均为0.01mg/L），但硝基苯仍然高于我国地表水质标准和国家饮用水卫生标准（都是0.017mg/L）。此次松花江污染事故的首要特征污染物为硝基苯，本论文将主要评价人体对硝基苯暴露的健康风险。

硝基苯是一种无色或微黄色、具苦杏仁味的油状液体，难溶于水，易溶于有机溶剂，硝基苯的急性中毒者有肾脏损害的表现，长期暴露可造成人体的高铁血红蛋白血症，并可引起溶血及肝损害。根据世界卫生组织和美国环境保护署综合风险信息系统（IRIS）的数据，硝基苯属于可疑的人类致癌物，至今尚无关于人群暴露硝基苯引发癌症的证据，尤其无经口暴露的致癌证据，故本文在评价健康风险时将把硝基苯作为非致癌物来进行评价。此次污染事故所影响到区域主要是第二松花江吉林市以下江段和松花江干流。由于沿江多个地区都以松花江为生活水源，这次污染事故直接影响到的人群为沿江的25个县（市），间接影响的有9个县（市）、3000多万人。此外，松花江水污染的问题由来已久，从第一个“五年计划”东北地区开始建设化工、冶金等项目开始，随着工业的兴起和社会经济的发展，松花江的水环境也在逐渐的恶化，曾有研究表明仅20世纪70年代初排入松花江的总汞量已经达到149.8t。由于松花江水污染具有历史暴露的复杂性，本文所评价的将是仅为此次事故所造成的健康风险，不包括历史污染。

（二）暴露评价

人体暴露硝基苯的途径包括通过呼吸道、消化道（经口暴露）和皮肤接触三类。由于松花江污染事故发生时正逢冬季，水温较低，从江水中挥发到空气中的硝基苯浓度几乎为0，此次污染事故中沿岸居民通过呼吸道暴露硝基苯的可能性不大，因此在该研究中将不予考虑呼吸道暴露。此次事故中人体暴露硝基苯的途径主要是经口暴露和皮肤接触。经口暴露主要包括饮食、饮水和洗浴过程的随机摄水，而由于污染物的迁移转化是一个相对较长的过程，通过灌溉进入沿江耕地土壤并进而进入农作物（蔬菜、粮食等）中的硝基苯在短期内也可不予考虑，则经口暴露将主要考虑饮水的暴露。经皮肤暴露主要指沿岸的人群在日常生活中通过洗漱、洗浴和游泳等对水的接触。

经口暴露将按照式（9-6）计算：

$$ADD_{dietary} = \frac{CW \times IR \times EF \times ED}{BW \times AT} \tag{9-6}$$

式中，$ADD_{dietary}$ 指经口暴露剂量［mg/(kg · d)］；CW 指水中污染物浓度（mg/L）；IR 指摄入率（L/d）；EF 指暴露频率（d/y）；ED 指暴露持续时间（y）；

BW 指体重（kg）；AT 指平均暴露时间（d）。

皮肤暴露将按照式（9-7）计算：

$$ADD_{dermal}=\frac{CW\times SA\times PC\times ET\times EF\times ED\times CF}{BW\times AT} \tag{9-7}$$

式中，ADD_{dermal} 指皮肤吸收剂量［mg/(kg · d)］；CW、IR、EF、ED、BW、AT 同式（9-1）；SA 为皮肤接触表面积（cm^2）；PC 为化学物质皮肤渗透常数（cm/h）；ET 为暴露时间（h/d）；CF 为体积转换因子（$1L/1000cm^3$）。

从式（9-6）和式（9-7）可以看出，经口和皮肤的暴露剂量除了取决于所接触水中的污染物浓度外，暴露参数（如水的摄入率、暴露频率和持续时间、皮肤接触面积和渗透常数等）也是关键的因素。由于我国尚没有可供借鉴的关于上述暴露参数的相关标准和手册，本文的暴露参数将主要参考美国环境保护署的资料，并根据对1800多人的流行病学调查的结果进行优化和选择。由于暴露参数因性别和年龄而存在很大差异，在此将沿江的暴露人群分为儿童、青少年、成年人三类。

（三）健康风险计算

本文将把硝基苯作为非致癌物进行风险评价，计算方法见式（9-8）：

$$R=\frac{ADD}{RfD}\times 10^{-6} \tag{9-8}$$

式中，R 为发生某种特定有害健康效应而造成等效死亡的终身危险度；ADD 为有阈化学污染物的日均暴露剂量［mg/(kg · d)］；RfD 为化学污染物的某种暴露途径下的参考剂量［mg/(kg · d)］；10^{-6} 为与 RfD 相对应的假设可接受的危险度水平。根据美国 EPA 的数据，硝基苯的 RfD 为 5×10^{-4} mg/(kg · d)。

二、结果与讨论

（一）暴露剂量计算结果

在上游肇源和下游依兰所采集的48例饮用水样检出硝基苯6例和2例，其均值分别为0.0050mg/L和0.0039mg/L。对照组共采水样37例，检出1例，平均浓度为0.0016mg/L，说明虽然江水中的硝基苯浓度较高，但饮用水中的硝基苯并没有超过国家饮用水标准（0.017mg/L）饮用水水质标准，且硝基苯浓度的平均值上游是下游的1.3倍，也都比对照组高。

最终确定的各类人群的暴露参数见表9-6。根据式（9-6）和式（9-7）计算得出的各类人群经口和皮肤暴露剂量见表9-7。

（1）对于经口暴露，同类人群上下游暴露剂量相差不明显，都在0.0001～0.0002mg/(kg · d)，但都相应的比对照点人群的暴露剂量高；对于皮肤暴露途径，上游各类人群的暴露剂量也仅比下游相应人群高出 0.3～2 倍，但都明显比对照点的暴露剂量高 1～5 倍。

(2) 无论是经口还是皮肤接触，儿童的暴露剂量基本上都比成年人和青少年高，是其 1～2 倍，主要原因是在相同的暴露总量下，儿童的体重比成年人和青少年都要低得多，则单位体重的暴露剂量要高；皮肤暴露中女性的暴露剂量比男性高 10% 以上，这可能是由于女性在家庭中承担了较多的清洗等工作的原因。

(3) 皮肤暴露途径明显比经口饮水暴露途径的暴露剂量大，前者是后者的 2～6 倍。在污染事故中，人们对于饮水的安全性非常关注，可能会去选用瓶装水等方式来回避或降低由于污染事故造成的对污染物的经口暴露，但往往却忽略了一个主要的暴露途径，也就是通过皮肤接触而暴露水中的污染物。

表 9-6　松花江沿岸居民的暴露参数

接触参数	男性			女性		
	儿童	青少年	成年	儿童	青少年	成年
体表面积/m^2	0.830	1.467	1.94	0.815	1.413	1.69
体重/kg	20	52	70	19	42	58
饮水量/(L/d)	0.87	1.1	2.0	0.87	1.1	2.0
游泳随机饮水/(L/次)	0.025	0.05	0.05	0.025	0.05	0.05
游泳频率/(次/y)	12	12	12	12	12	12
饮水频率/(d/y)	365					
淋浴时间/(min/d)	12					
皮肤渗透系数/[mg/(cm^2·h)]	2					

表 9-7　经口和皮肤暴露硝基苯的剂量

暴露途径		上游		下游		对照点	
		男性	女性	男性	女性	男性	女性
经口暴露剂量/[mg/(kg·d)]	成年人	0.0001	0.0002	0.0001	0.0001	<0.0001	0.0001
	青少年	0.0001	0.0001	0.0001	0.0001	<0.0001	<0.0001
	儿童	0.0002	0.0002	0.0002	0.0002	0.0001	0.0001
皮肤暴露剂量/[mg/(kg·d)]	成年人	0.0006	0.0006	0.0002	0.0005	0.0001	0.0002
	青少年	0.0006	0.0007	0.0003	0.0005	0.0001	0.0002
	儿童	0.0008	0.0008	0.0006	0.0007	0.0003	0.0003

（二）健康风险评价结果

各类人群对水中硝基苯的总暴露剂量为经口和皮肤暴露的加和。根据式（9-8）所计算松花江上游、下游和对照点各类人群经口和皮肤暴露硝基苯的终身健康风险见表 9-8。图 9-6 为成年人经口暴露硝基苯的分布图。

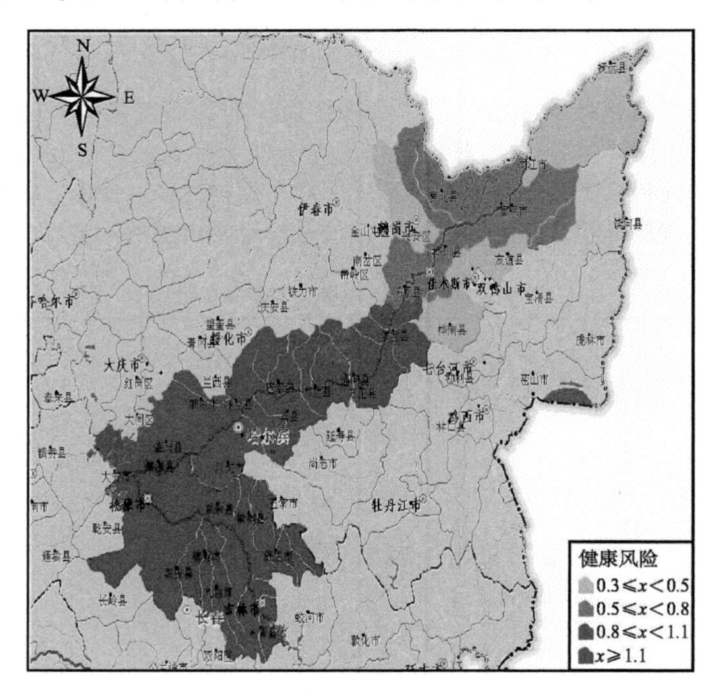

图 9-6　成年人经口暴露硝基苯的分布图

（1）各类人群的健康风险都呈现出了上游、下游、对照点的健康风险度依次降低的趋势，上游分别是下游和对照点的 1.3～2.4 倍和 3.1～5.7 倍。以图 9-6 成年人经口暴露硝基苯的健康风险分布为例，可以看出松花江污染事故中沿岸居民暴露硝基苯的健康风险的地区分布。

（2）对于不同人群的健康风险，总体上都呈现了成年人、青少年、儿童的健康风险依次升高的特征，其中儿童的健康风险度最高，是成年人和青少年的 1.3～2.8 倍，女性的健康风险高于男性。可见，污染事故的风险管理中，儿童和妇女是值得关注的人群。

（3）虽然上游暴露人群和下游部分暴露人群都略微超过了可接受的健康风险水平 10^{6}，但其健康风险与对照点并无显著性的差异，说明此次松花江水污染事故沿岸居民暴露水中硝基苯的健康风险水平基本可以接受。

表 9-8　松花江污染事故中沿岸居民暴露硝基苯的终身健康风险

		上游		下游		对照点	
		男性	女性	男性	女性	男性	女性
终身健康风险 ($\times 10^{-6}$)	成年人	1.39	1.51	0.59	1.18	0.24	0.48
	青少年	1.35	1.60	0.67	1.25	0.27	0.51
	儿童	2.10	2.14	1.64	1.67	0.67	0.68

（三）不确定性分析

以上风险评价结果具有一定的不确定性，主要原因如下。

（1）生活用水中硝基苯浓度的不确定性。首先，冬季江水流量较低，硝基苯浓度较高，而夏季江水流量较大，硝基苯浓度将会降低。随着时间推移，江水中硝基苯的浓度逐渐降低；其次，被底泥等吸附的硝基苯在某些情况下可能被释放出来，这可能会增加水中硝基苯的浓度；最后，松花江沿岸存在的化工企业仍然可能排放含有硝基苯的污水，这也可能造成水中硝基苯浓度升高。此外还存在其他多种浓度不确定性，这都将使生活用水中硝基苯浓度在现有基础上可能升高，也可能降低，而此处评价终身风险仅使用了事故发生后近期内的硝基苯浓度，具有一定的不确定性。

（2）人群生活习惯的不确定性。这里没有将城市和农村人群分别计算，这也将产生健康风险的不确定性。农村人口劳动强度较大，饮用水的量可能高于城市人群，在其他条件不变的情况下，农村人群健康风险度又可能较高。目前的城市人群大部分有使用纯净水的习惯，经过膜等一些方式将自来水重新过滤净化可能降低水中硝基苯的浓度，人群的健康风险度也可能较低。

（3）暴露参数的不确定性。由于我国没有经口饮水和皮肤暴露剂量计算相关参数的报道，论文引用了美国的参数，但美国人和中国人体征与生活习惯不同，例如，美国游泳过程中随机吞入水平均为 50mL/h，与中国东北地区的实际平均数值肯定存在差异。因此上述参数与中国实际相比较，可能会存在或偏大或偏小的误差，这将会造成计算出来的风险比实际风险偏大或偏小。

（4）季节饮水量不确定性。论文在计算各类人群的经口暴露剂量时，日均饮水量是设定不变的均值，但是由于各季节人体生理活动强度不同，不同的季节各类人群饮水量存在差别，在其他条件不变的情况下，饮水多的季节暴露剂量就高，相应的健康危险度就较高，饮水少的季节则相反。

三、结论

松花江污染事故发生后，尽管江水中硝基苯的浓度水平较高，但生活饮用水中硝基苯基本上都低于国家饮用水卫生标准。松花江污染事故中人群暴露硝基苯的途径主要是经口（饮水）和皮肤暴露。对于经口暴露，上、下游的暴露剂量无明显差异；对于皮肤接触水中硝基苯，上游各类人群的暴露剂量比下游相应人群高出 0.3～2 倍，同时都明显比对照点的暴露剂量高 1～5 倍。各类人群对硝基苯暴露的健康风险呈现出上游、下游和对照点依次降低的趋势。

此次松花江水污染事故沿岸居民暴露水中硝基苯的健康风险水平基本在可以接受的范围之内（10^{-6}）。儿童的暴露剂量是成年人和青少年的 1～2 倍；女性的皮肤暴露比男性高 10% 以上。儿童的健康风险度是成年人和青少年的 1.3～2.8 倍，女性的健康风险度几乎都高于男性。

在突发性水污染事故中，妇女和儿童是应当重点关注的人群，儿童的饮水接触和女性的皮肤暴露是值得关注的两个问题。

第三节　在环境健康标准评价中的应用

我国是世界最大的铅生产和消费国，2008 年全国铅产量占全球的 37.8%，总消费量占全球的 35.7%。据有关资料统计显示，全世界仅有约 1/4 的铅被回收再利用，其余大部分以废气、废水、废渣等各种形式排放于环境中，通过不同的环境介质影响人体的神经系统、造血系统、消化系统及生殖系统等，危害人体健康（刘玉莹，2003）。儿童是铅污染的易感人群，由于铅污染对人智力的影响具有不可逆性，儿童铅中毒问题成为全社会普遍关注的重要问题（李敏和林玉锁，2006）。2000 年我国禁止使用含铅汽油以来，城市儿童血铅水平有明显降低，但至尽仍有 10% 左右的城市儿童血铅超标。近年来铅污染和铅中毒事件屡见不鲜，2006～2009 年间发生的 21 起较大（及以上）重金属污染事件中，涉铅企业污染 13 起，占 62%，引起了民众的恐慌和不满，惊动了党和国家高层，震动了全社会，给人们健康和社会稳定造成严重的影响（徐进和徐立红，2005）。由于儿童血铅污染是多源污染、多途径暴露、长期累积的综合作用结果，不同污染特征的地区、不同生活习惯的儿童在铅的暴露途径和来源方面具有很大的差异。由于铅对儿童具有神经毒性和免疫毒性，且在人体中无任何生理功能，人们认为不存在允许铅暴露安全水平下的最低限值，故对铅污染的毒性评价时不再采用 RfD/RfC 方法，而采用基于受体血铅浓度水平的方法。目前国际上常采用多途径暴露生物效应模型对儿童血铅含量进行研究，探讨环境铅暴露与人体血铅含量的效应关系（White et al.，1998）。

IEUBK 模型（美国环境保护署 1994 年开发）是 EPA（2002）编制出的根据环境中的铅含量预测儿童（0～6 岁）环境铅暴露后血铅浓度水平（PbB）的软件，包括暴露模块、吸收模块、生物代谢模块和血铅含量预测的概率分布 4 个模块。该模型采用机制模型与统计相结合的方法，将不同途径和来源环境铅暴露与儿童血铅水平联系起来。模型假设儿童血铅的分布类型近似几何正态分布，根据收集到的儿童环境铅暴露信息预测儿童群体的血铅水平几何均值，进一步估算儿童群体血铅水平超过某一临界浓度（100μg/L）的概率。IEUBK 模型中铅的来源包括空气、食品、室内外灰尘、土壤和饮用水等，由于进入人体呼吸和消化系统的铅只有一部分最终入血液循环系统产生毒性效应，IEUBK 模型假设从不同环境介质进入人体的铅，其生物有效性不同，不同的铅摄入水平，其吸收率也不同，IEUBK 采用吸收速率（IN）模型来描述儿童对不同环境介质铅的吸收。摄入铅的途径不同，其可吸收的效果也不同，IEUBK 模型认为来自土壤及灰尘、饮食、饮水、空气中铅的可吸收率分别为 30%、40%～50%、60%、25%～45%。另外，IEUBK 模型的生物反应动力学模型采用机制模型表述铅在人体内转运的生理生化过程，将铅的吸收效率与人体内各器官的铅含量尤其是血铅浓度变化联系起来。由于儿童的自身行为特征、家庭环境及行为习惯，以及个体类型的差异，在同样的环境铅浓度条件下，儿童血铅浓度有较大的变异性，IEUBK 模型采用几何标准偏差（GSD）来描述这种差异（DEFAR and Environment Agency，2002）。

一、研究方法

（一）评价模型

本研究选取了 IEUBK 模型中的暴露模块、吸收模块来模拟研究我国环境铅暴露的水平和儿童的血铅水平，模型轮廓见图 9-7。在该模型中需要两类数据：第一类是污染浓度数据，如空气、水、土壤、食品等介质中铅的浓度，本研究把我国现行的各相应环境质量标准对应的铅浓度限定值设为污染浓度的默认值；第二类是暴露参数数据，本研究通过查阅相关全国范围的调查和文献，根据我国实际情况选取适当的表征暴露参数，如不同年龄段儿童体重、呼吸、饮食、经土壤和灰尘等暴露参数，对于我国目前没有开展调查研究的暴露参数，引用 USEPA 颁布的参数代替。最后将暴露模块的暴露浓度值和吸收模块的吸收效率输入 IEUBK 模型中，IEUBK 模型根据以往研究的成果设定了儿童在不同场所（室内/室外）摄入各种铅暴露介质（包括空气、饮食、饮水、土壤/尘等）的暴露参数默认值。具体见表 9-8～表 9-10。将不同介质摄入的暴露参数与介质中铅浓度相乘，即可算得儿童的铅暴露量，并可预测出血铅浓度。

（二）暴露参数

针对 IEUBK 模型暴露模块中铅的几大来源和不同暴露途径的暴露参数需要，本研究收集了不同年龄段人群的体重、空气暴露、食品、室内外灰尘、土壤

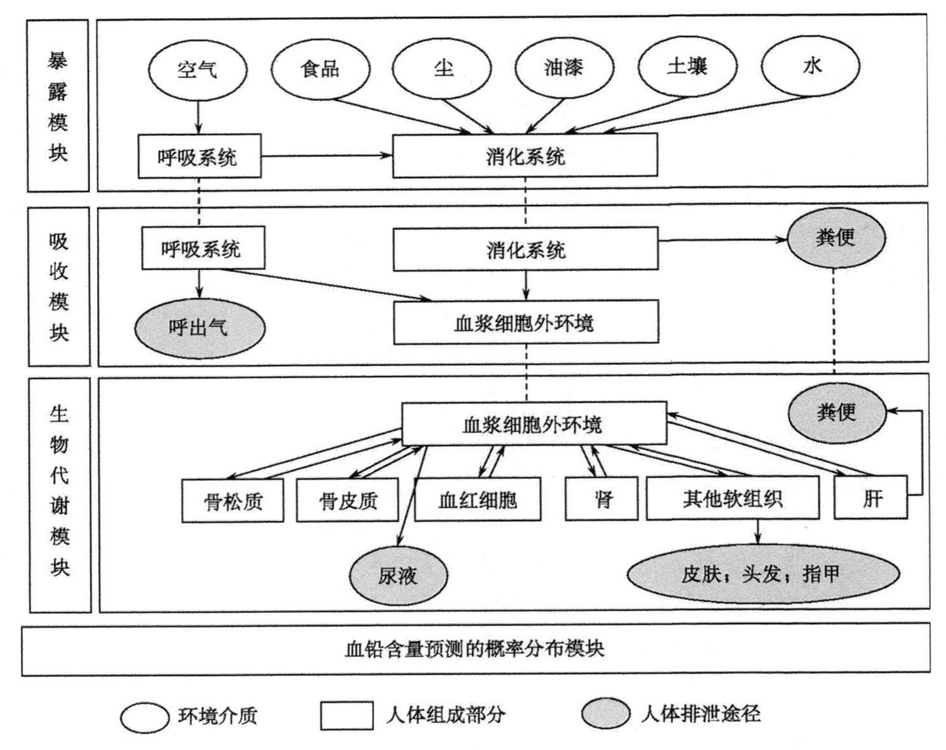

图 9-7　儿童铅暴露、吸收、代谢及血铅含量估计模型 IEUBKwin 的构成

及饮水等暴露参数。由于各参数城乡间差别不明显，且缺乏城市和乡村各自完整的普查数据，故本文参数的选取均选择全国水平的参数，能在一定程度上代表全国儿童的暴露情况。

1. 一般暴露参数

综合现有文献（王宗爽等，2009），分析得出我国儿童的体重参考数值，如表 9-9 所示。

表 9-9　不同年龄段人群的体重

年龄	体重/kg		年龄	体重/kg	
	男	女		男	女
1 岁	10.2	9.8	5 岁	18.70	18.05
2 岁	13.2	12.2	6 岁	20.80	19.90
3 岁	15.15	14.60	7 岁	23.25	21.90
4 岁	16.90	16.25	成人平均	62.7	54.4

2. 呼吸暴露参数

由于我国迄今为止还没有进行大规模的人体健康调查研究以发布自己的暴露参数，而儿童的换气率及肺部吸收率不同国家之间差异甚微，故在分析美国EPA2009年更新的暴露参数手册的基础上结合我国目前的研究（王宗爽等，2009），基于儿童常规行为特征，本文引用IEUBK模型中默认的儿童户外停留时间、换气率及肺部吸收率的参数。不同年龄段儿童呼吸暴露参数如表9-10所示。

表9-10　不同年龄段儿童呼吸暴露参数

	0～1岁	1～2岁	2～3岁	3～4岁	4～5岁	5～6岁	6～7岁
户外停留时间/(h/d)	1	2	3	4	4	4	4
换气率/(m^3/d)	2	3	5	5	5	7	7
肺部吸收率/%	32	32	32	32	32	32	32

3. 饮水和饮食暴露参数

研究水体及食品中污染物对人体健康的影响时，各类人群的饮水量和饮食量是最为关键的暴露参数。然而，目前我国并没有对居民的饮食和饮水情况作系统的研究。根据生理情况，不同人体之间每千克体重需要的正常饮水量相同，故本研究在分析美国EPA2009年更新的暴露参数手册（USEPA，2009）和我国已有相关研究成果（赵露等，2007）的基础上，采用USEPA参数手册发布的每千克体重饮水量参数，结合我国不同年龄段儿童的实际体质量，计算我国不同年龄段儿童的饮水暴露参数，其中饮水量为每千克体重饮水量与儿童个体体重之积，而饮食量参数为总结和归纳翟凤英2007年分析的居民膳食结构与营养状况中的儿童饮食摄入量参数（翟凤英，2007）。不同年龄段儿童饮水（食）暴露参数如表9-11所示。

表9-11　不同年龄段儿童饮食暴露参数

	0～1岁	1～2岁	2～3岁	3～4岁	4～5岁	5～6岁	6～7岁
饮水量/(L/d)		0.271	0.317	0.380	0.380	0.380	0.447
饮食量/(g/d)	—	—	337.26	406.02	460.93	493.79	525.35

4. 土壤和尘暴露参数

灰尘铅含量占土壤铅含量的比例、各种途径进入人体的铅生物有效性、各年龄段儿童日灰尘摄入量及土壤摄入量等参数缺少我国实际调查值（盛晓阳等，

2009），但各年龄段儿童日灰尘摄入量及土壤摄入量参数各国之间一般具有通用性，故不同年龄儿童经土壤和灰尘的暴露参数可采用美国 EPA 于 2009 年新发布的参数值，见表 9-12。

表 9-12 不同年龄段儿童经土壤和灰尘的暴露参数

	0～1 岁	1～2 岁	2～3 岁	3～4 岁	4～5 岁	5～6 岁	6～7 岁
尘摄入量/(g/d)	0.03	0.06	0.06	0.06	0.06	0.06	0.06
土壤摄入量/(g/d)	0.03	0.05	0.05	0.05	0.05	0.05	0.05

5. 皮肤暴露参数

通过查阅文献（段小丽等，2010），获得我国不同年龄段儿童皮肤表面积的参数，如表 9-13 所示。

表 9-13 我国居民的皮肤表面积（SA）

年龄/月	SA/m^2		年龄/月	SA/m^2		年龄/岁	SA/m^2	
	男	女		男	女		男	女
1	0.306	0.301	8	0.451	0.434	2	0.589	0.565
2	0.337	0.321	10	0.468	0.444	3	0.658	0.643
3	0.367	0.349	12	0.481	0.468	4	0.715	0.698
4	0.384	0.370	15	0.502	0.480	5	0.772	0.756
5	0.408	0.386	18	0.526	0.506	6	0.832	0.811
6	0.425	0.410	21	0.550	0.529	7	0.901	0.869

6. 铅的生物可利用率参数

铅通过不同暴露途径进入人体后，其生物可利用率有所差异。其中 IEUBK 模型中运用到了土壤、灰尘、水和食物铅的可利用率参数，在分析 USEPA 发布的不同介质铅可吸收率的基础上（USEPA，1989），根据我国具体情况收集我国居民环境介质铅的生物可利用率参数，各种环境暴露介质中的铅在人体内的生物可利用率如表 9-14 所示。

表 9-14 不同介质铅的生物可利用率

介质	生物可利用率	介质	生物可利用率	介质	生物可利用率	介质	生物可利用率
土壤	10%	灰尘	40%	水	50%	饮食	10%

（三）血铅预测方法

假设现行我国各环境质量标准达标的情况下，基于各标准中环境与健康标准的允许浓度范围，根据前文收集整理的不同暴露参数资料，利用 IEUBK 模型代入参数计算每种暴露途径下不同年龄段儿童每天摄铅量、预测各种途径综合作用下其人体内血铅的含量。其中，饮水暴露参数采用生活饮用水质标准值 0.01μg/L；土壤环境质量标准根据土壤的应用功能和保护目标，划分为三级，一级标准为背景值，铅的限值为 35mg/kg；二级标准为保护农作物而保护人体健康，按照土壤 pH 的不同规定了三个限值，分别为 250mg/kg、300mg/kg、350mg/kg；三级标准考虑某些高背景值和高容量地区的情况，限定值为 500mg/kg。而依据世界卫生组织（WHO）、欧洲及美国的环境基准等研究成果，我国制定的空气质量标准规定铅的季平均浓度和年平均浓度分别为 1.5μg/m^3 和 1.0μg/m^3。本文对铅的环境与健康标准的兼容性进行评价时，分别取土壤环境标准、大气环境标准最严的和最宽松的标准值，也即标准中设定的最小和最大的浓度限值，对 IEUBK 模型进行赋值，从而分别讨论环境标准制定最严与最宽松情况下，与健康标准的兼容性。

（四）我国血铅标准

根据我国卫生部颁发的儿童铅中毒诊断标准《儿童高铅血症和铅中毒分组和处理原则》，在现行的血铅中毒诊断中，将连续两次静脉血铅水平为 100～199μg/L 视为高铅血症，连续两次静脉血铅水平≥200μg/L 视为铅中毒。

（五）暴露剂量和健康风险评价方法

毒性评价可以权衡所有可用的数据，评价有害健康效应的可能性。CDC 确定了一个血铅浓度水平值 100μg/L，超过这一临界值将会带来健康风险，基于这一临界值对铅的毒性进行评价。通过 IEUBK 模型获知人群血铅浓度超标率（>100μg/L），以及铅暴露相关的有害健康风险发生的可能性。用以评价环境标准达标情况下，不同人群健康风险的计算公式如式（9-9）和式（9-10）所示。

$$R_i^n = \frac{\mathrm{ADD}_i}{\mathrm{RfD}_i} \times 10^{-6} \tag{9-9}$$

式中，R_i^n 为发生某种特定有害健康效应而造成等效死亡的危险度；ADD 为无阈化学污染物的日均暴露剂量［mg/(kg·d)］；RfD 为化学污染物的某种暴露途径下的参考剂量［mg/(kg·d)］；10^{-6} 为与 RfD 相对应的假设可接受的危险度水平。

$$R_i^c = q \times \mathrm{LADD}_i \tag{9-10}$$

式中，R_i^c 为人群终身超额危险度，无量纲，人群的期望寿命按 70a；LADD 为有阈化学污染物的日均暴露剂量 [mg/(kg · d)]，计算方法同 ADD；q 为由动物推算出来人的致癌强度系数 $[mg/(kg \cdot d)]^{-1}$。

根据每名受试者的 ADD 和 LADD，以及每种待评物质的 RfD 和 q 可以分别计算得出每名受试者对每种物质暴露的风险 R_i^n 和 R_i^c。按照式（9-11）可计算每名受试者所有待评物质暴露的总健康风险值。

$$R_T = \sum_{i=1}^{k} R_i^c + \sum_{i=1}^{j} R_i^n \tag{9-11}$$

式中，R_T 为所有污染物暴露的总风险；$\sum_{i=1}^{k} R_i^c$ 为 k 种致癌物暴露的风险；$\sum_{i=1}^{j} R_i^n$ 为 j 种非种致癌物暴露的风险。

健康风险评价标准是为评价人体健康风险而制定的准则，是判断人体健康安全水平和安全管理的有效性的依据，是识别人体健康的危害程度及制定相应管理措施的基础。评价标准包含两方面的内容：一是健康危害发生的概率，二是人体健康的危害程度。根据风险管理的目标和各种风险水平对应的可接受程度，确定化学物质的风险评价标准为“最大可接受水平”。瑞典环境保护局推荐的最大可接受风险水平和可忽略水平为 1.0×10^{-6} （7.0×10^{-5}）；荷兰建设与环境部 1.0×10^{-6} （7.0×10^{-5}）1.0×10^{-8}；英国皇家协会 1.0×10^{-6} （7.0×10^{-5}）1.0×10^{-7}；国际辐射防护委员会（ICRP）5.0×10^{-5}。

参照国际标准将所有污染物分成三类，即非致癌污染物，致癌污染物和放射性污染物。有毒重金属分为致癌物和非致癌物。鉴于有毒重金属对健康损害及致癌性特点，本研究对铅主要采用非致癌污染物模型进行健康风险评价。

用上述健康风险相关计算公式代入相关暴露参数或运用 IEUBK 模型，可预测某种（非）致癌物暴露的风险，从而对不同的暴露途径进行儿童的健康风险预测和评价。

（六）标准评价方法

利用 IEUBK 模型预测儿童血铅值与社会干预浓度（100μg/L）的比较，对我国现行的铅环境质量标准和健康标准的兼容性，铅环境标准制定的合理性进行评价。铅环境标准与健康标准的兼容性对保护儿童健康具有重要的现实作用。若相关环境质量标准的制定小于实际暴露阀值范围，则所采用的标准制定得过紧，统计等资源存在一定的浪费，相关标准在保护儿童健康的执行中也没有发挥有效的作用；若相关标准规定的阈值远大于实际暴露阀值范围，则所采用的标准制定得过松而没有起到实际的管理作用，造成环境介质中铅污染物的浓度超过环境或人体的耐受范围却仍表现出未超标的不良后果，同时也会在一定程度上，对相关企业的排污存在一定的姑息作用。

二、结果与讨论

（一）现行铅环境质量标准下的血铅浓度预测

1. 现行最严铅环境质量标准下的血铅浓度预测

分析表 9-15 可知，假设环境质量达标，且达到相关标准制定的最严标准值时，即空气质量达到 1.00μg/m^3 的最严标准值，土壤质量达到 35mg/kg 的最严标准值，对 IEUBK 模型进行赋值预测此时不同年龄段儿童不同介质的铅暴露量和血铅值。结果如表 9-15 所示，铅通过呼吸、饮水的暴露量均较小，土壤和尘的暴露量次之，而通过饮食的暴露量最大，最高可达 9.274μg/d，表明儿童体内的铅量大部分通过饮食暴露获得，且不同介质对儿童的暴露量差异显著。世界卫生组织（WHO）规定儿童每周每千克体重最大允许饮食摄入量是 25μg；如果学龄前儿童体重为 20kg，则每天最大允许摄入量（ADI）是 71.6μg（即每公斤体重每日最大允许摄入量为 3.57μg）。从 IEUBK 模型输出的数据可见，当相关环境质量标准达标，且处于最优情况（达最严标准）时，其日均饮食暴露量均在 WHO 规定的范围内。经过呼吸暴露、饮水暴露以及饮食暴露等，各年龄段儿童体内血铅含量均未达到社会干涉值（100μg/L），基本处于 27～43μg/L。根据我国卫生部颁发的我国儿童铅中毒诊断标准《儿童高铅血症和铅中毒分级和处理原则》，可诊断在此环境标准下我国儿童的血铅值处于正常水平，相关铅环境标准的制定符合健康标准的要求，在一定程度上可以保护儿童健康。在此标准条件下，对儿童不同暴露来源对血铅浓度的贡献值进行分析，如图 9-8 所示。

表 9-15　最严达标情况下的暴露量和血铅值预测

年龄	达标情况下的暴露量预测/(μg/d)					血铅预测值/(μg/L)
	呼吸暴露	饮水暴露量	土壤 & 灰尘暴露量	饮食暴露	总暴露量	
0～1 岁	0.211dD	0.948cC	1.647bB	2.142aA	4.947	27
1～2 岁	0.344cC	3.306aA	2.967bB	1.825dD	8.443	34
2～3 岁	0.620dD	1.470cC	2.954bB	5.684aA	10.728	38
3～4 岁	0.667dD	1.763cC	2.957bB	6.979aA	12.366	42
4～5 岁	0.667dD	1.771cC	2.970bB	8.034aA	13.442	43
5～6 岁	0.933dD	1.780cC	2.984bB	8.645aA	14.342	43
6～7 岁	0.933dD	2.096cC	2.988bB	9.274aA	15.291	42

注：同一行中不同小写字母表示在 0.05 水平上差异显著，不同大写字母表示在 0.01 水平上差异显著。

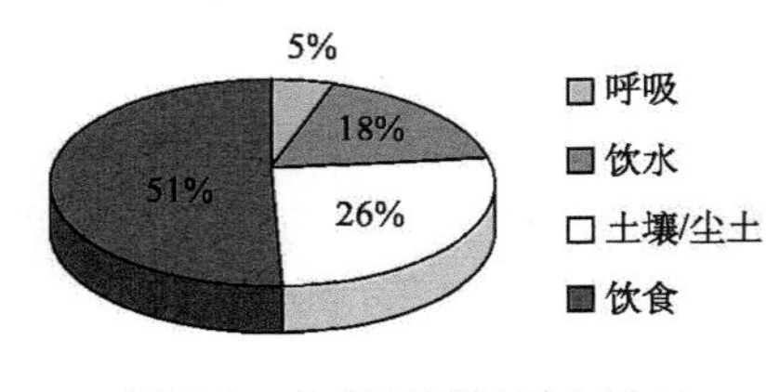

图 9-8 儿童不同暴露介质对血铅浓度的贡献

WHO 估计儿童铅暴露 45% 来源于室内外灰尘与土壤暴露，47% 来源于食物暴露，6% 来源于饮水暴露，1% 来源于空气暴露（Fung et al.，2003）。图 9-8 直观的反应出各年龄段中，各暴露介质对儿童人体血铅含量的贡献率，其中饮食暴露贡献率最大，达 50%，表明儿童铅暴露大部分来源于饮食的暴露；其次为土壤与室内外灰尘的暴露，接近 30%；饮水暴露不分年龄段的在儿童铅暴露中占有 18% 左右的稳定值；最少来源于呼吸的暴露，表明当我国环境质量达标且达最严标准时，我国儿童铅暴露 50% 左右来源于食物，30% 左右来源于室内外灰尘及土壤，18% 来源于饮水，很少一部分来源于空气，该结果与表 9-15 的分析研究相符，基于我国自身环境标准设定的情况下，也与 WHO 的研究估计值一致。由此也对我国食品健康标准及土壤环境暴露健康标准的制定提出了更加严格的要求，同时在一定程度上对我国现行的食品健康安全标准及土壤环境标准的合理性提出了考验。

2. 现行最松铅环境质量标准下的血铅浓度预测

假设环境质量达标，且达到相关标准设定的最松标准值时，即空气质量达到 1.50μg/m³ 的最松标准值，土壤质量达到 500mg/kg 的最松标准值，对 IEUBK 模型进行赋值，预测此时不同年龄段儿童不同介质的铅暴露量和血铅值（表 9-16）。从表 9-16 可知，环境质量达最松标准值时，铅通过呼吸暴露的暴露量较小，饮水、饮食的暴露量相对较大，而通过土壤/灰尘暴露的暴露量最大，最高可达 13.078μg/d，表明在此情况下儿童体内的铅量大部分通过土壤及灰尘暴露介质获得。从 IEUBK 模型运行输出的结果来看，不同年龄段儿童的血铅预测值均低于社会干预水平（100μg/L），最低为 0～1 岁的儿童血铅 55μg/L，其他年龄段的儿童其血铅预测值基本处于 70～75μg/L，且不同介质对儿童的暴露量差异显著。根据我国卫生部颁发的我国儿童铅中毒诊断标准《儿童高铅血症和铅中毒分级和处理原则》，可诊断在此环境标准下我国儿童的血铅值处于正常水平，但各年龄段儿童的血铅水平基本达到最严标准时的 1.5 倍以上，均超过 50μg/L，表明相关铅环境标准的制定符合健康标准的要求，在一定程度上可以保护儿童健康同时，也存在进一步提升的空间。在此标准条件下，对儿童不同暴露来源对血铅浓度的贡献值进行分析，如图 9-9 所示。

表 9-16　达最松标准情况下的暴露量和血铅值预测

年龄	达标情况下的暴露量预测/(μg/d)					血铅预测值/(μg/L)
	呼吸暴露	饮水暴露量	土壤 & 灰尘暴露量	饮食暴露	总暴露量	
0～1岁	0.316dD	0.891cC	7.086aA	2.014bB	10.308	55
1～2岁	0.516dD	3.044bB	12.498aA	1.681bB	17.739	71
2～3岁	0.930dD	1.370cC	12.596aA	5.297bB	20.193	73
3～4岁	1.000dD	1.658cC	12.836aA	6.563bB	22.057	75
4～5岁	1.000dD	1.679cC	12.882aA	7.618bB	23.179	75
5～6岁	1.400dD	1.697cC	13.015aA	8.242bB	24.353	73
6～7岁	1.400dD	2.006cC	13.078aA	8.875bB	25.358	70

注：同一行中不同小写字母表示在 0.05 水平上差异显著，不同大写字母表示在 0.01 水平上差异显著。

当空气质量达到最松要求的标准值 1.50μg/m³、土壤质量达最松要求的标准值 500mg/kg 时，图 9-9 直观的反应出各年龄段中，各暴露介质对儿童人体血铅含量的贡献率，其中土壤 & 尘介质暴露的贡献率最大，达 60%，表明此环境条件下儿童铅暴露大部分来源于土壤 & 尘的暴露；其次为饮食的暴露，接近 27%；饮水暴露不分年龄段的在儿童铅暴露中占有 9% 的比例；最少来源于呼吸的暴露，表明当环境质量均达到最低标准值时，我国儿童铅暴露 60% 左右来源于室内外灰尘及土壤，27% 左右来源于饮食，9% 来源于饮水，很少一部分来源于空气。

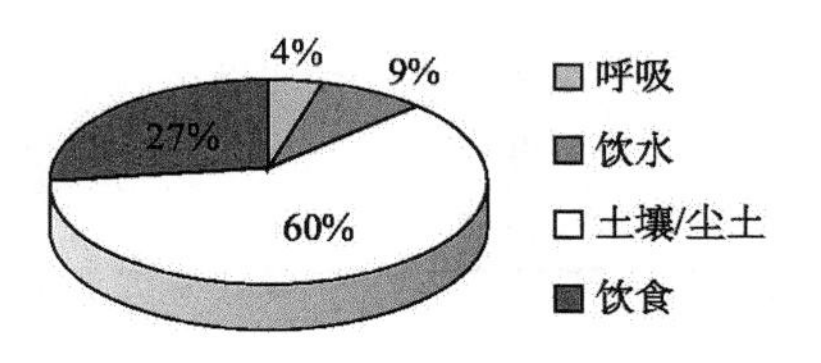

图 9-9　儿童不同暴露介质对血铅浓度的贡献

（二）现行环境质量标准下各暴露介质的风险

1. 现行最严铅环境质量标准下各暴露介质的风险值

由以上的分析可知，儿童的血铅浓度值基本较低，相关铅环境质量标准与健康标准的兼容性较好。假设现行各环境质量与健康标准均达标且处于标准时，基于各标准中环境与健康允许的最低浓度，根据前文收集整理的不同暴露参数资料，利用健康风险表征的相关计算公式，计算不同年龄段儿童在不同暴露途径下其健康风险值，如表 9-17 所示。由于儿童不同性别之间其体质量、呼吸速率等暴露参数的不同，故对其健康风险的预测也根据性别的差异进行分别讨论。

表 9-17　现行最严环境质量标准下各年龄段儿童不同暴露介质的风险值

年龄/岁	性别	经呼吸暴露/$\times 10^{-6}$	经饮水暴露/$\times 10^{-6}$	经土壤 & 尘暴露/$\times 10^{-6}$	经饮食暴露/$\times 10^{-6}$	经皮肤暴露/$\times 10^{-6}$	总风险/$\times 10^{-6}$
0～1	男	5.761	0.142	0.058	8.275	0	14.236
	女	8.108	0.148	0.061	8.613	0	16.929
1～2	男	5.097	0.149	0.075	6.394	0	11.715
	女	6.983	0.161	0.081	6.918	0	14.143
2～3	男	4.968	0.152	0.066	5.818	0	11.003
	女	6.161	0.157	0.068	6.037	0	12.423
3～4	男	4.697	0.163	0.059	5.035	0	9.954
	女	5.744	0.169	0.061	5.237	0	11.212
4～5	男	4.520	0.147	0.053	5.071	0	9.791
	女	5.368	0.152	0.055	5.253	0	10.828
5～6	男	4.331	0.132	0.048	5.054	0	9.564
	女	5.049	0.138	0.050	5.282	0	10.520
6～7	男	4.132	0.139	0.043	3.283	0	7.598
	女	4.759	0.148	0.045	3.486	0	8.438

从表 9-17 的分析可见，当环境质量达现行标准的最严标准值时，不同年龄段的儿童其暴露的风险值不分年龄段的呈现出可接受的风险水平，其中，经皮肤途径暴露的风险值基本可忽略不计，经饮水和土壤 & 尘暴露存在一定的风险值，经呼吸暴露的健康风险次之，经饮食暴露的健康风险最大，但基本处于 10^{-6} 的数量级水平，但经土壤 & 尘暴露的风险值最大，达 10^{-4} 的数量级。而且，不论男孩还是女孩，各途径暴露的风险值都随年龄的增大呈现出逐渐减小的趋势，这可能与随着儿童年龄的增大，其有意识的健康生活方式和行为模式有关。

2. 现行最松铅环境质量标准下各暴露介质的风险值

由表 9-17 分析可知，现行各标准均达最松标准时，儿童的血铅浓度均低于社会干预水平。假设现行各标准均达标且处于最松标准时，对各不同年龄段儿童在不同暴露途径下的暴露量进行分析，采用表 9-17 的分析方法将各年龄段儿童不同暴露途径的风险值列表，其中将土壤、饮水、食物介质中铅的摄入视为经消化道途径暴露，将空气介质中铅的摄入视为经呼吸道途径暴露，如表 9-18 所示。

表 9-18 现行最松环境质量标准下各年龄段儿童不同暴露介质的风险值

年龄/岁	性别	经呼吸暴露/×10⁻⁶	经饮水暴露/×10⁻⁶	经土壤 & 尘暴露/×10⁻⁶	经饮食暴露/×10⁻⁶	经皮肤暴露/×10⁻⁶	总风险
0～1	男	8.641	0.142	0.835	8.275	0	17.849
	女	12.162	0.148	0.869	8.613	0	21.791
1～2	男	7.645	0.149	1.076	6.394	0	15.264
	女	10.474	0.161	1.164	6.918	0	18.717
2～3	男	7.453	0.152	0.937	5.818	0	14.359
	女	9.242	0.157	0.973	6.037	0	16.408
3～4	男	7.045	0.163	0.840	5.035	0	13.084
	女	8.617	0.169	0.874	5.237	0	14.896
4～5	男	6.781	0.147	0.759	5.071	0	12.758
	女	8.052	0.152	0.787	5.253	0	14.244
5～6	男	6.496	0.132	0.683	5.054	0	12.364
	女	7.574	0.138	0.714	5.282	0	13.708
6～7	男	6.198	0.139	0.611	3.283	0	10.232
	女	7.138	0.148	0.648	3.486	0	11.420

从表 9-18 的分析可见，当环境质量达现行标准设定的最松标准值时，不同年龄段的儿童其暴露的风险值基本上不分年龄段的呈现出可接受的风险水平，其中，经皮肤暴露的风险值基本可忽略不计，经饮水暴露的风险值次之，经土壤 & 尘暴露的风险值较小，经饮食暴露存在相对较大的风险值，而经呼吸暴露的风险水平最大，达 10^{-3} 的数量级。而且，不论男孩还是女孩，各介质暴露的风险值都随年龄的增大呈现出逐渐减小的趋势，这也可能与随着儿童年龄的增大，其有意识的健康生活方式和行为模式有关。同时也表明，空气标准和土壤质量标准达最低要求的标准值时，空气和饮食通过呼吸道和消化道对儿童造成较大的暴露风险，结合表 9-18，空气环境质量对儿童带来的健康风险最大，其次是饮食对儿童带来的健康风险，土壤环境暴露也造成一定的风险。分析可知，环境铅污染浓度，特别是饮食和大气中的含铅量对儿童铅暴露的风险很大。在一定层面上也表明环境质量标准中，特别是大气环境质量标准中，铅浓度的限定对儿童环境暴露的风险具有很大的影响，鉴于此，环境质量健康标准制定的合理性和准确可行性对保护儿童健康具有十分重要的作用，有必要对这些环境与健康标准给予关注。

（三）参数的敏感性分析

利用 IEUBK 模型对不同暴露途径下不同年龄段儿童的血铅浓度进行预测，结果表明儿童铅暴露 47% 以上来源于食物，40% 左右来源于室内外灰尘及土壤，7% 来源于饮水，很少一部分来源于空气，这也与 WHO 估计的儿童铅暴露来源相一致。对 IEUBK 模型的各主要参数，包括儿童平均体重、平均饮水率、平均呼吸率和平均土壤/尘摄入率的敏感性进行分析，如图 9-10 所示，讨论空气、土壤、饮水及饮食 4 条暴露途径的取值范围对儿童血铅浓度的预测可能带来的影响与偏差。

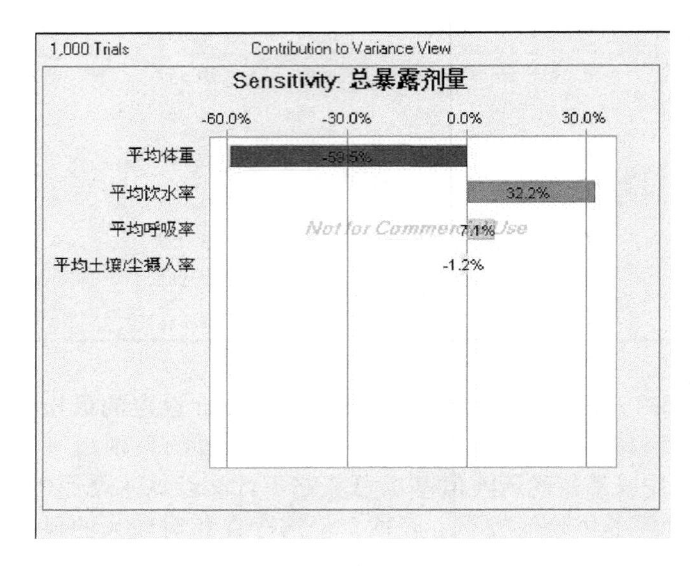

图 9-10 主要敏感参数分析

从图 9-10 可知，儿童平均体重对模拟的运算有极大的敏感性，其值达到 —59.5% ，并表现出一定的负相关性；平均饮水率对评价结果有正相极大的敏感性，其值达到 32.2% 、而平均呼吸率和平均土壤/尘摄入率的敏感性相对较小，表明儿童平均体重及平均饮水率参数取值的大小和改变对评价结果的影响很大，有可能对评价的结果带来较大的不确定性和偏差。而平均呼吸率和平均土壤/尘摄入率参数值对评价结果的影响相对较小，参数的选择对评价结果带来的不确定性较小。为了提高评价结果的准确性，本研究在 IEUBK 模型的运用过程中，从我国的实际情况出发，选取我国不同年龄段儿童的暴露参数和吸收参数对 IEUBK 模型进行赋值，以此来分析评价我国铅环境质量与健康相关标准的兼容性。由于收集的暴露参数及居民营养膳食等参数来源于统计调查，参数自身存在的不确定性可能对铅环境质量与健康标准的兼容性评价带来一定的不确定性和误差。

三、结论

通过本研究发现，在假设我国现行环境质量和健康标准达标且处于最严和最松标准的情况下，通过美国 EPA 发布的 IEUBK 模型预测得出我国不同年龄段儿童的血铅预测值均低于社会干预水平（低于 100μg/L），由此表明我国现行的铅相关环境质量标准、相关食品健康标准中有关污染物的限量和控制标准，在一定程度上可以对儿童血铅浓度进行预测和控制。标准的实施对儿童的身体健康可以起到一定的保护作用。

由于我国相关人体健康暴露参数的相关调查研究基础较薄弱，虽然在人群的呼吸速率参数、皮肤面积参数等取得一定的成果，但相关参数的获取缺少我国近年的实际普查值，且相关环境质量缺乏长期实时有效的监测值，因此对我国不同年龄段儿童的血铅值和暴露的风险值进行预测时，存在一定的局限性和不确定性，主要表现在以下几个方面。

（1）儿童户外停留时间等参数缺乏我国大规模的实际普查值，由于不同国家的国情、环境质量及生活水平等有所不同，儿童的生活习惯和行为模式也存在区别，采用 USEPA 发布的参数对 IEUBK 模型进行赋值预测我国不同年龄段儿童的血铅值时存在一定的误差，不能反映我国儿童的真实血铅水平。

（2）对不同年龄段儿童的饮食暴露参数分析时，采用的是总结和归纳 2007 年瞿凤英等大规模人口普查的居民膳食结构与营养状况的统计数据。近年来随着我国社会经济的快速发展，以及人们生活水平的不断提高，儿童对能量摄入和消耗、儿童的饮食结构等也存在一定的变化，因此膳食调查数据的时效性对儿童血铅的预测值造成了一定的误差，不能完全反映现在及将来的情况。

（3）我国是一个多民族、地区经济发展不平衡且城乡差别较大的多人口大国，相关暴露参数缺乏城市和乡村各自完整的普查数据，这也决定了我国居民的呼吸暴露等参数随民族、地区以及居住环境的不同而可能存在较大的差异，这些差异并未完全反映出来。

（4）进行不同暴露介质的健康风险评价，运用健康风险计算公式时，相关暴露参数如呼吸速率参数等，尚缺乏各类人群休息时的能量消耗速率的调查数据，均采用的是公式计算的大概值，缺乏相关的参数对其健康风险的预测也造成了一定的不确定性。

第四节 在 POP 污染场地土壤健康风险评价中的应用

由于持久性有机污染物（persistent organic pollutant，POP）具有高度性、生物蓄积性、半挥发性和持久性，已经成为当今一个新的全球性环境问题。2001年5月23日国际社会在瑞典首都签署了《关于持久性有机污染物的斯德哥尔摩公约》，标志着人类全面开始了削减和淘汰 POP 的国际合作。中国政府于2004年6月25日十届全国人大常委会第十次会议批准公约。按照规定，此项公约于2004年11月11日正式对中国生效。为履行公约义务，中国将逐步削减、淘汰公约中首批列入控制的氯丹、灭蚁灵等已知对人类健康和自然环境最具危害的持久性有机污染物。在氯丹和灭蚁灵的淘汰工作进程中将关闭氯丹和灭蚁灵的生产企业以实现削减，企业所在地原有土地使用性质将发生改变，如进行房地产开发和其他建设。由于遗留污染物或污染土壤构成了对周围环境及人体健康危害的风险，为保障人民群众的生命安全和维护正常的生产建设活动，防止环境污染事故发生，对污染场进行健康风险评价已变得越来越重要和紧迫，国内学者对污染场地的评价、治理及相关的管理对策也越来越关注。本文借鉴国外污染场地健康风险评价的成功经验，结合常州市某化工厂的实际，对氯丹、灭蚁灵污染场地进行健康风险评价，为实施污染场地的环境无害化管理和履行斯德哥尔摩公约提供参考（张瑜等，2008）。

一、研究方法

（一）污染场地现状

本文研究的 POP 污染场地原为常州市某化工厂所在地，占地约 15 064m^2，氯丹生产线始建于1997年，生产能力为250t/a，2000年投资50万元进行扩产，关闭前生产能力为500t/a。灭蚁灵和氯丹共用一条生产线，其中氯丹实际生产产量为180t/a，灭蚁灵产量根据市场需求确定，由于氯丹和灭蚁灵产品有库存，该套生产装置于2005年7月停产。公司500m 范围内没有生产同类产品的其他企业，周边无排放氯丹和灭蚁灵同类的污染源。

根据斯德哥尔摩公约的首批 POP 削减名单，本场地的目标污染物为氯丹和灭蚁灵。根据公司周边环境概况和厂区平面布置情况，在污染最严重的区域布设1号点，在可能发生环境影响的区域以污染源为中心，根据地下水流向以放射状布设为主，向厂界扩散，布点2号至13号，在厂界外农田布点14号，每个点位取柱状样。点位编号为 GH1 至 GH14。取样深度分别为 0.0、0.1m、0.3m、0.6m、1.0m、1.5m、2.0m。土壤样品采用美国环境保护局 3546 法（微波提取）预处理，8270c 法（GC/MS）对样品进行分析，分析结果如表 9-19 所示，其中氯丹和灭蚁灵的最高浓度分别在 GH1 的 0.1m 和 GH2 的 2.0m。

表 9-19 污染物质土壤样品监测结果

	检出限（μg/kg）	检出范围（mg/kg）	算术均值（mg/kg）	95% UCL（mg/kg）
氯丹	0.01	0.02～73.60	4.16	6.43
灭蚁灵	0.04	0.00～47.50	1.06	2.28

（二）暴露评价

暴露评价通过暴露假设，收集暴露参数（如暴露频率、暴露年限、空气吸入量、皮肤接触面积等）、估算暴露浓度、分析暴露途径，从而确定潜在的暴露人口各暴露途径的污染物摄入量和暴露程度。

1. 暴露假设

由于相关部门对此地块未来土地利用类型尚无规划，因此假设未来该地块规划为工业用地或居住用地，则相对应的暴露人口可能是职业工人或居民。结合污染场地的实际，本文主要考虑的暴露途径有三条：①污染区土壤直接暴露于人群，人群因不慎摄入含有污染物的土壤受到健康威胁；②土壤污染区持久性有机污染物通过吸附于可吸入颗粒物进入大气，通过呼吸暴露于人群；③污染区土壤通过皮肤接触暴露于人群。

2. 暴露量化

污染场地污染物浓度值主要根据监测数据确定，也可以采用污染物迁移转化模型进行预测。污染物摄取量采用单位时间单位体重的摄取量［CDI，mg/(kg·d)］表示。暴露评价各参数必须结合场地的实际情况和未来的土地利用类型，选择能代表最大可能暴露情形的数值。各暴露途径污染物摄取量的计算式如下：

直接摄入土壤

$$CDI_o = CS \times IR_o \times CF \times EF \times ED/(BW \times AT) \tag{9-12}$$

呼吸摄入

$$CDI_i = CS \times (1/PEF) \times IRi \times EF \times ED/(BW \times AT) \tag{9-13}$$

皮肤接触

$$CDI_d = CS \times CF \times SA \times AF \times ABSd \times EF \times ED/(BW \times AT) \tag{9-14}$$

式中，CS 为土壤中污染物的浓度（mg/kg）；CF 为转换系数（10^{-6} kg/mg）；PEF 为土壤尘扩散因子（1.316×109m^3/kg）；ABS_d 为皮肤吸收系数，其值由化学物质的特性决定，污染物不同，ABS_d 值也不同，氯丹为 0.04，灭蚁灵尚无具体的 ABS_d 值，因此采用半挥发性有机物（$SVOC_S$）的默认值 0.1。其余参数的名称和单位见表 9-20。假设工人工作时穿短袖衬衣、长裤和鞋子，则可能暴露的部位为头、部分手臂和手，其面积为 3300cm^2；儿童的暴露部位为头、部分手臂、手、小腿和脚，暴露的皮肤面积为 2800cm^2；成人居民的最大暴露情形为穿短袖、短裤、鞋子，因此暴露面积为 5700cm^2。工人非致癌效应的最大平均作用时间假定为 25a，居民最大平均作用时间假定为 30a，6a 为儿童期，24a 为成年期。致癌效应的最大平均作用时间假定为 70a。

表 9-20　暴露评估参数

暴露参数	名称与单位	假设工业用地	假设居住用地	
			儿童	成人
IR_o	土壤摄入量/(mg/d)	100	200	100
IR_i	空气吸入量/(m^3/d)	20	10	20
SA	可能接触土壤的皮肤面积/(cm^2/d)	3 300	2 800	5 700
AF	土壤对皮肤的黏附系数/(mg/cm^2)	0.2	0.2	0.07
EF	暴露频率/(d/a)	250	350	350
ED	暴露年限/a	25	6	24
BW	体重/kg	70	15	70
AT(非致癌/致癌)	平均作用时间/d	9 125/25 550	2 190/25 550	8 760/25 550

（三）风险表征

污染物的非致癌风险通过平均到整个暴露作用期的平均每日单位体重摄入量 CDI 除以慢性参考剂量计算得出，以风险值 HQ 表示，即 HQ＝CDI/RfD，RfD 值见表 9-21。理论上，当化学物质的非致癌风险值＜1 时，不会对场地上的工人或居民造成明显不利的非致癌健康影响。

污染物的致癌风险通过平均到整个生命期的平均每日单位体重摄入量 CDI 乘以致癌斜率因子计算得出，以风险值 R 表示，即 R＝CDI×SF，SF 值见表 9-21。USEPA 在国家风险计划中建立了污染导致增加癌症风险为 10^{-6}（即污染导致百万人增加一个癌症患者）作为土壤治理的基准，也有专家认为致癌风险在 10^{-6}～10^{-4} 应该是可以接受的。基于充分保护人体健康的考虑，本文采用保守的 10^{-6} 作为目标风险值。

表 9-21　目标污染物的毒性数据表

毒性参数	名称与单位	氯丹	灭蚁灵
RfD_o	经口暴露参考剂量/[mg/(kg·d)]	5×10^{-4}	2×10^{-4}
RfD_f	呼吸暴露参考剂量/[mg/(kg·d)]	2×10^{-4}	2×10^{-4}
RfD_{ABS}	皮肤接触参考剂量/[mg/(kg·d)]	4×10^{-4}	2×10^{-4}
SF_o	经口暴露斜率因子/[mg/(kg·d)]	0.35	1.8
SF_i	呼吸暴露斜率因子/[mg/(kg·d)]	0.35	1.8
SF_{ABS}	皮肤接触斜率因子/[mg/(kg·d)]	0.44	1.8

二、结果与讨论

本污染场地氯丹和灭蚁灵在不同假设条件下的各暴露途径的风险和联合风险见表 9-22 和表 9-23。即当土地利用类型为工业用地时，污染场地氯丹、灭蚁灵的非致癌风险及联合非致癌风险均<1，风险水平在可接受的范围内；两种 POP 污染物的致癌风险超过了 10^{-6}，联合致癌风险为 3.4×10^{-6}，部分高暴露点的风险值超过了 10^{-5}，存在较大的致癌风险。当土地利用类型为居住用地时，整个场地氯丹、灭蚁灵的平均非致癌风险<1，但在高暴露点，氯丹最大非致癌风险达 2.2，灭蚁灵的最大非致癌风险达 3.8，均超出了可接受的水平，存在较大的健康风险；整个场地氯丹、灭蚁灵的平均致癌风险分别为 4.1×10^{-6}、8.4×10^{-6}，两者联合风险达 1.3×10^{-5}，超出了可接受的致癌风险水平，在高暴露点灭蚁灵的最大致癌风险甚至高达 1.8×10^{-4}。各暴露途径对联合风险的贡献按从大到小排列依次为：直接摄入土壤 > 皮肤接触 > 呼吸摄入。

表 9-22　不同暴露途径的风险值与联合风险（工业用地）

		直接摄入土壤	呼吸摄入	皮肤接触	联合风险
非致癌风险（HQ）					
95% UCL	氯丹	1.3×10^{-2}	4.8×10^{-6}	4.2×10^{-3}	1.7×10^{-2}
	灭蚁灵	1.1×10^{-2}	1.7×10^{-6}	7.4×10^{-3}	1.8×10^{-2}
	联合				3.5×10^{-2}
max	氯丹	1.4×10^{-1}	5.5×10^{-5}	4.7×10^{-2}	1.9×10^{-1}
	灭蚁灵	2.3×10^{-1}	3.5×10^{-5}	1.5×10^{-1}	3.8×10^{-1}
	联合				5.7×10^{-1}
致癌风险（R）					
95% UCL	氯丹	7.9×10^{-7}	1.2×10^{-10}	2.6×10^{-7}	1.0×10^{-6}
	灭蚁灵	1.4×10^{-6}	2.2×10^{-10}	9.5×10^{-7}	2.4×10^{-6}
	联合				3.4×10^{-6}
max	氯丹	9.0×10^{-6}	1.4×10^{-9}	3.0×10^{-6}	1.2×10^{-5}
	灭蚁灵	3.0×10^{-5}	4.5×10^{-9}	2.0×10^{-5}	5.0×10^{-5}
	联合				6.2×10^{-5}

表 9-23　不同暴露途径的风险值与联合风险（居住地）

		直接摄入土壤	呼吸摄入	皮肤接触	联合风险
非致癌风险（HQ）					
95% UCL	氯丹	1.6×10^{-1}	1.6×10^{-5}	2.3×10^{-2}	1.9×10^{-1}
	灭蚁灵	1.5×10^{-1}	5.6×10^{-6}	4.1×10^{-2}	1.9×10^{-1}
	联合				3.8×10^{-1}
max	氯丹	1.9×10^{0}	1.8×10^{-4}	2.6×10^{-1}	2.2×10^{0}
	灭蚁灵	3.0×10^{0}	1.2×10^{-4}	8.5×10^{-1}	3.8×10^{0}
	联合				6.0×10^{0}
致癌风险（R）					
95% UCL	氯丹	3.5×10^{-6}	2.5×10^{-10}	5.6×10^{-7}	4.1×10^{-6}
	灭蚁灵	6.4×10^{-6}	4.6×10^{-10}	2.0×10^{-6}	8.4×10^{-6}
	联合				1.3×10^{-5}
max	氯丹	4.0×10^{-5}	2.9×10^{-9}	6.4×10^{-6}	4.7×10^{-5}
	灭蚁灵	1.3×10^{-4}	9.7×10^{-9}	4.2×10^{-5}	1.8×10^{-4}
	联合				2.2×10^{-4}

健康风险评价的结果表明两种假设下该 POP 污染场地的致癌风险都超过了可接受的风险水平，尤其在高暴露点甚至超过了 10^{-4}，存在较大的健康风险。因此无论本污染场地未来作为工业用地还是居住用地，都需要对污染场地土壤进行修复，初级修复目标和具体的修复范围根据场地用途而定。土壤健康风险评价公式可以用来确定土壤初级修复目标，如果采用致癌风险小于某一数值或（和）化学物质的非致癌风险值＜1 作为土壤治理的基准，则可采用上述土壤健康风险评价公式反推土壤中污染物的临界值。本文以致癌风险＜10^{-6}和非致癌风险＜1 为基准，计算该 POP 污染场地氯丹和灭蚁灵的初级修复目标，具体结果见表 9-24。为减少健康风险，使之降到对工人安全的水平，氯丹和灭蚁灵在土壤中的浓度必须分别降低到 5.2mg/kg 和 7.4×10^{-1} mg/kg；为确保居民的健康安全，氯丹和灭蚁灵在土壤中的浓度必须分别降低到 1.6mg/kg 和 2.7×10^{-1} mg/kg。

表 9-24　POP 污染场地污染土壤初级修复目标

	工业用地		居住用地	
	非致癌	致癌	非致癌	致癌
氯丹	3.2×10^{2}	5.2×10^{0}	3.4×10^{1}	1.6×10^{0}
灭蚁灵	9.5×10^{1}	7.4×10^{-1}	1.2×10^{1}	2.7×10^{-1}

三、结论

污染场地健康风险评价能够为环境无害化管理和政府部门制定相关规划提供

决策依据，其基本步骤依次为：场地现状分析、暴露评估、毒性评估和风险表征。根据《斯德哥尔摩公约》的要求，本文对污染场地的氯丹、灭蚁灵进行健康风险评价。考虑到儿童对污染土壤的敏感，采用儿童的参数计算居住用地非致癌风险以及年龄修正因子（adj）计算居住用地致癌风险。本研究的健康风险评价结果表明，POP污染场地对工人和居民存在潜在的健康风险。风险主要来自于氯丹和灭蚁灵的致癌风险，贡献最大的暴露途径为直接摄入土壤，其次是皮肤接触暴露，呼吸暴露途径对该场地的暴露人群影响较小。

污染场地人体健康风险评估是建立在大量假设、专业判断及不完全的研究数据的基础上，对可能产生的健康影响进行定量估算。因此，健康风险评价的估算结果存在一定程度的不确定性。其中暴露参数的不确定性来源于模式中所需的参数资料，一是技术或仪器的限制，无法精确与准确地测量；二是复杂的时间上以及空间上的差异，造成有限的资料无法充分描述其变异性；三是根本没有或无法直接取得数据，必须由现有文献及报告来推求与假设所需参数。

本章参考文献

段小丽，王宗爽，王贝贝，等．2010．我国北京某地区居民饮水暴露参数研究．环境科学研究，23（9）：1216-1220．

段小丽，王宗爽，王菲菲，等．2008．突发性水污染事故中的健康风险评价——以松花江水污染事故为例．中国毒理学会环境与生态毒理学专业委员会成立大会会议论文集，265-272．

李可基，屈宁宁．2004．中国成人基础代谢率实测值与公式预测值的比较．营养学报，26（4）：244-248．

李敏，林玉锁．2006．城市环境铅污染及其对人体健康的影响．环境监测管理与技术，18（5）：5-10．

刘玉莹．2003．环境铅污染的来源及对儿童的危害．职业与健康，19（6）：8-9．

盛晓阳，许积德，沈晓明．2009．中国7岁以下儿童正常体重和身高主要参数及估算公式．中国当代儿科杂志，（8）：86-89．

王宗爽，段小丽，刘平，等．2009．环境健康风险评价中我国居民暴露参数探．环境科学研究，22（10）：1164-1167．

王宗爽，武婷，段小丽，等．2005．环境健康风险评价中我国居民呼吸速率暴露参数研究．环境科学研究，22（10）：1171-1174．

徐进，徐立红．环境铅污染及其毒性的研究进展．环境与职业医学，22（3）：271-274．

荫士安，赖建强．2008．0～6岁儿童营养与健康状况．北京：人民卫生出版社，83-96．

翟凤英．2007．中国居民膳食结构与营养状况变迁的追踪研究．北京：科学出版社．

张建芳．2007．铅污染与儿童健康．中国食物与营养，（8）：55-57．

张瑜，吴以中，宗良纲．2008．POPs污染场地土壤健康风险评价．环境科学与技术，7（31）：135-140．

赵露，李霞，罗钢．2007．儿童高铅血症和铅中毒预防指南及儿童高铅血症和铅中毒分级和处理原则（试行）解读．中国实用乡村医生杂志，（7）：84-87．

段小丽，王宗爽，李琴，等．2011．基于参数实测的水中重金属暴露的健康风险研究．环境科学，（5）：1329-1339．

DEFAR and Environment Agency . 2002 . Contaminants in soil : Collation of toxicological data and intake values for humans . Swindon : The R&D Dissemination Centre .

Duggan M , Strehlow C . 1995 . Contaminants in soil : Collation of toxicological data and intake values for humans . DoE Report . Manchester : RPS Group .

Fung H T , Fung C W , Kam C W . 2003 . Lead poisoning after ingestion of homemade Chinese medicines . Emergency Medicine , 15 : 518-520 .

Li X D , Liu P S , Liu P S . 2001 . Heavy metal contamination of urban soils and street dusts in Hong Kong . Appl Geochem , 16 : 1361-1368 .

USEPA . 1989 . EPA/540/1-89/002 . Risk Assessment Guidance for Superfund Volume Ⅰ Human Health Evaluation Manual (Part A) .

USEPA . 1994 . Guidence manual for the integrated exposure uptake biokinetic model for lead in children . Washington DC : Office of Solid Waste and Emergency Response .

USEPA . 1997 . Exposure factors handhook [K/OL]. Washington DC : US EPA . http : // cfpub . epa . gov/ncea/cfm/recordisplay . cfm? deid=20563 . 2008-12-20 .

USEPA . 2009 . EPA/600/R-09/052A . Exposure factors handbook . Washington DC : USEPA .

White P D , Van Leeuwen P , Davis B D , et al . 1998 . The conceptual structure of the integrated exposure uptake biokinetic model for lead in children . Environ Health Perspect , 106 (Suppl 6) : 1513-1530 .

附　　录

附录 1　暴露评价中的常见名词术语

中英文名称	中英文解释
暴露 exposure	受体(人)和环境污染物之间的接触行为。在暴露期内,在暴露界面发生的暴露(行为)。 Contact between an agent and a target. Contact takes place at an exposure surface over an exposure period.
暴露评价 exposure assessment	暴露评价是指评价和测量生物体(主要指人体)接触外界化合物的量、频率、持续时间的过程,同时也评价接触人口的数量和特征。完整的暴露评价需要描述暴露的来源、途径、路径和不确定性。 The process of estimating or measuring the magnitude ,frequency and duration of exposure to an agent, along with the number and characteristics of the population exposed. Ideally ,it describes the sources ,pathways ,routes ,and the uncertainties in the assessment.
暴露浓度 exposure concentration	暴露质量与接触体积的商,或者是暴露量与介质中接触质量的商。 The exposure mass divided by the contact volume or the exposure mass divided by the mass of contact volume depending on the medium.
暴露持续时间 exposure duration	化合物和目标之间持续接触或断续接触的时间的长度。例如,某个体每天接触某化合物 10min,接触了 300d,则暴露持续时间是一年。 The length of time over which continuous or intermittent contacts occur between an agent and a target. For example ,if an individual is in contact with an agent for 10 minutes a day ,for 300 days over a one year time period ,the exposure duration is one year.
暴露事件 exposure event	化合物与目标持续接触的发生事件。 The occurrence of continuous contact between an agent and a target.
暴露频率 exposure frequency	暴露持续时间内暴露时间发生的数量。 The number of exposure events in an exposure duration.
暴露负荷 exposure loading	暴露质量与暴露界面面积的商。例如,皮肤暴露测量是基于皮肤擦试样品,以每单位皮肤面积的残留质量形式表示。 The exposure mass divided by the exposure surface area. For example ,a dermal exposure measurement based on a skin wipe sample ,expressed as a mass of residue per skin surface area ,is an exposure loading.
暴露质量 exposure mass	在接触体积内化合物的量。例如,在总暴露界面上采集到的皮肤擦试样品中残留物的总量就是暴露质量。 The amount of agent present in the contact volume. For example ,the total mass of residue collected with a skin wipe sample over the entire exposure surface is an exposure mass.

续表

中英文名称	中英文解释
暴露模型 exposure model	对暴露过程的概念或数据上的表示。 A conceptual or mathematical representation of the exposure process.
暴露路径 Exposure pathway	化合物或污染物从源到被暴露的有机体的物理路径。 The physical course a chemical or pollutant takes from the source to the organism exposed.
暴露途径 exposure route	化合物与目标物接触后进入目标物的方式(如摄入、吸入和皮肤吸收)。 The way an agent enters a target after contact.
暴露期限 exposure period	化合物和目标之间持续接触的时间。 The time of continuous contact between an agent and a target.
暴露情景 exposure scenario	用于描述或定义潜在暴露剂量可能发生地情形的一组事件、假设和推论,包括源、暴露人群、暴露的时间框架、微环境和活动。情景通常用来帮助暴露评估者更有效的估计暴露。 A combination of facts, assumptions, and inferences that define a discrete situation where potential exposures may occur. These may include the source, the exposed population, the time frame of exposure, microenvironment(s), and activities. Scenarios are often created to aid exposure assessors in estimating exposure.
暴露界面 exposure surface	化合物发生在靶器官的界面。例如,外暴露界面包括眼球、皮肤表面、鼻子界面和张开的嘴;内暴露界面包括消化道、呼吸道、尿道等。当暴露界面足够小,则可视为暴露点。 A surface on a target where an agent is present. Examples of outer exposure surfaces include the exterior of an eyeball, the skin surface, and a conceptual surface over the nose and open mouth. Examples of inner exposure surfaces include the gastro-intestinal tract, the respiratory tract and the urinary tract lining. As an exposure surface gets smaller, the limit is an exposure point.
急性暴露 acute exposure	物质与(肌体)目标之间的接触在短期内发生,一般小于一天(另有用"短期暴露"或"单一剂量")。 A contact between an agent and a target occurring over a short time, generally less than a day (Other terms, such as "short-term exposure" and "single dose", are also used).
慢性暴露 chronic exposure	化合物和暴露目标之间持续和非间断的长期接触 。 A continuous or intermittent long-term contact between an agent and a target (Other terms, such as "long-term exposure", are also used).
剂量 dose	当物质穿过有机体的外边界后与代谢过程或者生物受体发生相互作用的量。潜在剂量是吸收、呼吸或皮肤暴露的量。实际剂量是某物质在吸收屏障中被吸收的量和可被吸收的量(尽管无需穿过机体的外边界)。吸收剂量是在吸收过程中指穿过特殊暴露屏障(如皮肤交换屏障、肺、消化道等)的量。内在剂量是更常用的术语,指未与吸收屏障和交换界面无关的被吸收的量。与特殊器官或细胞相互作用的化合物的量指该器官或细胞吸收的量。

续表

中英文名称	中英文解释
剂量 dose	The amount of a substance available for interaction with metabolic processes or biologically significant receptors after crossing the outer boundary of an organism. The potential dose is the amount ingested ,inhaled ,or applied to the skin. The applied dose is the amount of a substance presented to an absorption barrier and available for absorption (although not necessarily having yet crossed the outer boundary of the organism). The absorbed dose is the amount crossing a specific absorption barrier (e. g. ,the exchange boundaries of skin ,lung ,and digestive tract) through uptake processes. Internal dose is a more general term denoting the amount absorbed without respect to specific absorption barriers or exchange boundaries. The amount of the chemical available for interaction by any particular organ or cell is termed the delivered dose for that organ or cell.
剂量率 dose rate	每单位时间的剂量。例如,以 mg/d 为单位,有时候也叫剂量。剂量率通常表示为每单位体重的形式,通常产生的单位为 mg/(kg·d)。通常表示为在某一段特定时间(如一生)的平均值。 Dose per unit time ,for example in mg/day ,sometimes also called dosage. Dose rates are often expressed on a per unit body weight basis ,yielding units such as mg/kg/day (mg/kg day). They are also often expressed as averages over some time period ,for example a lifetime.
有效剂量 applied dose	某物质主要接触有机体吸收界面(如皮肤、肺、呼吸道)时而被吸收的量。 The amount of a substance in contact with the primary absorption boundaries of an organism (e. g. ,skin ,lung ,gastrointestinal tract) and available for absorption.
内在剂量 internal dose [也称为吸收剂量(absorbed dose)]	某物质穿透有机体吸收屏障(交换边界)的量,这种穿透可能是物理的或生物的。 The amount of a substance penetrating across the absorption barriers (the exchange boundaries) of an organism ,via either physical or biological processes. For the purpose of these guidelines ,this term is synonymous with absorbed dose.
潜在剂量 potential dose	经消化道摄入、经呼吸道呼入或者大量被皮肤吸收的物质中某种化合物量。 The amount of a chemical contained in material ingested ,air breathed ,or bulk material applied to the skin.
生物有效剂量 biologically effective dose	被沉积或吸收的化合物进入细胞(或肌体内)不良效应发生目标地点,或者是化合物和隔膜表面相互作用地的量。 The amount of a deposited or absorbed chemical that reaches the cells or target site where an adverse effect occurs ,or where that chemical interacts with a membrane surface.
控制剂量 administered dose	在确定剂量-反映关系时,给受试者(人或动物)摄入或者吸入某种物质的量。在暴露评价中,由于人体对化合物的暴露往往是无意识的,所以也叫潜在剂量。 The amount of a substance given to a test subject (human or animal) in determining dose-response relationships ,especially through ingestion or inhalation. In exposure assessment ,since exposure to chemicals is usually inadvertent ,this quantity is called potential dose.

续表

中英文名称	中英文解释
摄入 intake	化合物通过外暴露界面到达靶器官的过程，不通过吸收屏障(如摄入或吸入)(另见"剂量")。 The process by which an agent crosses an outer exposure surface of a target without passing an absorption barrier ,i. e. through ingestion or inhalation (see dose).
介质吸收率 medium intake rate	在摄入和吸入的过程中，介质通过外界暴露界面到达靶器官的率。 The rate at which the medium crosses the outer exposure surface of a target ,during ingestion or inhalation.
吸收 uptake	污染物穿越了吸收屏障而被人体吸收的过程，包括通过皮肤或其他暴露器官如眼睛吸收的化学物质。 The process by which an agent crosses an absorption barrer ,including the chemical substances collected through skin or other exposure organs such as eyes.
吸收屏障 absorption barrier	任何暴露界面都可能会阻止化合物侵入(渗透到)(肌体)目标的速率，如皮肤、呼吸道和消化道壁都是吸收屏障(比较:暴露界面)。 Any exposure surface that may retard the rate of penetration of an agent into a target. Examples of absorption barriers are the skin ,respiratory tract lining and gastrointestinal tract wall (cf. exposure surface).
体内负荷 body burden	某特定化合物在特定时间内在肌体内储存的量，尤指人体暴露化合物后在肌体内潜在的毒性物质。体内负荷可能是长期也可能是短期暴露的结果。 The amount of a particular chemical stored in the body at a particular time ,especially a potentially toxic chemical in the body as a result of exposure. Body burdens can be the result of long term or short.
生物有效性 bioavailability	某种化学物质可以被有机体吸收的速率，以及可被代谢和与生物受体相互作用的程度。生物有效性不仅与介质本身的释放(如果存在的话)有关，而且也与肌体吸收有关。 The rate and extent to which an agent can be absorbed by an organism and is available for metabolism or interaction with biologically significant receptors. Bioavailability involves both release from a medium (if present) and absorption by an organism.
暴露生物标志物 biological marker of exposure	外来化学物质、代谢产物，或外来化合物和有机体内某处的目标分子和细胞相互作用的产物。 Exogenous chemicals ,their metabolites ,or products of interactions between a xenobiotic chemical and some target molecule or cell that is measured in a compartment within an organism.
生物测量 biological measurement	对生物介质的检测分析。为了暴露评价而重组剂量，通常测量化合物或其代谢产物的浓度，或者是生物标志物的状态，通常是以分析测量这一化合物在过去某一段时间的内暴露剂量为目的的(生物测量也监测健康状态和预测暴露效应)。 A measurement taken in a biological medium. For the purpose of exposure assessment via reconstruction of dose ,the measurement is usually of the concentration of a chemical/metabolite or the status of a biomarker ,normally with the intent of relating the measured value to the internal dose of a chemical at some time in the past. (Biological measurements are also taken for purposes of monitoring health status and predicting effects of exposure.)

续表

中英文名称	中英文解释
生物标志物 biomarker/biological marker	生物标志物是表示生物系统中发生变化的指示物。暴露生物标志物指对生物介质(如组织、细胞或流质)进行细胞的、生化的、分析的和分子的测量,是人体暴露于某一化合物水平的指示。 Indicator of changes or events in biological systems. Biological markers of exposure refer to cellular,biochemical,analytical,or molecular measures that are obtained from biological media such as tissues,cells,or fluids and are indicative of exposure to an agent.
个体测量 personal measurement	用主动或者被动采样方法采集个体直接接触环境的测量方法。 A measurement collected from an individual's immediate environment using active or passive devices to collect the samples.
异食癖 pica	故意摄入非营养物质如土壤的行为。 A behaviour characterized by deliberate ingestion of non-nutritive substances such as soil.
活动模式数据 activity pattern data	暴露评价中人体活动的信息,包括活动描述、活动频率、活动持续时间和活动发生的微环境。 Information on human activities used in exposure assessments. These may include a description of the activity,frequency of activity,duration spent performing the activity, and the microenvironment in which the activity occurs.
接触量 contact volume	化合物接触暴露界面时的量。 A volume containing the mass of agent that contacts the exposure surface.

附录 2　暴露评价的有关技术规范和模型

类别	编号	美国环境保护署暴露评价工具名称	
		中文名称	英文名称
技术规范	1	暴露评价技术导则	Guidelines for Exposure Assessment
	2	暴露评价研究中采样和分析方法的选择	Identification of Time-integrated Sampling and Measurement Techniques to Support Human Exposure Studies
	3	皮肤暴露评价的原则和应用	Dermal Exposure Assessment: Principles and Applications
	4	化学物质的暴露评价方法	Methods for Assessing Exposure to Chemical Substances
	5	二噁英类化合物的暴露评价	Estimating Exposures to Dioxin-Like Compounds
	6	超级基金暴露评价手册	Superfund Exposure Assessment Manual
	7	暴露情景实例	Example Exposure Scenarios
	8	暴露评价中数据模型的选择标准	Selection Criteria for Mathematical Models Used in Exposure Assessments

续表

类别	编号	美国环境保护署暴露评价工具名称	
		中文名称	英文名称
暴露参数手册	1	暴露参数手册	Exposure Factor Handbook
	2	儿童暴露参数手册	Child-Specific Exposure Factors Handbook
	3	暴露手册中参数的正态分布	USEPA Options for Development of Parametric Probability Distributions for Exposure Factors
	4	社会人口学参数	Sociodemographic Data Used for Identifying Potentially Highly Exposed Populations
	5	食品摄入分布	Food Intake Distributions
模型	1	暴露相关的剂量模型——用于估计人体的暴露和剂量	Exposure Related Dose Estimating Model (ERDEM) for Assessing Human Exposure and Dose
	2	暴露评价中数据模型的选择标准	Selection Criteria for Mathematical Models Used in Exposure Assessments
	3	土壤有机物归趋迁移模型	EMSOFT: Exposure Model for Soil-Organic Fate and Transport
	4	毒代学模型	Pharmacokentic (PBPK) Model
	5	毒性和风险估算模型	Dose and Risk Calculation (DCAL) Software
	6	农药风险评价模型	Pesticide Inert Risk Assessment Tool
软件	1	基准剂量软件	Benchmark Dose Software
	2	食品潜在暴露软件	Dietary Exposure Potential Model
	3	重金属风险筛选工具	Metal Finishing Facility Risk Screening Tool (MFFRST)
数据库	1	人体暴露数据库	Human Exposure Database System
	2	人体活动模式数据库	Human Activity Database
	3	生物标志物数据库	BioMarkers Database
	4	人群暴露环境化合物的生物标志物数据库	National Report on Human Exposure to Environmental Chemicals
	5	国家健康与营养调查数据库	National Health and Nutrition Examination Survey (NHANES) Database
	6	国家人体脂肪组织数据库	NHATS Database National Human Adipose Tissue Survey
	7	综合风险信息系统和数据库	Integrated Risk Information System (IRIS) & Database

附录 3　常见化合物的皮肤渗透系数

中文名	英文名	MW	$\log K_{ow}$	K_p (cm/h)			
				95% 下限	预测值	测量值	95% 上限
醛固酮	Aldosterone	360.4	1.08	4.40×10^{-5}	7.80×10^{-5}	3.00×10^{-6}	1.40×10^{-4}
异戊巴比妥	Amobarbital	226.3	1.96	1.20×10^{-3}	1.70×10^{-3}	2.30×10^{-3}	2.40×10^{-3}
阿托品	Atropine	289.4	1.81	4.10×10^{-4}	5.90×10^{-4}	8.50×10^{-6}	8.60×10^{-4}
巴比妥	Barbital	184.2	0.65	2.40×10^{-4}	3.90×10^{-4}	1.10×10^{-4}	6.40×10^{-4}
苯甲醇	Benzyl alcohol	108.1	1.1	1.30×10^{-3}	2.10×10^{-3}	6.00×10^{-3}	3.40×10^{-3}
四溴苯酚	4-Bromophenol	173	2.59	5.80×10^{-3}	8.80×10^{-3}	3.60×10^{-2}	1.30×10^{-2}
2,3-丁二醇	2, 3-Butanediol	90.12	−0.92	5.20×10^{-5}	1.20×10^{-4}	4.00×10^{-5}	2.80×10^{-4}
基丁酸（丁酸）	Butanoic acid	88.1	0.79	9.90×10^{-4}	1.70×10^{-3}	1.00×10^{-3}	2.90×10^{-3}
正丁醇	*n*-Butanol	74.12	0.88	1.30×10^{-3}	2.30×10^{-3}	2.50×10^{-3}	4.00×10^{-3}
丁酮	2-Butanone	72.1	0.28	5.10×10^{-4}	9.50×10^{-4}	4.50×10^{-3}	1.80×10^{-3}
丁巴比妥	Butobarbital	212.2	1.65	8.80×10^{-4}	1.30×10^{-3}	1.90×10^{-4}	1.80×10^{-3}
4 氯甲酚	4-Chlorocresol	142.6	3.1	1.70×10^{-2}	2.90×10^{-2}	5.50×10^{-2}	4.90×10^{-2}
2-二氯酚	2-Chlorophenol	128.6	2.15	5.20×10^{-3}	8.00×10^{-3}	3.30×10^{-2}	1.20×10^{-2}
4-氯苯酚	4-Chlorophenol	128.6	2.39	7.30×10^{-3}	1.20×10^{-2}	3.60×10^{-2}	1.80×10^{-2}
氯二甲酚	Chloroxylenol	156.6	3.39	2.10×10^{-2}	3.70×10^{-2}	5.20×10^{-2}	6.60×10^{-2}
可待因	Codeine	299.3	0.89	7.60×10^{-5}	1.30×10^{-4}	4.90×10^{-5}	2.20×10^{-4}
皮质酮	Cortexolone (11-desoxy-17-hydroxycortico-sterone)	346.4	1.94	2.20×10^{-4}	3.50×10^{-4}	6.00×10^{-5}	5.40×10^{-4}
可的松	Cortisone	360.5	1.42	7.70×10^{-5}	1.30×10^{-4}	1.00×10^{-5}	2.20×10^{-4}
邻甲酚	*o*-Cresol	108.1	1.95	4.80×10^{-3}	7.70×10^{-3}	1.60×10^{-2}	1.20×10^{-2}
间甲酚	*m*-Cresol	108.1	1.96	4.90×10^{-3}	7.80×10^{-3}	1.50×10^{-2}	1.20×10^{-2}
对甲酚	*p*-Cresol	108.1	1.95	4.80×10^{-3}	7.70×10^{-3}	1.80×10^{-2}	1.20×10^{-2}
正癸醇	*n*-Decanol	158.3	4.57	9.50×10^{-2}	2.20×10^{-1}	7.90×10^{-2}	5.10×10^{-1}
2,4-二氯苯酚	2,4-Dichlorophenol	163	3.06	1.20×10^{-2}	2.10×10^{-2}	6.00×10^{-2}	3.40×10^{-2}
洋地黄毒苷	Digitoxin	764.9	1.86	3.50×10^{-7}	1.40×10^{-6}	1.30×10^{-5}	5.40×10^{-6}
麻黄素	Ephedrine	165.2	1.03	5.80×10^{-4}	9.00×10^{-4}	6.00×10^{-3}	1.40×10^{-3}
β-雌二醇	β-estradiol	272.4	2.69	2.00×10^{-3}	2.80×10^{-3}	3.00×10^{-4}	4.10×10^{-3}
雌三醇	Estriol	288.4	2.47	1.20×10^{-3}	1.70×10^{-3}	4.00×10^{-5}	2.40×10^{-3}
雌酮	Estrone	270.4	2.76	2.20×10^{-3}	3.30×10^{-3}	3.60×10^{-3}	4.70×10^{-3}
乙醇	Ethanol	46.07	−0.31	2.60×10^{-4}	5.40×10^{-4}	7.90×10^{-4}	1.10×10^{-3}
2-乙氧基乙醇（溶纤）	2-Ethoxy ethanol (Cellosolve)	90.12	−0.32	1.50×10^{-4}	3.00×10^{-4}	2.50×10^{-4}	6.10×10^{-4}

续表

中文名	英文名	MW	$\log K_{ow}$	K_p（cm/h）			
				95% 下限	预测值	测量值	95% 上限
乙醚	Ethylether	74.12	0.89	1.40×10^{-3}	2.30×10^{-3}	1.60×10^{-2}	4.00×10^{-3}
4-乙基苯酚	4-Ethylphenol	122.2	2.58	1.00×10^{-2}	1.70×10^{-2}	3.50×10^{-2}	2.70×10^{-2}
埃托啡	Etorphine	411.5	1.86	7.60×10^{-5}	1.30×10^{-4}	3.60×10^{-3}	2.30×10^{-4}
芬太尼	Fentanyl	336.5	4.37	8.40×10^{-3}	1.60×10^{-2}	5.60×10^{-3}	3.20×10^{-2}
醋酸氟轻松	Fluocinonide	494.6	3.19	1.80×10^{-4}	3.50×10^{-4}	1.70×10^{-3}	6.80×10^{-4}
庚酸	Heptanoic acid (Enanthic acid)	130.2	2.5	8.40×10^{-3}	1.30×10^{-2}	2.00×10^{-2}	2.10×10^{-2}
正庚醇	*n*-Heptanol	116.2	2.62	1.20×10^{-2}	1.90×10^{-2}	3.20×10^{-2}	3.20×10^{-2}
己酸	Hexanoic acid (Caproic acid)	116.2	1.9	4.10×10^{-3}	6.40×10^{-3}	1.40×10^{-2}	1.00×10^{-2}
己醇	*n*-Hexanol	102.2	2.03	5.80×10^{-3}	9.30×10^{-3}	1.30×10^{-2}	1.50×10^{-2}
氢吗啡酮	Hydromorphone	285.3	1.25	1.70×10^{-4}	2.70×10^{-4}	1.50×10^{-5}	4.10×10^{-4}
羟基孕烯醇酮	Hydroxypreg-nenolone	330.4	3	1.40×10^{-3}	2.20×10^{-3}	6.00×10^{-4}	3.30×10^{-3}
17α-羟基孕酮	17α-Hydroxyp-rogesterone	330.4	2.74	9.70×10^{-4}	1.50×10^{-3}	6.00×10^{-4}	2.20×10^{-3}
异喹啉	Isoquinoline	129.2	2.03	4.30×10^{-3}	6.60×10^{-3}	1.70×10^{-2}	1.00×10^{-2}
哌替啶	Meperidine	247	2.72	2.80×10^{-3}	4.10×10^{-3}	3.70×10^{-3}	6.00×10^{-3}
甲醇	Methanol	32.04	−0.77	1.40×10^{-4}	3.20×10^{-4}	5.00×10^{-4}	7.30×10^{-4}
对羟基苯甲酸甲酯	Methyl-4-hydroxy benzoate	152.1	1.96	3.00×10^{-3}	4.40×10^{-3}	9.10×10^{-3}	6.50×10^{-3}
吗啡	Morphine	285.3	0.62	5.80×10^{-5}	1.00×10^{-4}	9.30×10^{-6}	1.80×10^{-4}
2-萘酚	2-Naphthol	144.2	2.84	1.10×10^{-2}	1.90×10^{-2}	2.80×10^{-2}	3.10×10^{-2}
萘普生	Naproxen	230.3	3.18	6.60×10^{-3}	1.00×10^{-2}	4.00×10^{-4}	1.60×10^{-2}
尼古丁	Nicotine	162.2	1.17	7.60×10^{-4}	1.20×10^{-3}	1.90×10^{-2}	1.80×10^{-3}
硝化甘油	Nitroglycerine	227.1	2	1.30×10^{-3}	1.80×10^{-3}	1.10×10^{-2}	2.50×10^{-3}
3-硝基苯酚	3-Nitrophenol	139.1	2	3.70×10^{-3}	5.50×10^{-3}	5.60×10^{-3}	8.40×10^{-3}
4-硝基酚	4-Nitrophenol	139.1	1.91	3.20×10^{-3}	4.80×10^{-3}	5.60×10^{-3}	7.30×10^{-3}
正壬醇	*n*-Nonanol	144.3	3.77	4.00×10^{-2}	7.80×10^{-2}	6.00×10^{-2}	1.50×10^{-1}
辛酸	Octanoic acid (Caprylic acid)	144.2	3	1.40×10^{-2}	2.40×10^{-2}	2.50×10^{-2}	4.00×10^{-2}
正辛醇	*n*-Octanol	130.2	2.97	1.60×10^{-2}	2.70×10^{-2}	5.20×10^{-2}	4.70×10^{-2}
戊酸（戊酸）	Pentanoic acid (Valeric acid)	102.1	1.3	1.90×10^{-3}	3.10×10^{-3}	2.00×10^{-3}	4.90×10^{-3}
正戊醇	*n*-Pentanol	88.15	1.56	3.40×10^{-3}	5.50×10^{-3}	6.00×10^{-3}	8.90×10^{-3}
苯巴比妥	Phenobarbital	232.2	1.47	5.10×10^{-4}	7.40×10^{-4}	4.60×10^{-4}	1.10×10^{-3}

续表

中文名	英文名	MW	$\log K_{ow}$	K_p (cm/h)			
				95%下限	预测值	测量值	95%上限
苯酚	Phenol	94.11	1.46	2.70×10^{-3}	4.30×10^{-3}	8.10×10^{-3}	7.00×10^{-3}
孕烯醇酮	Pregnenolone	316.5	3.13	2.00×10^{-3}	3.20×10^{-3}	1.50×10^{-3}	4.90×10^{-3}
孕甾酮	Progesterone	314.4	3.77	5.00×10^{-3}	8.60×10^{-3}	1.50×10^{-3}	1.50×10^{-2}
正丙醇	*n*-Propanol	60.1	0.25	5.60×10^{-4}	1.10×10^{-3}	1.40×10^{-3}	2.00×10^{-3}
间苯二酚	Resorcinol	110.1	0.8	7.70×10^{-4}	1.30×10^{-3}	2.40×10^{-4}	2.10×10^{-3}
水杨酸	Salcylic acid	138.1	2.26	5.40×10^{-3}	8.40×10^{-3}	6.30×10^{-3}	1.30×10^{-2}
东莨菪碱	Scopolamine	303.4	1.24	1.30×10^{-4}	2.10×10^{-4}	5.00×10^{-5}	3.30×10^{-4}
蔗糖	Sucrose	342.3	−2.25	1.60×10^{-7}	6.00×10^{-7}	5.20×10^{-6}	2.30×10^{-6}
舒芬太尼	Sufentanyl	387.5	4.59	5.70×10^{-3}	1.20×10^{-2}	1.20×10^{-2}	2.40×10^{-2}
睾酮	Testosterone	288.4	3.31	3.80×10^{-3}	6.00×10^{-3}	4.00×10^{-4}	9.40×10^{-3}
麝香草酚	Thymol	150.2	3.34	2.10×10^{-2}	3.70×10^{-2}	5.20×10^{-2}	6.60×10^{-2}
2,4,6-三氯酚	2,4,6-Trichlorophenol	197.4	3.69	1.90×10^{-2}	3.50×10^{-2}	5.90×10^{-2}	6.20×10^{-2}
水	Water	18.01	−1.38	5.80×10^{-5}	1.50×10^{-4}	5.00×10^{-4}	3.90×10^{-4}
3,4-二甲酚	3,4-Xylenol	122.2	2.35	7.40×10^{-3}	1.20×10^{-2}	3.60×10^{-2}	1.90×10^{-2}

注：K_p 为化合物-皮肤渗透率（cm/h）；K_{ow} 为辛醇/水渗透率（cm/h）；MW 为分子质量（g/mol）。

附录 4　《美国暴露参数手册》（2011 版）推荐值

（一）饮水暴露参数

1. 饮水摄入率

人群种类和年龄		饮水摄入率-人均				饮水摄入率-仅消费者			
		算术均值		95%分位值		算术均值		95%分位值	
		mL/d	mL/(kg·d)*	mL/d	mL/(kg·d)*	mL/d	mL/(kg·d)*	mL/d	mL/(kg·d)*
儿童	0～1 个月	184	52	839	232	470	137	858	238
	1～3 个月	227	48	896	205	552	119	1053	285
	3～6 个月	362	52	1056	159	556	80	1171	173
	6～12 个月	360	41	1055	126	467	53	1147	129
	1～2 岁	271	23	837	71	308	27	893	75

续表

人群种类和年龄		饮水摄入率-人均				饮水摄入率-仅消费者			
		算术均值		95%分位值		算术均值		95%分位值	
		mL/d	mL/(kg·d)*	mL/d	mL/(kg·d)*	mL/d	mL/(kg·d)*	mL/d	mL/(kg·d)*
儿童	2～3岁	317	23	877	60	356	26	912	62
	3～6岁	327	18	959	51	382	21	999	52
	6～11岁	414	14	1316	43	511	17	1404	47
	11～16岁	520	10	1821	32	637	12	1976	35
	16～18岁	573	9	1783	28	702	10	1883	30
	18～21岁	681	9	2368	35	816	11	2818	36
成人	≥21岁	1043	13	2958	40	1227	16	3092	42
	≥65岁	1046	14	2730	40	1288	18	2960	43
孕妇		819	13	2503	43	872	14	2589	43
哺乳期妇女		1379	21	3434	55	1665	26	3588	55

* 表示单位体重每天的饮水摄入量。

2. 游泳过程的吞水量

人群种类	游泳过程的吞水量			
	算术均值		上限	
	mL/次游泳[a]	mL/h	mL/次游泳	mL/h
儿童	37	49	90[b]	120[b]
成人	16	21	53[c]	71[c]

注：a. 一次约为45min；b. 97%分位值；c. 基于最大值。

（二）土壤暴露参数

人群种类和年龄	土壤-灰尘的摄入率/(mg/d)				
	土壤			灰尘	土壤和灰尘
	中值	上限		中值	中值
		土壤异食癖	食土癖		
6～12个月	30	—	—	30	60
1～6岁	50	1 000	50 000	60	100
6～21岁	50	1 000	50 000	60	100
成人	20	—	50 000	30	50

注："—"表示无数据；"中值"（central tendency）即数据分布的中心，指最能代表整个分布的值。

（三）呼吸暴露参数

1. 长期呼吸速率

人群年龄段	长期呼吸速率/(m^3/d)		人群年龄段	长期呼吸速率/(m^3/d)	
	算术均值	95%分位值		算术均值	95%分位值
0～1个月	3.6	7.1	11～16岁	15.2	21.9
1～3个月	3.5	5.8	16～21岁	16.3	24.6
3～6个月	4.1	6.1	21～31岁	15.7	21.3
6～12个月	5.4	8.0	31～41岁	16.0	21.4
1～2岁	5.4	9.2	41～51岁	16.0	21.2
0～1岁	8.0	12.8	51～61岁	15.7	21.3
2～3岁	8.9	13.7	61～71岁	14.2	18.1
3～6岁	10.1	13.8	71～81岁	12.9	16.6
6～11岁	12.0	16.6	≥81岁	12.2	15.7

2. 短期呼吸速率

人群年龄段	短期呼吸速率/(m^3/min)									
	睡觉或小憩		久坐不动		轻度活动		中度活动		重度活动	
	算术均值	95%分位值	算术均值	95%分位值	算术均值	95%分位值	算术均值	95%分位值	算术均值	95%分位值
0～1岁	3.0×10^{-3}	4.6×10^{-3}	3.1×10^{-3}	4.7×10^{-3}	7.6×10^{-2}	1.1×10^{-2}	1.4×10^{-2}	2.2×10^{-2}	2.6×10^{-2}	4.1×10^{-2}
1～2岁	4.5×10^{-3}	6.4×10^{-3}	4.7×10^{-3}	6.5×10^{-3}	1.2×10^{-2}	1.6×10^{-2}	2.1×10^{-2}	2.9×10^{-2}	3.8×10^{-2}	5.2×10^{-2}
2～3岁	4.6×10^{-3}	6.4×10^{-3}	4.8×10^{-3}	6.5×10^{-3}	1.2×10^{-2}	1.6×10^{-2}	2.1×10^{-2}	2.9×10^{-2}	3.9×10^{-2}	5.3×10^{-2}
3～6岁	4.3×10^{-3}	5.8×10^{-3}	4.5×10^{-3}	5.8×10^{-3}	1.1×10^{-2}	1.4×10^{-2}	2.1×10^{-2}	2.7×10^{-2}	3.7×10^{-2}	4.8×10^{-2}
6～11岁	4.5×10^{-3}	6.3×10^{-3}	4.8×10^{-3}	6.4×10^{-3}	1.1×10^{-2}	1.5×10^{-2}	2.2×10^{-2}	2.9×10^{-2}	4.2×10^{-2}	5.9×10^{-2}
11～16岁	5.0×10^{-3}	7.4×10^{-3}	5.4×10^{-3}	7.5×10^{-3}	1.3×10^{-2}	1.7×10^{-2}	2.5×10^{-2}	3.4×10^{-2}	4.9×10^{-2}	7.0×10^{-2}
16～21岁	4.9×10^{-3}	7.1×10^{-3}	5.3×10^{-3}	7.2×10^{-3}	1.2×10^{-2}	1.6×10^{-2}	2.6×10^{-2}	3.7×10^{-2}	4.9×10^{-2}	7.3×10^{-2}
21～31岁	4.3×10^{-3}	6.5×10^{-3}	4.2×10^{-3}	6.5×10^{-3}	1.2×10^{-2}	1.6×10^{-2}	2.6×10^{-2}	3.8×10^{-2}	5.0×10^{-2}	7.6×10^{-2}
31～41岁	4.6×10^{-3}	6.6×10^{-3}	4.3×10^{-3}	6.6×10^{-3}	1.2×10^{-2}	1.6×10^{-2}	2.7×10^{-2}	3.7×10^{-2}	4.9×10^{-2}	7.2×10^{-2}
41～51岁	5.0×10^{-3}	7.1×10^{-3}	4.8×10^{-3}	7.0×10^{-3}	1.3×10^{-2}	1.6×10^{-2}	2.8×10^{-2}	3.9×10^{-2}	5.2×10^{-2}	7.6×10^{-2}
51～61岁	5.2×10^{-3}	7.5×10^{-3}	5.0×10^{-3}	7.3×10^{-3}	1.3×10^{-2}	1.7×10^{-2}	2.9×10^{-2}	4.0×10^{-2}	5.3×10^{-2}	7.8×10^{-2}
61～71岁	5.2×10^{-3}	7.2×10^{-3}	4.9×10^{-3}	7.3×10^{-3}	1.2×10^{-2}	1.6×10^{-2}	2.6×10^{-2}	3.4×10^{-2}	4.7×10^{-2}	6.6×10^{-2}
71～81岁	5.3×10^{-3}	7.2×10^{-3}	5.0×10^{-3}	7.2×10^{-3}	1.2×10^{-2}	1.5×10^{-2}	2.5×10^{-2}	3.2×10^{-2}	4.7×10^{-2}	6.5×10^{-2}
≥81岁	5.2×10^{-3}	7.0×10^{-3}	4.9×10^{-3}	7.0×10^{-3}	1.2×10^{-2}	1.5×10^{-2}	2.5×10^{-2}	3.1×10^{-2}	4.8×10^{-2}	6.8×10^{-2}

（四）皮肤暴露参数

1. 全身皮肤面积

人群年龄段	全身皮肤面积/m²		人群年龄段	全身皮肤面积/m²			
	儿童			成年男性		成年女性	
	算术均值	95%分位值		算术均值	95%分位值	算术均值	95%分位值
0～1个月	0.29	0.34	21～30岁	2.05	2.52	1.81	2.25
1～3个月	0.33	0.38	30～40岁	2.10	2.50	1.85	2.31
3～6个月	0.38	0.44	40～50岁	2.15	2.56	1.88	2.36
6～12个月	0.45	0.51	50～60岁	2.11	2.55	1.89	2.38
1～2岁	0.53	0.61	60～70岁	2.08	2.46	1.88	2.34
2～3岁	0.61	0.70	70～80岁	2.05	2.45	1.77	2.13
3～6岁	0.76	0.95	≥80岁	1.92	2.22	1.69	1.98
6～11岁	1.08	1.48					
11～16岁	1.59	2.06					
16～21岁	1.84	2.33					

2. 身体各部位皮肤表面积占全身皮肤表面积的百分比

人群年龄段	身体各部位皮肤表面积占全身皮肤表面积的百分比平均值/%					
	头部	躯干	胳膊	双手	双腿	双脚
0～1个月	18.2	35.7	13.7	5.3	20.6	6.5
1～3个月	18.2	35.7	13.7	5.3	20.6	6.5
3～6个月	18.2	35.7	13.7	5.3	20.6	6.5
6～12个月	18.2	35.7	13.7	5.3	20.6	6.5
1～2岁	16.5	35.5	13.0	5.7	23.1	6.3
2～3岁	8.4	41.0	14.4	4.7	25.3	6.3
3～6岁	8.0	41.2	14.0	4.9	25.7	6.4
6～11岁	6.1	39.6	14.0	4.7	28.8	6.8
11～16岁	4.6	39.6	14.3	4.5	30.4	6.6
16～21岁	4.1	41.2	14.6	4.5	29.5	6.1
成年男性（≥21岁）	6.6	40.1	15.2	5.2	33.1	6.7
成年女性（≥21岁）	6.2	35.4	12.8	4.8	32.3	6.6

3. 身体各部位的皮肤表面积

人群年龄段	身体各部位的皮肤表面积/m^2											
	头部		躯干		胳膊		双手		双腿		双脚	
	算术均值	95%分位值	算术均值	95%分位值	算术均值	95%分位值	算术均值	95%分位值	算术均值	95%分位值	算术均值	95%分位值
0～1个月	0.053	0.062	0.104	0.121	0.040	0.047	0.015	0.018	0.060	0.070	0.019	0.022
1～3个月	0.060	0.069	0.118	0.136	0.045	0.052	0.017	0.020	0.068	0.078	0.021	0.025
3～6个月	0.069	0.080	0.136	0.157	0.052	0.060	0.020	0.023	0.078	0.091	0.025	0.029
6～12个月	0.082	0.093	0.161	0.182	0.062	0.070	0.024	0.027	0.093	0.105	0.029	0.033
1～2岁	0.087	0.101	0.188	0.217	0.069	0.079	0.030	0.035	0.122	0.141	0.033	0.038
2～3岁	0.051	0.059	0.250	0.287	0.088	0.101	0.028	0.033	0.154	0.177	0.038	0.044
3～6岁	0.060	0.076	0.313	0.391	0.106	0.133	0.037	0.046	0.195	0.244	0.049	0.061
6～11岁	0.066	0.090	0.428	0.586	0.151	0.207	0.051	0.070	0.311	0.426	0.073	0.100
11～16岁	0.073	0.095	0.630	0.816	0.227	0.295	0.072	0.093	0.483	0.626	0.105	0.136
16～21岁	0.076	0.096	0.759	0.961	0.269	0.340	0.083	0.105	0.543	0.687	0.112	0.142
成年男性（≥21岁）	0.136	0.154	0.827	1.10	0.314	0.399	0.107	0.131	0.682	0.847	0.137	0.161
成年女性（≥21岁）	0.114	0.121	0.654	0.850	0.237	0.266	0.089	0.106	0.598	0.764	0.122	0.146

（五）体重

人群年龄段	体重平均值/kg	人群年龄段	体重平均值/kg
0～1个月	4.8	3～6岁	18.6
1～3个月	5.9	6～11岁	31.8
3～6个月	7.4	11～16岁	56.8
6～12个月	9.2	16～21岁	71.6
1～2岁	11.4	成人	80.0
2～3岁	13.8		

（六）膳食暴露参数

1. 水果和蔬菜的摄入率

人群年龄段	蔬菜摄入率/[g/(kg · d)*]				水果摄入率/[g/(kg · d)*]			
	人均		仅消费者		人均		仅消费者	
	算术均值	95%分位值	算术均值	95%分位值	算术均值	95%分位值	算术均值	95%分位值
0～1岁	5.0	16.2	6.8	18.1	6.2	23.0	10.1	25.8
1～2岁	6.7	15.6	6.7	15.6	7.8	21.3	8.1	21.4
2～3岁	6.7	15.6	6.7	15.6	7.8	21.3	8.1	21.4
3～6岁	5.4	13.4	5.4	13.4	4.6	14.9	4.7	15.1
6～11岁	3.7	10.4	3.7	10.4	2.3	8.7	2.5	9.2
11～16岁	2.3	5.5	2.3	5.5	0.9	3.5	1.1	3.8
16～21岁	2.3	5.5	2.3	5.5	0.9	3.5	1.1	3.8
21～50岁	2.5	5.9	2.5	5.9	0.9	3.7	1.1	3.8
≥50岁	2.6	6.1	2.6	6.1	1.4	4.4	1.5	4.6

* 表示单位体重每天的摄入量。

2. 鱼类摄入率

（1）长须鲸和贝类总摄入率（一般人群）

人群种类和年龄	长须鲸和贝类总摄入率（一般人群）							
	人均				仅消费者			
	算术均值		95%分位值		算术均值		95%分位值	
	g/d	g/(kg · d)*	g/d	g/(kg · d)*	g/d	g/(kg · d)*	g/d	g/(kg · d)*
总人口	—	0.22	—	1.3	—	0.78	—	2.4
0～1岁	—	0.04	—	0.0	—	1.2	—	2.9
1～2岁	—	0.26	—	1.6	—	1.5	—	5.9
2～3岁	—	0.26	—	1.6	—	1.5	—	5.9
3～6岁	—	0.24	—	1.6	—	1.3	—	3.6
6～11岁	—	0.21	—	1.4	—	0.99	—	2.7
11～16岁	—	0.13	—	1.0	—	0.69	—	1.8
16～21岁	—	0.13	—	1.0	—	0.69	—	1.8

续表

人群种类和年龄	长须鲸和贝类总摄入率（一般人群）							
	人均				仅消费者			
	算术均值		95% 分位值		算术均值		95% 分位值	
	g/d	g/(kg · d)*	g/d	g/(kg · d)*	g/d	g/(kg · d)*	g/d	g/(kg · d)*
21～50 岁	—	0.23	—	1.3	—	0.76	—	2.5
13～49 岁的女性	—	0.19	—	1.2	—	0.68	—	1.9
≥50 岁	—	0.25	—	1.4	—	0.71	—	2.1

* 表示单位体重每天的摄入量；“—”表示无数据。

（2）长须鲸摄入率（一般人群）

人群种类和年龄	长须鲸摄入率（一般人群）							
	人均				仅消费者			
	算术均值		95% 分位值		算术均值		95% 分位值	
	g/d	g/(kg · d)*	g/d	g/(kg · d)*	g/d	g/(kg · d)*	g/d	g/(kg · d)*
总人口	—	0.16	—	1.1	—	0.73	—	2.2
0～1 岁	—	0.03	—	0.0	—	1.3	—	2.9
1～2 岁	—	0.22	—	1.2	—	1.6	—	4.9
2～3 岁	—	0.22	—	1.2	—	1.6	—	4.9
3～6 岁	—	0.19	—	1.4	—	1.3	—	3.6
6～11 岁	—	0.16	—	1.1	—	1.1	—	2.9
11～16 岁	—	0.10	—	0.7	—	0.66	—	1.7
16～21 岁	—	0.10	—	0.7	—	0.66	—	1.7
21～50 岁	—	0.15	—	1.0	—	0.65	—	2.1
13～49 岁的女性	—	0.14	—	0.9	—	0.62	—	1.8
≥50 岁	—	0.20	—	1.2	—	0.68	—	2.0

* 表示单位体重每天的摄入量；“—”表示无数据。

(3) 贝类摄入率 (一般人群)

人群种类和年龄	贝类摄入率 (一般人群)							
	人均				仅消费者			
	算术均值		95% 分位值		算术均值		95% 分位值	
	g/d	g/(kg · d)*	g/d	g/(kg · d)*	g/d	g/(kg · d)*	g/d	g/(kg · d)*
总人口	—	0.06	—	0.4	—	0.57	—	1.9
0~1 岁	—	0.00	—	0.0	—	0.42	—	2.3
1~2 岁	—	0.04	—	0.0	—	0.94	—	3.5
2~3 岁	—	0.04	—	0.0	—	0.94	—	3.5
3~6 岁	—	0.05	—	0.0	—	1.0	—	2.9
6~11 岁	—	0.05	—	0.2	—	0.72	—	2.0
11~16 岁	—	0.03	—	0.0	—	0.61	—	1.9
16~21 岁	—	0.03	—	0.0	—	0.61	—	1.9
21~50 岁	—	0.08	—	0.5	—	0.63	—	2.2
13~49 岁的女性	—	0.06	—	0.3	—	0.53	—	1.8
≥50 岁	—	0.05	—	0.4	—	0.41	—	1.2

* 表示单位体重每天的摄入量;“—”表示无数据。

(4) 大西洋海鱼摄入率 (旅游人群)

人群年龄段	大西洋海鱼摄入率 (旅游人群)							
	人均				仅消费者			
	算术均值		95% 分位值		算术均值		95% 分位值	
	g/d	g/(kg · d)*	g/d	g/(kg · d)*	g/d	g/(kg · d)*	g/d	g/(kg · d)*
3~6 岁	2.5	—	8.8	—	—	—	—	—
6~11 岁	2.5	—	8.6	—	—	—	—	—
11~16 岁	3.4	—	13	—	—	—	—	—
16~18 岁	2.8	—	6.6	—	—	—	—	—
≥18 岁	5.6	—	18	—	—	—	—	—

* 表示单位体重每天的摄入量;“—”表示无数据。

（5）海湾海鱼摄入率（旅游人群）

人群年龄段	海湾海鱼摄入率（旅游人群）							
	人均				仅消费者			
	算术均值		95%分位值		算术均值		95%分位值	
	g/d	g/(kg·d)*	g/d	g/(kg·d)*	g/d	g/(kg·d)*	g/d	g/(kg·d)*
3～6岁	3.2	—	13	—	—	—	—	—
6～11岁	3.3	—	12	—	—	—	—	—
11～16岁	4.4	—	18	—	—	—	—	—
16～18岁	3.5	—	9.5	—	—	—	—	—
≥18岁	7.2	—	26	—	—	—	—	—

* 表示单位体重每天的摄入量；“—”表示无数据。

（6）太平洋海鱼摄入率（旅游人群）

人群年龄段	太平洋海鱼摄入率（旅游人群）							
	人均				仅消费者			
	算术均值		95%分位值		算术均值		95%分位值	
	g/d	g/(kg·d)*	g/d	g/(kg·d)*	g/d	g/(kg·d)*	g/d	g/(kg·d)*
3～6岁	0.9	—	3.3	—	—	—	—	—
6～11岁	0.9	—	3.2	—	—	—	—	—
11～16岁	1.2	—	4.8	—	—	—	—	—
16～18岁	1.0	—	2.5	—	—	—	—	—
≥18岁	2.0	—	6.8	—	—	—	—	—

* 表示单位体重每天的摄入量；“—”表示无数据。

3. 肉类、乳制品和脂肪摄入率

（1）肉类和乳制品摄入率

人群年龄段	肉类总摄入率/[g/(kg·d)*]				乳制品总摄入率/[g/(kg·d)*]			
	人均		仅消费者		人均		仅消费者	
	算术均值	95%分位值	算术均值	95%分位值	算术均值	95%分位值	算术均值	95%分位值
0～1岁	1.2	5.4	2.7	8.1	10.1	43.2	11.7	44.7
1～2岁	4.0	10.0	4.1	10.1	43.2	94.7	43.2	94.7

续表

人群年龄段	肉类总摄入率/[g/(kg·d)*]				乳制品总摄入率/[g/(kg·d)*]			
	人均		仅消费者		人均		仅消费者	
	算术均值	95%分位值	算术均值	95%分位值	算术均值	95%分位值	算术均值	95%分位值
2～3岁	4.0	10.0	4.1	10.1	43.2	94.7	43.2	94.7
3～6岁	3.9	8.5	3.9	8.6	24.0	51.1	24.0	51.1
6～11岁	2.8	6.4	2.8	6.4	12.9	31.8	12.9	31.8
11～16岁	2.0	4.7	2.0	4.7	5.5	16.4	5.5	16.4
16～21岁	2.0	4.7	2.0	4.7	5.5	16.4	5.5	16.4
21～50岁	1.8	4.1	1.8	4.1	3.5	10.3	3.5	10.3
≥50岁	1.4	3.1	1.4	3.1	3.3	9.6	3.3	9.6

* 表示单位体重每天的摄入量。

(2) 脂肪摄入率

人群年龄段	脂肪总摄入率/[g/(kg·d)*]			
	人均		仅消费者	
	算术均值	95%分位值	算术均值	95%分位值
0～1个月	5.2	16	7.8	16
1～3个月	4.5	12	6.0	12
3～6个月	4.1	8.2	4.4	8.3
6～12个月	3.7	7.0	3.7	7.0
1～2岁	4.0	7.1	4.0	7.1
2～3岁	3.6	6.4	3.6	6.4
3～6岁	3.4	5.8	3.4	5.8
6～11岁	2.6	4.2	2.6	4.2
11～16岁	1.6	3.0	1.6	3.0
16～21岁	1.3	2.7	1.3	2.7
21～31岁	1.2	2.3	1.2	2.3
31～41岁	1.1	2.1	1.1	2.1
41～51岁	1.0	1.9	1.0	1.9
51～61岁	0.9	1.7	0.9	1.7
61～71岁	0.9	1.7	0.9	1.7
71～81岁	0.8	1.5	0.8	1.5
≥81岁	0.9	1.5	0.9	1.5

* 表示单位体重每天的摄入量。

4. 谷物摄入率

人群年龄段	谷物摄入率/[g/(kg·d)*]			
	人均		仅消费者	
	算术均值	95%分位值	算术均值	95%分位值
0～1岁	3.1	9.5	4.1	10.3
1～2岁	6.4	12.4	6.4	12.4
2～3岁	6.4	12.4	6.4	12.4
3～6岁	6.2	11.1	6.2	11.1
6～11岁	4.4	8.2	4.4	8.2
11～16岁	2.4	5.0	2.4	5.0
16～21岁	2.4	5.0	2.4	5.0
21～50岁	2.2	4.6	2.2	4.6
≥50岁	1.7	3.5	1.7	3.5

* 表示单位体重每天的摄入量。

5. 自产食物摄入率

人群年龄段	自产食物摄入率/[g/(kg·d)*]							
	自产水果		自产蔬菜		自产肉类		自捕鱼类	
	算术均值	95%分位值	算术均值	95%分位值	算术均值	95%分位值	算术均值	95%分位值
1～2岁	8.7	60.6	5.2	19.6	3.7	10.0	—	—
3～5岁	4.1	8.9	2.5	7.7	3.6	9.1	—	—
6～11岁	3.6	15.8	2.0	6.2	3.7	14.0	2.8	7.1
12～19岁	1.9	8.3	1.5	6.0	1.7	4.3	1.5	4.7
20～39岁	2.0	6.8	1.5	4.9	1.8	6.2	1.9	4.5
40～69岁	2.7	13.0	2.1	6.9	1.7	5.2	1.8	4.4
≥70岁	2.3	8.7	2.5	8.2	1.4	3.5	1.2	3.7

* 表示单位体重每天的摄入量。

6. 食物总摄入率

人群年龄段	食物总摄入率［g/(kg·d)*］		人群年龄段	食物总摄入率［g/(kg·d)*］	
	算术均值	95%分位值		算术均值	95%分位值
0～1岁	91	208	11～16岁	28	56
1～3岁	113	185	16～21岁	28	56
3～6岁	79	137	21～50岁	29	63
6～11岁	47	92	≥50岁	29	59

* 表示单位体重每天的摄入量。

7. 母乳和母乳脂肪摄入率

人群年龄段	母乳摄入率				母乳脂肪摄入率			
	算术均值		上限		算术均值		上限	
	mL/d	mL/(kg·d)*	mL/d	mL/(kg·d)*	mL/d	mL/(kg·d)*	mL/d	mL/(kg·d)*
0～1个月	510	150	950	220	20	6.0	38	8.7
1～3个月	690	140	980	190	27	5.5	40	8.0
3～6个月	770	110	1000	150	30	4.2	42	6.1
6～12个月	620	83	1000	130	25	3.3	42	5.2

* 表示单位体重每天的摄入量。

（七）时间-行为活动模式参数

1. 室内外活动时间

人群年龄段	室内总时间/(min/d)		室外总时间/(min/d)		家中停留时间/(min/d)	
	算术均值	95%分位值	算术均值	95%分位值	算术均值	95%分位值
0～1个月	1440	—	0	—	—	—
1～3个月	1432	—	8	—	—	—
3～6个月	1414	—	26	—	—	—
6～12个月	1301	—	139	—	—	—
0～1岁	—	—	—	—	1108	1440
1～2岁	1353	—	36	—	1065	1440
2～3岁	1316	—	76	—	979	1296

续表

人群年龄段	室内总时间/(min/d)		室外总时间/(min/d)		家中停留时间/(min/d)	
	算术均值	95%分位值	算术均值	95%分位值	算术均值	95%分位值
3～6岁	1278	—	107	—	957	1355
6～11岁	1244	—	132	—	893	1275
11～16岁	1260	—	100	—	889	1315
16～21岁	1248	—	102	—	833	1288
18～64岁	1159	—	281	—	948	1428
≥64岁	1142	—	298	—	1175	1440

2. 洗澡时间

人群年龄段	淋浴时间/(min/d)		盆浴时间/(min/d)		盆浴/淋浴时间/(min/d)	
	算术均值	95%分位值	算术均值	95%分位值	算术均值	95%分位值
0～1岁	15	—	19	30	—	—
1～2岁	20	—	23	32	—	—
2～3岁	22	44	23	45	—	—
3～6岁	17	34	24	60	—	—
6～11岁	18	41	24	46	—	—
11～16岁	18	40	25	43	—	—
16～21岁	20	45	33	60	—	—
18～64岁	—	—	—	—	17	—
≥64岁	—	—	—	—	17	—

3. 游泳时间

人群年龄段	游泳时间/(min/月)		人群种类和年龄	游泳时间/(min/月)	
	算术均值	95%分位值		算术均值	95%分位值
0～1岁	96	—	11～16岁	139	181
1～2岁	105	—	16～21岁	145	181
2～3岁	116	181	18～64岁	45（中值）	181
3～6岁	137	181	≥64岁	40（中值）	181
6～11岁	151	181			

4. 土壤、草地、沙地等的活动时间

人群年龄段	沙地或碎石上的活动时间/(min/d)		草地上的活动时间/(min/d)		土壤上的活动时间/(min/d)	
	算术均值	95%分位值	算术均值	95%分位值	算术均值	95%分位值
0～1岁	18	—	52	—	33	—
1～2岁	43	121	68	121	56	121
2～3岁	53	121	62	121	47	121
3～6岁	60	121	79	121	63	121
6～11岁	67	121	73	121	63	121
11～16岁	67	121	75	121	49	120
16～21岁	83	—	60	—	30	—
18～64岁	0（中值）	121	60（中值）	121	0（中值）	120
≥64岁	0（中值）	—	121（中值）	—	0（中值）	—

5. 职业流动性

人群种类和年龄	固定工作年限中值/年		人群种类和年龄	固定工作年限中值/年	
	男	女		男	女
≥16岁，总人口平均	7.9	5.4	45～49岁	17.5	10.0
16～24岁	2.0	1.9	50～54岁	20.0	10.8
25～29岁	4.6	4.1	55～59岁	21.9	12.4
30～34岁	7.6	6.0	60～64岁	23.9	14.5
35～39岁	10.4	7.0	65～69岁	26.9	15.6
40～44岁	13.8	8.0	≥70岁	30.5	18.8

（八）期望寿命

	预期寿命/岁
总人口	78
男性	75
女性	80

注意：以上内容为笔者根据《美国暴露参数手册》中的简表总结而成。资料来源于 U S EPA. Exposure Factors Handbook 2011 Edition (Final). U. S. Environmental Protection Agency, Washington, DC, EPA/600/R-09/052F, 2011.

附录5　《美国儿童暴露参数手册》(2008版)推荐值

序号	参数类别			0~1个月	1~3个月	3~6个月	6~12个月	1~2岁	2~3岁	3~6岁	6~11岁	11~16岁	16~18岁	18~21岁
				不同年龄段儿童的暴露参数推荐值										
1	饮水暴露参数	(1)饮水摄入率/(mL/d)	人均-算术均值	184	227	362	360	271	317	380	447	606	731	826
			人均—95%分位数	839	896	1056	1055	837	877	1078	1235	1727	1983	2540
			仅消费者-算术均值	470	552	556	467	308	356	417	480	652	792	895
			仅消费者—95%分位数	858	1053	1171	1147	893	912	1099	1251	1744	2002	2565
		(2)单位体重的饮水摄入率/[mL/(kg·d)]	人均-算术均值	52	48	52	41	23	23	22	16	12	11	12
			人均—95%分位数	232	205	159	126	71	60	61	43	34	31	35
			仅消费者-算术均值	137	119	80	53	27	26	24	17	13	12	13
			仅消费者—95%分位数	238	285	173	129	75	62	65	45	34	32	35
		(3)游泳过程吞水量/(mL/h)	算术均值	—	—	—	—	—	—	—	50		—	20
			上限	—	—	—	—	—	—	—	100		—	70
2		手口接触频率/(接触次数/h)	室内 算术均值	—	—	28	19	20	13	15	7	—	—	—
			室内 95%分位数	—	—	65	52	63	37	54	21	—	—	—
			户外 算术均值	—	—	—	15	14	5	9	3	—	—	—
			户外 95%分位数	—	—	—	47	42	20	36	12	—	—	—
		口与物品接触频率/(接触次数/h)	算术均值	—	—	—	20		10		1	—	—	—
			95%分位数	—	—	—	—	—	—		—	—	—	—
		口与物品接触持续时间/(min/h)	算术均值	—	—	11		8	13	—	—	—	—	—
			95%分位数	—	—	26		22	16	—	—	—	—	—

续表

序号	参数类别				不同年龄段儿童的暴露参数推荐值										
					0～1个月	1～3个月	3～6个月	6～12个月	1～2岁	2～3岁	3～6岁	6～11岁	11～16岁	16～18岁	18～21岁
3	土壤暴露参数	土壤-灰尘摄入率/(mg/d)	土壤	中位值	—	—	—	30	50						
			灰尘	中位值	—	—	—	30	60						
			土壤和灰尘	中位数	—	—	—	60	100						
			土壤异食癖	上限	—	—	—	—	1000						
			食土癖	上限	—	—	—	—	50 000						
4	呼吸暴露参数	长期呼吸速率/(m^3/d)	算术均值		3.6	—	4.1	5.4	8.0	9.5	10.9	12.4	15.1	16.5	
			95%分位数		7.1	—	6.1	8.1	12.8	15.9	16.2	18.7	23.5	27.6	
		短期呼吸速率/(m^3/min)	睡觉或小憩	算术均值	3.0×10^{-3}				4.5×10^{-3}	4.6×10^{-3}	4.3×10^{-3}	4.5×10^{-3}	5.0×10^{-3}	4.9×10^{-3}	
				95%分位数	4.6×10^{-3}				6.4×10^{-3}	6.4×10^{-3}	5.8×10^{-3}	6.3×10^{-3}	7.4×10^{-3}	7.1×10^{-3}	
			久坐不动	算术均值	3.1×10^{-3}				4.7×10^{-3}	4.8×10^{-3}	4.5×10^{-3}	4.8×10^{-3}	5.4×10^{-3}	5.3×10^{-3}	
				95%分位数	4.7×10^{-3}				6.5×10^{-3}	6.5×10^{-3}	5.8×10^{-3}	6.4×10^{-3}	7.5×10^{-3}	7.2×10^{-3}	
			轻度活动	算术均值	7.6×10^{-3}				1.2×10^{-2}	1.2×10^{-2}	1.1×10^{-2}	1.1×10^{-2}	1.3×10^{-2}	1.2×10^{-2}	
				95%分位数	1.1×10^{-2}				1.6×10^{-2}	1.6×10^{-2}	1.4×10^{-2}	1.5×10^{-2}	1.7×10^{-2}	1.6×10^{-2}	
			中度活动	算术均值	1.4×10^{-2}				2.1×10^{-2}	2.1×10^{-2}	2.1×10^{-2}	2.2×10^{-2}	2.5×10^{-2}	2.6×10^{-2}	
				95%分位数	2.3×10^{-2}				2.9×10^{-2}	2.9×10^{-2}	2.7×10^{-2}	2.9×10^{-2}	3.4×10^{-2}	3.7×10^{-2}	
			重度活动	算术均值	2.6×10^{-2}				3.8×10^{-2}	3.9×10^{-2}	3.7×10^{-2}	4.2×10^{-2}	4.9×10^{-2}	4.9×10^{-2}	
				95%分位数	4.1×10^{-2}				5.2×10^{-2}	5.3×10^{-2}	4.8×10^{-2}	5.9×10^{-2}	7.0×10^{-2}	7.3×10^{-2}	

续表

序号	参数类别				不同年龄段儿童的暴露参数推荐值										
					0～1个月	1～3个月	3～6个月	6～12个月	1～2岁	2～3岁	3～6岁	6～11岁	11～16岁	16～18岁	18～21岁
5	皮肤暴露参数	全身皮肤表面积/m²	全身	算术均值	0.29	0.33	0.38	0.45	0.53	0.61	0.76	1.08	1.59	1.84	
				95%分位数	0.34	0.38	0.44	0.51	0.61	0.70	0.95	1.48	2.06	2.33	
		身体各部位的皮肤表面积/m²	头部	算术均值	0.053	0.060	0.069	0.082	0.087	0.087	0.104	0.136	0.149	0.144	
				95%分位数	0.062	0.069	0.080	0.093	0.101	0.099	0.130	0.186	0.194	0.182	
			躯干	算术均值	0.104	0.118	0.136	0.161	0.188	0.235	0.241	0.375	0.536	0.592	
				95%分位数	0.121	0.136	0.157	0.182	0.217	0.270	0.301	0.514	0.694	0.750	
			胳膊	算术均值	0.040	0.045	0.052	0.062	0.069	0.072	0.108	0.137	0.205	0.282	
				95%分位数	0.047	0.052	0.060	0.070	0.079	0.083	0.135	0.188	0.266	0.356	
			双手	算术均值	0.015	0.017	0.020	0.024	0.030	0.032	0.045	0.054	0.084	0.099	
				95%分位数	0.018	0.020	0.023	0.027	0.035	0.037	0.056	0.074	0.109	0.126	
			双腿	算术均值	0.060	0.068	0.078	0.093	0.122	0.142	0.207	0.301	0.498	0.592	
				95%分位数	0.070	0.078	0.091	0.105	0.141	0.162	0.259	0.413	0.645	0.750	
			双脚	算术均值	0.019	0.021	0.025	0.029	0.033	0.043	0.055	0.078	0.119	0.131	
				95%分位数	0.022	0.025	0.029	0.033	0.038	0.050	0.069	0.107	0.155	0.165	
		皮肤黏附物质质量（算术均值，单位为mg/cm²）			室内住宅	托儿所（室内和室外）		户外运动	室内运动	与土壤接触的活动		在泥地里玩耍		在沙地里玩耍	
			脸		—	—	—	0.012	—	0.054		—	—	0.040	
			胳膊		0.0041	0.024		0.011	0.0019	0.046		11		0.17	
			手		0.011	0.099		0.11	0.0063	0.17		47		0.49	
			腿		0.0035	0.020		0.031	0.0020	0.051		23		0.70	
			脚		0.010	0.071		—	0.0022	0.20		15		21	

续表

序号	参数类别				不同年龄段儿童的暴露参数推荐值										
					0～1个月	1～3个月	3～6个月	6～12个月	1～2岁	2～3岁	3～6岁	6～11岁	11～16岁	16～18岁	18～21岁
6		体重/kg		算术均值	4.8	5.6	7.4	9.2	11.4	13.8	18.6	31.8	56.8	71.6	
7	膳食暴露参数	水果总摄入率/[g/(kg·d)]		人均-算术均值	5.7				6.2		4.6	2.4	0.8		
				人均－95%分位数	21				19		14	8.8	3.5		
				仅消费者-算术均值	10				6.9		5.1	2.7	1.1		
				仅消费者－95%分位数	26				19		15	9.3	3.8		
		蔬菜总摄入率/[g/(kg·d)]		人均-算术均值	4.5				6.9		5.9	4.1	2.9		
				人均－95%分位数	15				17		15	9.9	6.9		
				仅消费者-算术均值	6.2				6.9		5.9	4.1	2.9		
				仅消费者－95%分位数	16				17		15	9.9	6.9		
		鱼和贝类摄入率/[g/(kg·d)]（一般人群）	鱼类总量	人均-算术均值	—						0.43	0.28	0.23	0.16	—
				人均－95%分位数	—						3.0	1.9	1.5	1.3	—
				仅消费者-算术均值	—						4.2	3.2	2.2	2.1	—
				仅消费者－95%分位数	—						10	8.7	6.2	6.6	—
			海洋鱼类	人均-算术均值	—						0.31	0.20	0.15	0.10	—
				人均－95%分位数	—						2.3	1.5	1.3	0.46	—
				仅消费者-算术均值	—						3.7	2.8	2.0	2.0	—
				仅消费者－95%分位数	—						9.3	8.0	5.2	6.5	—
			淡水鱼类	人均-算术均值	—						0.12	0.08	0.08	0.07	—
				人均－95%分位数	—						0.71	0.35	0.48	0.29	—
				仅消费者-算术均值	—						2.3	1.8	1.3	1.4	—
				仅消费者－95%分位数	—						7.2	6.2	4.4	3.3	—

续表

序号	参数类别				不同年龄段儿童的暴露参数推荐值										
					0~1个月	1~3个月	3~6个月	6~12个月	1~2岁	2~3岁	3~6岁	6~11岁	11~16岁	16~18岁	18~21岁
7	膳食暴露参数	肉类总摄入率/[g/(kg·d)]	人均-算术均值		1.2				4.1		4.1	2.9	2.1		
			人均—95%分位数		6.7				9.8		9.4	6.5	4.8		
			仅消费者-算术均值		3.0				4.2		4.2	2.9	2.1		
			仅消费者—95%分位数		9.2				9.8		9.4	6.5	4.8		
		乳制品总摄入率/[g/(kg·d)]	人均-算术均值		13				37		23	14	5.6		
			人均—95%分位数		49				88		49	32	16		
			仅消费者-算术均值		16				37		23	14	5.6		
			仅消费者—95%分位数		58				88		49	32	16		
		脂肪总摄入率/[g/(kg·d)]	人均-算术均值		5.2	4.5	4.1	3.7	4.0	3.6	3.4	2.6	1.6	1.3	
			人均—95%分位数		16	11	8.2	7.0	7.1	6.4	5.8	4.2	3.0	2.7	
			仅消费者-算术均值		7.8	6.0	4.4	3.7	4.0	3.6	3.4	2.6	1.6	1.3	
			仅消费者—95%分位数		16	12	8.3	7.0	7.1	6.4	5.8	4.2	3.0	2.7	
		谷物总摄入率/[g/(kg·d)]	人均-算术均值		2.5				6.4		6.3	4.3	2.5		
			人均—95%分位数		8.6				12		12	8.2	5.1		
			仅消费者-算术均值		3.6				6.4		6.3	4.3	2.5		
			仅消费者—95%分位数		9.2				12		12	8.2	5.1		
		自产食物摄入率/[g/(kg·d)]	水果	算术均值	—				8.7		4.1	3.6	1.9		
				95%分位数	—				60.6		8.9	15.8	8.3		
			蔬菜	算术均值	—				5.2		2.5	2.0	1.5		
				95%分位数	—				19.6		7.7	6.2	6.0		
			肉类	算术均值	—				3.7		3.6	3.7	1.7		
				95%分位数	—				10.0		9.1	14.0	4.3		
			鱼类	算术均值	—							2.8	1.5		
				95%分位数	—							7.1	4.7		

续表

序号	参数类别			不同年龄段儿童的暴露参数推荐值										
				0～1个月	1～3个月	3～6个月	6～12个月	1～2岁	2～3岁	3～6岁	6～11岁	11～16岁	16～18岁	18～21岁
7	膳食暴露参数	食物总摄入率/[g/(kg·d)]	算术均值	20	16	28	56	90	74	61	40	24	18	
			95%分位数	61	40	65	134	161	126	102	70	45	35	
		母乳摄入率/(mL/d)	算术均值	510	690	770	620	NA						
			上限	950	980	1000	1000	NA						
		母乳摄入率/[mL/(kg·d)]	算术均值	150	140	110	83	NA						
			上限	220	190	150	130	NA						
		母乳脂质摄入率/(mL/d)	算术均值	20	27	30	25	NA						
			上限	38	40	42	42	NA						
		母乳脂质摄入率/[mL/(kg·d)]	算术均值	6.0	5.5	4.2	3.3	NA						
			上限	8.7	8.0	6.0	5.2	NA						
8	时间-活动模式参数	室内总时间/(min/d)	算术均值	1440	1432	1414	1301	1353	1316	1278	1244	1260	1248	
		室外总时间/(min/d)	算术均值	0	8	26	139	36	76	107	132	100	102	
		家中停留时间/(min/d)	算术均值	1108				1065	979	957	893	889	833	
			95%分位数	1440				1440	1296	1355	1275	1315	1288	
		淋浴时间/(min/d)	算术均值	15				20	22	17	18	18	20	
			95%分位数	—				—	44	34	41	40	45	
		盆浴时间/(min/d)	算术均值	19				23	23	24	24	25	33	
			95%分位数	30				32	45	60	46	43	60	

续表

序号	参数类别			不同年龄段儿童的暴露参数推荐值										
				0～1个月	1～3个月	3～6个月	6～12个月	1～2岁	2～3岁	3～6岁	6～11岁	11～16岁	16～18岁	18～21岁
8	时间-活动模式参数	在沙地或碎石上的活动时间/(min/d)	算术均值	18				43	53	60	67	67	83	
			95%分位数	—				121	121	121	121	121	—	
		在草地上的活动时间/(min/d)	算术均值	52				68	62	79	73	75	60	
			95%分位数	—				121	121	121	121	121	—	
		在土壤上的活动时间/(min/d)	算术均值	33				56	47	63	63	49	30	
			95%分位数	—				121	121	121	121	120	—	
		游泳时间/(min/月)	算术均值	96				105	116	137	151	139	145	
			95%分位数	—				—	181	181	181	181	181	

“—”表示无可用数据;“NA”表示不适用。

注意:以上内容为笔者根据美国暴露参数手册中的简表总结而成。资料来源于 USEPA. 2008. Child-Specific Exposure Factors Handbook. Washington DC.: U. S. Environmental Protection Agency, Office of Research and Development. EPA/600/R-06/096F.

附录6 《日本暴露参数手册》推荐值

（一）常见暴露参数

<table>
<tr><th rowspan="2"></th><th rowspan="2" colspan="3">参数类别</th><th colspan="2">不同性别的参数推荐值(成人)</th></tr>
<tr><th>男性</th><th>女性</th></tr>
<tr><td>1</td><td colspan="3">体重/kg</td><td>64</td><td>52.7</td></tr>
<tr><td>2</td><td colspan="3">寿命/岁</td><td>77.72</td><td>84.60</td></tr>
<tr><td>3</td><td colspan="3">呼吸速率/(m³/d)</td><td colspan="2">17.3(男女平均)</td></tr>
<tr><td>4</td><td colspan="3">饮水摄入率/(mL/d)</td><td>668</td><td>666</td></tr>
<tr><td>5</td><td colspan="3">日常生活用水量/[L/(人·d)]</td><td colspan="2">313</td></tr>
<tr><td rowspan="17">6</td><td rowspan="17">饮食摄入率/(g/d)</td><td rowspan="3">(1)谷类</td><td>总</td><td>303.5</td><td>233.3</td></tr>
<tr><td>大米</td><td>202.6</td><td>140.2</td></tr>
<tr><td>小麦</td><td>99.1</td><td>90.8</td></tr>
<tr><td colspan="2">(2)马铃薯</td><td>66.6</td><td>61.1</td></tr>
<tr><td colspan="2">(3)豆类</td><td>75.0</td><td>67.2</td></tr>
<tr><td colspan="2">(3)蔬菜类</td><td>293.8</td><td>275.3</td></tr>
<tr><td colspan="2">(4)水果类</td><td>103.7</td><td>127.6</td></tr>
<tr><td rowspan="2">(5)牛奶和乳制品类</td><td>牛奶</td><td>98.1</td><td>101.4</td></tr>
<tr><td>乳制品</td><td>14.6</td><td>21.4</td></tr>
<tr><td rowspan="4">(6)肉类</td><td>总</td><td>98.9</td><td>72.3</td></tr>
<tr><td>牛肉</td><td>31.3</td><td>20.8</td></tr>
<tr><td>猪肉</td><td>31.4</td><td>22.5</td></tr>
<tr><td>鸡肉</td><td>23.7</td><td>18.4</td></tr>
<tr><td colspan="2">(7)蛋类</td><td>44.7</td><td>38.1</td></tr>
<tr><td colspan="2">(8)鱼类和贝类</td><td>107.3</td><td>85.4</td></tr>
<tr><td colspan="2">(9)油脂类</td><td>18.1</td><td>16.0</td></tr>
<tr><td colspan="4" style="display:none"></td></tr>
<tr><td>7</td><td colspan="3">土壤经口摄入率/(mg/d)</td><td colspan="2">47.7(男女平均)</td></tr>
<tr><td>8</td><td colspan="3">体表面积/m²</td><td>1.69</td><td>1.51</td></tr>
<tr><td rowspan="8">9</td><td rowspan="8">时间-活动模式参数</td><td colspan="2">(1)室内停留时间/(h/d)</td><td colspan="2">15.8(男女平均)</td></tr>
<tr><td colspan="2">(2)室外停留时间/(h/d)</td><td colspan="2">1.2(男女平均)</td></tr>
<tr><td rowspan="4">(3)洗澡时间/(h/d)</td><td>总</td><td>0.39</td><td>0.45</td></tr>
<tr><td>淋浴</td><td>0.10</td><td>0.12</td></tr>
<tr><td>盆浴(夏季)</td><td colspan="2">0.12(男女平均)</td></tr>
<tr><td>盆浴(冬季)</td><td colspan="2">0.18(男女平均)</td></tr>
<tr><td colspan="2">(4)会游泳的人口比例/%</td><td colspan="2">7.5(男女平均)</td></tr>
<tr><td colspan="2">(5)游泳时间/(h/a)</td><td colspan="2">53.7(男女平均)</td></tr>
</table>

续表

	参数类别			不同性别的参数推荐值(成人)	
				男性	女性
10	吸烟情况	(1)吸烟人口比例/%		43.3	12.0
		(2)被动吸烟人口比例/%	在家	38.7	50.9
			在学校或办公室	72.1	40.3
		(3)吸烟者的吸烟量(根香烟/d)		21.5	14.6
				19.8(男女平均)	
11	其他	(1)搬家次数(次)		4.5	4
		(2)日常交通方式的人口比例/%	小轿车	47.2	
			火车	24.8	
			自行车	17.4	
			公交车	10.1	
			步行	7.4	
			摩托车	4.5	
		(3)住宅	房屋数量	46 862 900(其中专门用于生活的房屋为 45 258 400)	
			住宅面积/m^2	92.5	
		(4)空气交换率/(次/h)		0.59	

(二)儿童暴露参数

	参数种类		儿童类别	推荐值	
				男	女
1	体重/kg		小学高年级学生	36.9	37.0
2	室内停留时间/(h/d)		小学高年级学生	15.1	
3	婴儿喂养情况	(1)母乳喂养婴儿的比例/%	婴儿	40.9	
		(2)奶粉喂养婴儿的比例/%	婴儿	24.5	
		(3)母乳和奶粉混合喂养婴儿的比例/%	婴儿	34.6	
4	母乳和奶粉摄入率	母乳/(g/d)	1~6 个月婴儿	702	
		奶粉/(mL/d)	1~12 个月婴儿	581	
	母乳脂肪含量/(g/100g 母乳)		—	3.68	
5	土壤经口摄入率/(mg/d)		儿童	43.5	

（三）食物自给率

	食物类别		自给率/%		食物类别		自给率/%
1	米	米	95	6	水果	总	40
		以米为主食	100			橘子	99
2	麦	小麦	14			苹果	53
		大麦	8	7	牛奶和乳制品	总	67
		去壳大麦	80			牛奶	100
3	马铃薯类	总	83	8	肉	总	55
		甘薯	94			牛肉	44
		马铃薯	80			猪肉	51
4	豆类	总	6			鸡肉	69
		大豆	3	9	蛋类		95
		其他豆类	31	10	鱼类和贝类	总	49
5	蔬菜	总	80			供人消费	55
		径叶类	78	11	油脂	总	13
		根类	84			植物油	2
						动物油	74

注：自给率指食物在本国生产而非进口的比例。

（四）常见污染物的暴露浓度

	污染物浓度的几何标准偏差（GSD）				
	氯仿	苯	甲苯	甲醛	氮
个体暴露	4.40	3.37	4.63	1.49～1.75	1.25～2.11
室内浓度	4.72	2.10	5.00	1.90	1.50～2.79
室外浓度	3.42	1.68	2.76	2.46	1.78
	污染物浓度的几何平均值（GM）*				
	氯仿	苯	甲苯	甲醛	氮
个体暴露	0.5μg/m³	3.3μg/m³	34.2μg/m³	0.614～39.29ppb	7.21～17.46ppb
室内浓度	0.3μg/m³	2.08μg/m³	26.3μg/m³	23ppb	10.30～14.26ppb
室外浓度	0.14μg/m³	1.49μg/m³	9.24μg/m³	2.00μg/m³	15.7ppb

* 上表为笔者在《日本暴露参数手册》编制说明中扩展搜集到的资料，非《日本暴露参数手册》表格中的数据。

（五）常见污染物的体内负荷

	污染物体内负荷的几何标准偏差（GSD）		
	二噁英	镉	汞
母乳	1.40	—	—
血液	1.83	1.89（女性）	—
尿液	—	2.10（女性）	—
头发	—	—	1.83（女性） 1.94（男性）

注：“—”表示无数据。

	污染物体内负荷的几何平均值（GM）*		
	二噁英	镉	汞
母乳	23.77pg-TEQ/g 脂肪	—	—
血液	22.47pg-TEQ/g 脂肪	2.54μg/L（女性）	—
尿液	—	1.26μg/gcr（女性）	—
头发	—	—	1.63μg/g（女性） 2.46μg/g（男性）

* 上表为笔者在《日本暴露参数手册》编制说明中扩展搜集到的资料，非《日本暴露参数手册》表格中的数据。

注意：以上资料来源于 http://unit.aist.go.jp/riss/crm/exposurefactors/english_summary.html [2011-10-31]，由笔者根据网上提供的信息整理后形成。

附录 7　《韩国暴露参数手册》推荐值（摘录）

（一）常见暴露参数

	参数类别	不同性别的参数推荐值	
		男性	女性
1	体重/kg	69.2	56.4
2	寿命/岁	75.1	81.9
3	饮水摄入率/(mL/d)	1660	1346

续表

<table>
<tr><th rowspan="2"></th><th rowspan="2" colspan="3">参数类别</th><th colspan="2">不同性别的参数推荐值</th></tr>
<tr><th>男性</th><th>女性</th></tr>
<tr><td rowspan="18">4</td><td rowspan="18">饮食摄入率
/[g/(kg・d)]</td><td rowspan="15">(1)
谷类</td><td>混合谷类</td><td colspan="2">0.03</td></tr>
<tr><td>其他混合谷类</td><td colspan="2">0.09</td></tr>
<tr><td>面类</td><td colspan="2">0.62</td></tr>
<tr><td>面粉</td><td colspan="2">0.14</td></tr>
<tr><td>米</td><td colspan="2">4.41</td></tr>
<tr><td>大麦</td><td colspan="2">0.08</td></tr>
<tr><td>面包</td><td colspan="2">0.34</td></tr>
<tr><td>小吃类</td><td colspan="2">0.22</td></tr>
<tr><td>谷类植物</td><td colspan="2">0.03</td></tr>
<tr><td>玉米</td><td colspan="2">0.02</td></tr>
<tr><td>糯米</td><td colspan="2">0.11</td></tr>
<tr><td>蛋糕</td><td colspan="2">0.07</td></tr>
<tr><td>汉堡</td><td colspan="2">0.08</td></tr>
<tr><td>玄米</td><td colspan="2">0.03</td></tr>
<tr><td colspan="2">(2) 肉类</td><td colspan="2">1.62</td></tr>
<tr><td colspan="2">(3) 海贝类</td><td colspan="2">1.53</td></tr>
<tr><td colspan="2">(4) 海藻类</td><td colspan="2">0.58</td></tr>
<tr><td rowspan="9">5</td><td rowspan="9">时间-活动
模式参数</td><td colspan="2">洗手/(次/d)</td><td>6.2</td><td>8.6</td></tr>
<tr><td colspan="2">盥洗/(次/d)</td><td>2.2</td><td>2</td></tr>
<tr><td colspan="2">盥洗/(min/次)</td><td>4.1</td><td>5.3</td></tr>
<tr><td colspan="2">淋浴/(次/d)</td><td>1</td><td>1</td></tr>
<tr><td colspan="2">淋浴/(min/次)</td><td>15.2</td><td>19.3</td></tr>
<tr><td colspan="2">泡澡/(次/周)</td><td>1.8</td><td>2</td></tr>
<tr><td colspan="2">泡澡/(min/次)</td><td>20.3</td><td>19.3</td></tr>
<tr><td colspan="2">游泳/(次/月)</td><td>0.3</td><td>0.5</td></tr>
<tr><td colspan="2">游泳/(min/次)</td><td>49.4</td><td>53.5</td></tr>
</table>

（二）不同活动状态下的呼吸速率

活动阶段	年龄/岁	男性/(m^3/h)	女性/(m^3/h)
休息	20～29	0.49	0.37
	30～39	0.48	0.43
	40～49	0.48	0.38
轻度运动	20～29	0.98	0.74
	30～39	1.06	0.82
	40～49	1.09	0.8
中度运动	20～29	1.21	0.86
	30～39	1.27	0.97
	40～49	1.33	0.96
重度运动	20～29	1.97	1.44
	30～39	2.12	1.66
	40～49	2.16	1.6
特别重度运动	20～29	2.41	1.85
	30～39	2.63	2.09
	40～49	2.71	1.96

注意：以上资料来源于 Jang JY，Jo SN，Kim S，Kim SJ，et al. 2007. Korean Exposure Factors Handbook，Ministry of Environment，Seoul，Korea.